高等教育"十三五"规划教材

数据库技术与应用教程
(SQL Server 2014)

主　编　蒋丽影　李建东
副主编　邓长春　林　琳

中国矿业大学出版社

图书在版编目(CIP)数据

数据库技术与应用教程(SQL Server 2014) / 蒋丽影,李建东主编. —徐州:中国矿业大学出版社,2017.8

ISBN 978-7-5646-3565-7

Ⅰ.①数… Ⅱ.①蒋…②李… Ⅲ.①关系数据库系统—高等学校—教材 Ⅳ. ①TP311.138

中国版本图书馆 CIP 数据核字(2017)第128573号

书　　名 数据库技术与应用教程(SQL Server 2014)
主　　编 蒋丽影　李建东
责任编辑 仓小金
出版发行 中国矿业大学出版社有限责任公司
(江苏省徐州市解放南路　邮编 221008)
营销热线 (0516)83885307　83884995
出版服务 (0516)83885767　83884920
网　　址 http://www.cumtp.com　**E-mail**:cumtpvip@cumtp.com
印　　刷 徐州中矿大印发科技有限公司
开　　本 787×1092　1/16　**印张** 15.25　**字数** 380 千字
版次印次 2017 年8月第1版　2017 年8月第1次印刷
定　　价 30.00元

前 言

在互联网日益发达的今天，Internet 使数据库技术、知识、技能的重要性得到了充分的发挥，数据库应用逐渐涉及社会生活的各个方面。数据库技术是现代信息科学与技术的重要组成部分，是计算机数据处理与信息管理系统的核心。数据库技术具有强大的事务处理功能和数据分析能力，可有效减少数据存储冗余、实现数据共享、保障数据安全以及高效地检索数据和处理数据。

SQL Server 数据库是跨平台且功能完备的网络数据库管理系统，它提供了完整的数据库创建、开发和管理功能。因其功能强大、操作简便，得到了广泛应用。此外，伴随因特网的广泛应用，SQL Server 在网络开发、网络系统集成、网络应用中也发挥着重要的作用。

SQL Server 数据库是计算机及理工类相关专业的必修课程。当前学习 SQL Server 数据库程序设计知识、掌握数据库开发应用的关键技能，已经成为网站及网络信息系统从业工作的先决和必要条件。

本书在参考了全日制高等学校本科数据库教学大纲的基础之上，同时为了顺应大学教学改革的需要，结合作者多年从事数据库类相关课程的教学体会和科研实践编写而成。本书在编写过程中，以目前较为先进的 SQL Server 2014 数据库管理系统为依托，以一个小型的数据库应用系统的整个开发流程为主线，由浅入深、贯穿始终地讲解了数据库程序设计学习及应用的基本过程和规律。本书以解析的观点、从应用的角度、站在开发与实现的立场来进行讨论。突出“实例与理论的紧密结合”，循序渐进地进行知识要点讲解，通俗易懂地讨论了关系数据库管理系统的功能、结构、设计理论和实现方法以及组织和开发过程。

本书由蒋丽影和李建东主编，邓长春、林琳为副主编，蒋丽影负责统稿。分工如下：蒋丽影编写前言、第 4 章、第 5 章；邓长春编写第 2 章、第 3 章、第 7 章；李建东编写第 8 章、第 9 章、第 10 章、第 11 章及教学课件的制作；林琳编写第 6 章；贤继红编写第 1 章。

在本书编写过程中，参阅了国内外有关 SQL Server 2014 数据库设计应用的最新书刊及相关网站资料，并得到业界专家教授的具体指导，在此一并致谢。为方便教学，本书配有电子课件，读者可以从 http://www.cumtp.com/download?cat=resource-materials 免费下载。

因编者水平所限，书中难免存在疏漏和不足，恳请专家、同行和读者予以批评指正。

编 者

2017 年 4 月

目　录

第 1 章　数据库系统概述

当前，人类早已迈进了信息化时代，信息作为一种战略资源，其占有和利用水平成为衡量一个国家、地区、组织或企业综合实力的一项重要标志。而在信息化社会中，人类的知识也以惊人的速度增长，如何有效地组织和利用这样庞大的知识以及如何收集、存储、加工和管理维护这个信息化社会海量的信息成为非常棘手的问题，其解决之道就是数据库技术。从 20 世纪 60 年代中期开始，计算机的应用由科学研究逐渐扩展到社会各领域，经过几十年的发展，已形成较为完整的理论体系和实用技术。本章在回顾数据库技术发展过程的基础之上，介绍与数据库技术相关的基本概念和数据库系统知识，最后介绍 SQL Server 2014 这一关系数据库管理系统的基本结构、主要功能与新特性。

1.1　数据库基础知识

数据库技术是计算机技术的重要分支，是计算机数据处理与信息管理的核心，具有强大的数据分析与处理能力。下面首先介绍数据库的基本概念，这些概念将贯穿数据处理的整个过程。

1.1.1　基本概念

1.1.1.1　数据、信息与数据处理

数据(Data)是记录客观事实的符号，它是数据库存储的基本对象。这里的“符号”不仅仅指数字、字母、文字和其他符号，而且还包括图形、图像、声音等。例如，“辽宁”，“87”都是数据，“87”表示某人某门课程的成绩或是某人的体重等信息；“辽宁”表示某人的籍贯。

信息是经过加工后的数据，它会对接收者的行为和决策产生影响，具有现实的或潜在的价值，如各门课程的平均分 85 分可以作为评定奖学金的依据。数据是信息的载体，是信息的表现形式。信息是对数据语义的解释，是经过加工处理后的有用数据。

数据处理是对数据的加工与整理，包括对数据的采集、整理、分类、存储、检索、维护、传输等操作。

数据、信息、数据处理三者之间的关系如图 1-1 所示。

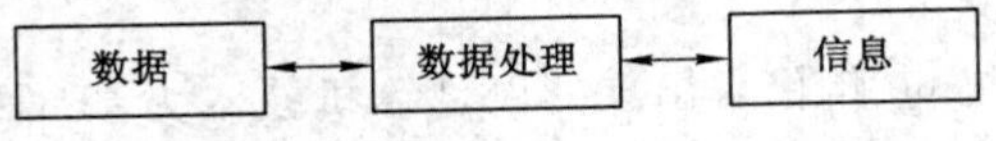

图 1-1　数据、信息、数据处理三者之间的关系

1.1.1.2　数据库

数据库(DataBase,DB)是长期存储在计算机内,有组织的、大量的、可共享的数据的集合。数据库的数据按一定的数据模型组织、描述和存储,具有较小的冗余度、较高的数据独立性和易扩展性,并可被各种用户共享。

简单地讲,数据库数据具有永久存储、有组织和可共享3个基本特点。

1.1.1.3　数据库管理系统

数据库管理系统(DataBase Management System,DBMS)是位于用户与操作系统之间的数据管理软件,它为用户或应用程序提供操作数据库的接口,包括数据库的建立、使用与维护等。目前常见的大中型数据库管理系统有甲骨文公司的Oracle、IBM公司的DB2、微软公司的SQL Server、Sybase公司的Sybase等,小型的数据库管理系统有微软公司的Access、Visual FoxPro等。

1.1.1.4　数据库应用系统

数据库应用系统(DataBase Application System,DBAS)是指系统开发人员利用数据库系统资源开发出来的,面向某一类实际应用的应用软件系统。如以数据库为基础的面向内部业务与管理的学生管理系统、图书管理系统、人事管理系统、工资管理系统等信息管理系统,以及面向外部提供信息服务的电子政务系统、电子商务系统等开放式信息系统。

1.1.1.5　数据库系统

数据库系统(DataBase System,DBS)是指在计算机系统中引入数据库后的系统,一般由数据库、数据库管理系统(及其开发工具)、应用系统、数据库管理员和用户构成。应当指出的是,数据库的建立、使用和维护等工作只靠一个DBMS是远远不够的,还要有专门的人员来操作和维护,这些人被称为数据库管理员(DataBase Administrator,DBA)。在一般不引起混淆的情况下常常把数据库系统简称为数据库,数据库系统的组成如图1-2所示。

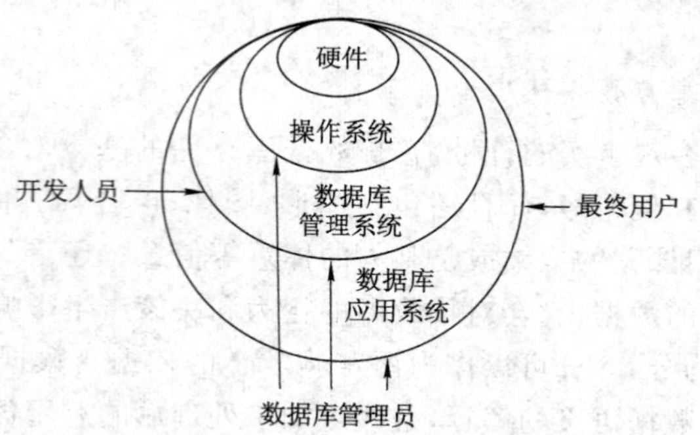

图1-2　数据库系统的组成

1.1.2　数据库管理技术的发展

数据库技术是20世纪60年代末出现的以计算机技术为基础的数据处理技术,数据处理的核心问题是数据管理。数据管理指的是对数据进行组织、编码、分类、存储、检索与维护等操作。数据管理经历了人工管理、文件管理和数据库管理三个阶段。

1.1.2.1　人工管理阶段

在 20 世纪 50 年代中期以前，计算机主要用于科学计算。在硬件方面，外存只有纸带、卡片、磁带，没有磁盘；在软件方面，还没有操作系统，没有管理数据的软件。在人工管理阶段，由于数据量少，加上计算机硬件的限制，数据处理中的数据不需要也不允许长期保存。解决某一问题时将数据输入，用完就删除。除此之外，程序员还需要设计数据的存储结构、存取方法和输入输出方法等，这不仅使程序员负担加重，而且程序也严重依赖于数据。数据存储方式的改变必然要导致程序的修改，即数据也不具有独立性。另外，即使两个应用程序都涉及某些共同的数据，也必须各自定义，无法共享，程序之间有大量的冗余数据。人工管理阶段的示意图如图 1-3 所示。

1.1.2.2　文件管理阶段

从 20 世纪 50 年代后期到 60 年代中期，计算机的应用已拓展到数据处理领域。这期间，在硬件方面，已经有了磁盘、磁鼓等直接存取的存储设备；在软件方面，操作系统中的文件系统专门用于管理数据，文件系统不仅有批处理的处理方式，而且能够实现联机实时处理。在这一管理方式下，数据以数据文件的形式长久地保存，通过对数据文件的存取来实现对数据的查询和操纵等操作。文件系统把数据按其内容、结构和用途组织成若干个独立的数据文件，实现了“按文件名访问，按记录进行存取”的数据管理技术。文件一般为某一用户或用户组所有，仅供指定的其他用户共享。目前，如 C 语言等仍采用这种数据管理方式。虽然文件系统比人工管理有了很大的进步，但是仍然存在诸如数据独立性差、冗余不可避免、不支持并发访问等不足。文件系统阶段的示意图如图 1-4 所示。

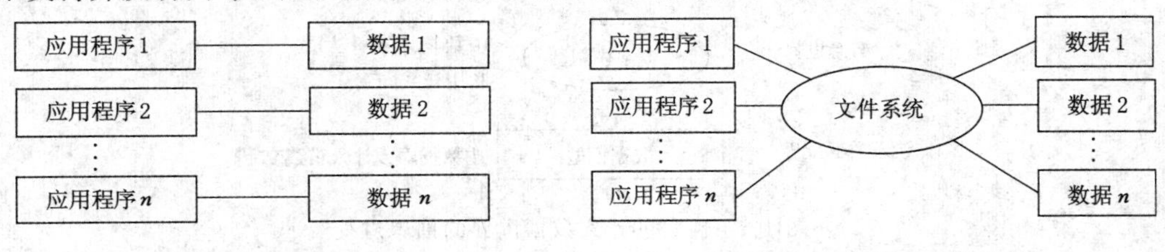

图 1-3　人工管理阶段　　　　图 1-4　文件系统阶段

1.1.2.3　数据库管理阶段

数据库管理阶段是从 20 世纪 60 年代后期开始至今。这一时期，计算机性能得到很大提高，有了大容量磁盘，并且磁盘价格也急剧下降，能联机处理更多信息。人们开发出了一种新的软件系统——数据库管理系统，用户通过数据库管理系统来使用数据库中的数据。在此阶段，数据不再面向某个应用程序，而是面向整个系统，具有整体的结构性，数据与应用程序间相互独立，数据彼此联系，共享性高，冗余度小，保证了数据的一致性、完整性与安全性。数据库管理阶段的示意图如图 1-5 所示。

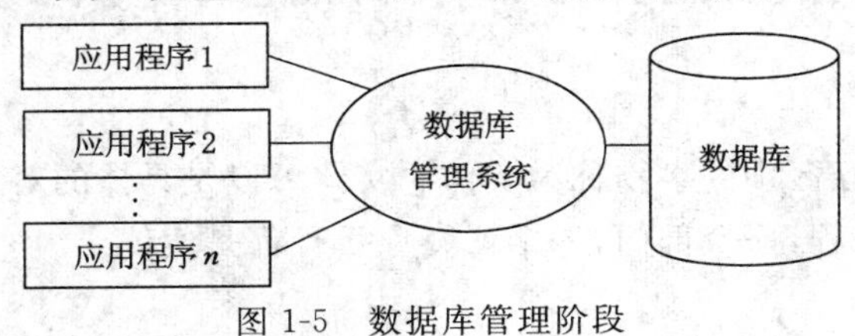

图 1-5　数据库管理阶段

20 世纪 60 年代诞生的数据库技术标志数据管理技术产生了质的飞跃。随着计算机技术与网络通信技术的发展,数据库系统结构由主机/终端的集中式结构发展到网络环境的分布式结构,Internet 环境下的浏览器/服务器结构与移动环境下的动态结构,产生了分布式数据库系统、多媒体数据库系统、面向对象数据库系统、专家数据库系统、空间数据库系统等,以满足不同应用的需求,适应不同的应用环境。

1.2 数据模型

计算机不能直接处理现实世界中的客观事物,所以人们必须事先将客观事物进行抽象、组织成计算机最终能处理的某一数据库管理系统支持的数据模型(Data Model)。

1.2.1 数据处理的 3 个阶段

人们把客观存在的事物以数据的形式存储到计算机中,经历了对现实生活中事物特性的认识、概念化到计算机数据库中的具体表示的逐级抽象过程,这就需要进行两级抽象,即首先把现实世界转换为概念世界,然后将概念世界转换为某一个数据库管理系统所支持的数据模型,即现实世界——概念世界——数据世界 3 个阶段。有时也将概念世界称为信息世界,将数据世界称为机器世界。其抽象过程如图 1-6 所示。

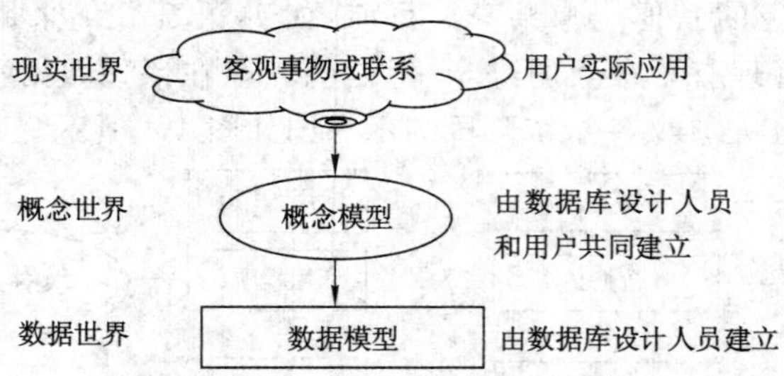

图 1-6 现实世界到数据世界的抽象过程

数据模型是现实世界中数据的抽象,它表现为一些相关数据组织的集合。在实施数据处理的不同阶段,需要使用不同的数据抽象,包括概念模型、逻辑模型和物理模型。

1.2.1.1 概念模型

概念模型也称为信息模型,是对现实世界的认识和抽象描述,按用户的观点对数据和信息进行建模,不考虑在计算机和数据库管理系统上的具体实现,所以被称为概念模型。概念模型是对客观事物及其联系的一种抽象描述,它的表示方法很多,目前较常用的是美籍华人陈平山(Peter Chen)于 1976 提出的实体—联系模型(Entity-Relationship Model,E-R 模型)。E-R 模型是现实世界到数据世界的一个中间层,它表示实体及实体间的联系,涉及的基本术语如下。

(1) 实体(Entity)

客观存在、可以相互区别的事物称为实体。实体可以是具体的对象,也可以是抽象的对象,如一个学生,一门课程,一个部门,一个比赛项目等都是实体。

(2) 属性(Attribute)

描述实体的特征称为实体的属性。如学生实体的属性有学号、姓名、性别、出生日期、简况等，课程实体的属性有课程号、课程名称、学分等。

(3) 实体型(Entity Type)

实体名与实体属性的集合表示一种实体类型，称为实体型。如学生实体的实体型表示为学生(学号，姓名，性别，出生日期，简况)。

(4) 实体集(Entity Set)

同型实体的集合称为实体集。如所有学生构成学生实体集，所有课程构成课程实体集。

(5) 联系(Relationship)

现实世界的客观事物之间是有联系的，即很多实体之间是有联系的。例如，学生和课程之间存在选课联系；教师和学生之间存在讲授联系。实体之间的联系是错综复杂的，有两个实体之间的联系，称为二元联系；也有多个实体之间的联系，称为多元联系。本书只对二元联系进行描述。

二元联系主要有以下 3 种情况：

① 一对一联系(1∶1)。如果对于实体集 A 中的每一个实体，实体集 B 中最多有一个实体与之联系，反之亦然，则称实体集 A 与实体集 B 具有一对一联系，记为 1∶1。例如，在学校中一个班级只有一个正班长，而一个班长只在一个班中任职，则班级与班长之间的联系就是一对一联系。

② 一对多联系(1∶N)。如果对于实体集 A 中的每一个实体，实体集 B 中有 N(N⩾0)个实体与之联系，反之，对于实体集 B 中的每一个实体，实体集 A 中最多有一个实体与之联系，则称实体集 A 与实体集 B 有一对多联系，记为 1∶N。例如，一个班级中有多名学生，而每个学生只能属于一个班级，则班级与学生之间的联系就是一对多联系。

③ 多对多联系(M∶N)。如果对于实体集 A 中的每一个实体，实体集 B 中有 N(N⩾0)个实体与之联系，反之，对于实体集 B 中的每一个实体，实体集 A 中也有 M(M⩾0)个实体与之联系，则称实体集 A 与实体集 B 具有多对多联系，记为 M∶N。例如，一门课程可以同时有多个学生选修，而一个学生又可以同时选修多门课程，所以课程与学生之间的联系就是多对多联系。

实际上，一对一联系是一对多联系的特例，而一对多联系又是多对多联系的特例。

(6) E-R 图

E-R 图是用一种直观的图形方式建立现实世界中实体与联系模型的工具，也是进行数据库设计的一种基本工具。在 E-R 图中，用矩形表示现实世界中的实体，用椭圆形表示实体的属性，用菱形表示实体间的联系。实体名、属性和联系名分别写在相应的图形框内，并用线段将各框连接起来。用 E-R 图表示两个实体之间的 3 种联系如图 1-7 所示。

概念模型反映了实体之间的联系，是独立于具体的数据库管理系统所支持的数据模型，是各种数据模型的共同基础。

1.2.1.2　逻辑模型

逻辑模型是对应于数据世界的模型，是数据库中实体及其联系的抽象描述，数据库系统的逻辑模型不同，相应的数据库管理系统也不同。在数据库系统中，传统的逻辑模型有层次模型、网状模型和关系模型 3 种，非传统的逻辑模型有面向对象模型(Object-Oriented mod-

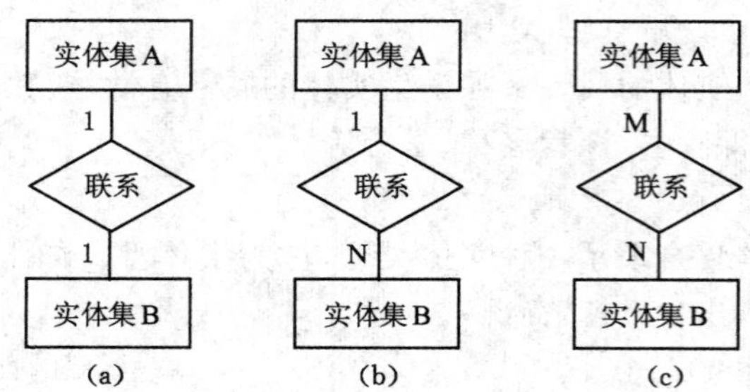

图 1-7　两个实体之间的联系

(a) 1∶1 联系;(b) 1∶N 联系;(c) M∶N 联系

el,OO)。

客观事物是信息之源,是设计、建立数据库的基础,也是使用数据库的目的。概念模型和逻辑模型是对客观事物及其相互关系的两种描述,实现了数据处理 3 个阶段的对应转换。

逻辑模型中的数据描述如下:

(1) 字段(field)

标记实体属性的命名单位称为字段或数据项。由于它是可以命名的最小信息单位,所以又被称为数据元素或数据项。字段的命名往往和属性名相同,例如学生有学号,姓名,性别,出生日期等字段。

(2) 记录(record)

字段的有序集合称为记录。通常用一个记录描述一个实体,所以记录又可以定义为能完整地描述一个实体的字段集。例如一个学生记录由有序的字段集组成,即(学号,姓名,性别,出生日期……)。

(3) 文件(file)

同一类记录的集合称为文件,文件是用来描述实体集的。例如所有的学生记录组成了一个学生文件。

(4) 关键码(key)

能唯一标识文件中每个记录的字段或字段集,称为记录的关键码,简称为键。

1.2.1.3　物理模型

物理模型用于描述数据在物理存储介质上的组织结构,与具体的数据库管理系统、操作系统和计算机硬件有关。

从概念模型到逻辑模型的转换是由数据库设计人员完成的,从逻辑模型到物理模型的转换是由数据库管理系统完成的。因此,一般人员不必考虑物理实现的细节。

1.2.2　常见的数据模型

数据模型即上面所述逻辑模型,它是数据库系统中的一个关键内容。数据模型不同,相应的数据库管理系统就完全不同,任何一个数据库管理系统都是基于某种数据模型的。数据库管理系统常用的数据模型主要有层次模型、网状模型和关系模型。

1.2.2.1 层次模型

用树形结构表示实体及其之间联系的模型称为层次数据模型。这样的树由结点和连线组成,结点表示实体集,连线表示两实体之间的联系,树形结构只能表示一对多联系。通常将表示"一"的实体放在上方,称为父结点;表示"多"的实体放在下方,称为子结点。树的最高位置只有一个结点,称为根结点。根结点以外的其他结点都有一个父结点与它相连,同时可能有一个或多个子结点与它相连。没有子结点的结点称为叶,它处于分支的末端,树形层次模型有两个特点:

① 树的最高结点,即根结点只有一个。

② 根结点以外的其他结点都与一个且只与一个父结点相连,如图1-8所示。

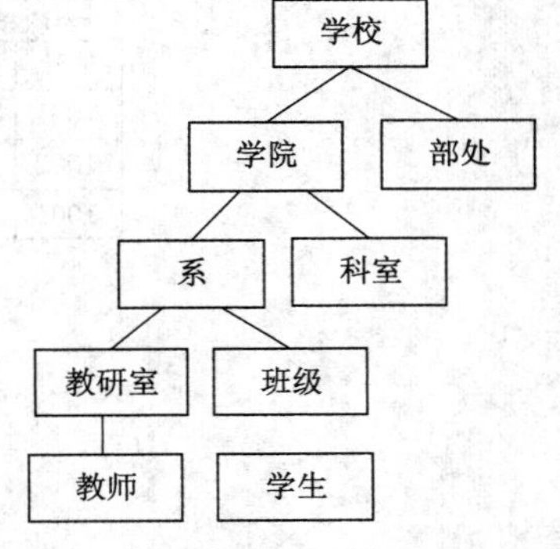

图1-8 树形层次模型

采用层次模型的数据库是最早出现的,它的典型代表是IBM公司的IMS(Information Management System)系统。该系统于1968年问世,是世界上第一个数据库管理系统。

1.2.2.2 网状模型

用网状结构来表示实体及实体之间联系的模型称为网状数据模型,它是对层次模型的发展,能够更直接地描述现实世界的多对多联系。网状模型克服了层次模型的两个限制,即可以有任意个结点无父结点,同时允许一个结点有多个父结点。网状模型的示例如图1-9所示。

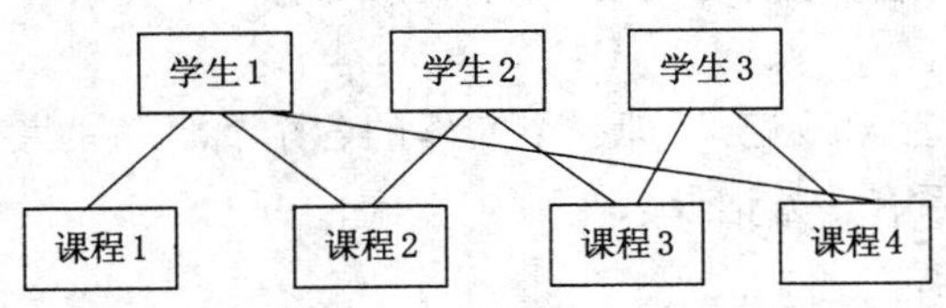

图1-9 网状模型

网状模型更适合于表达客观事物复杂的隶属关系和横向联系,但其结构也更加复杂,记录的存取也往往不是唯一的。从网状模型与层次模型的相互关系看,后者仅是前者的一种特殊情况。

网状模型中最有代表性的是美国数据系统语言协会的下属机构"数据库任务组"于1969年提出的DBTG报告中给出的模型。

1.2.2.3 关系模型

用二维表表示实体以及实体之间联系的模型称为关系模型,它是目前应用最广泛的一种数据类型。支持关系模型的数据库管理系统称为关系数据库管理系统。现在几乎所有流行的数据库管理系统都是关系数据库系统,如Oracle、Sybase、SQL Server、Informix等。关系模型中采用规范化的二维表表示实体及实体间的联系,关系模型的操作对象与结果都是二维表。关系模型结构简单、概念单一,插入、修改、删除操作方便,但查询效率较低。关系模型示例如图1-10所示。

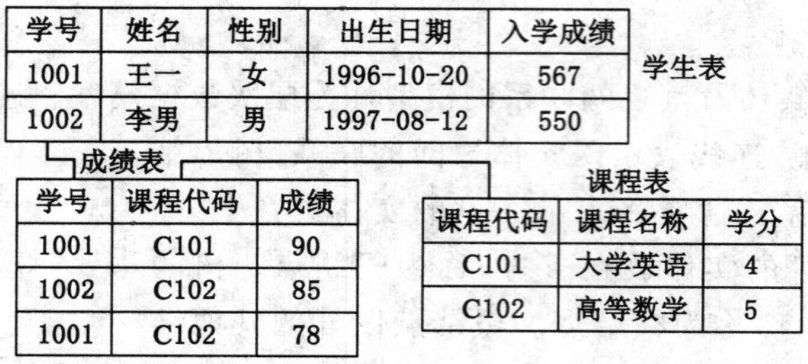

学生表

学号	姓名	性别	出生日期	入学成绩
1001	王一	女	1996-10-20	567
1002	李男	男	1997-08-12	550

成绩表

学号	课程代码	成绩
1001	C101	90
1002	C102	85
1001	C102	78

课程表

课程代码	课程名称	学分
C101	大学英语	4
C102	高等数学	5

图 1-10　关系模型

1.3　关系数据库

关系数据库是目前应用最为广泛的主流数据库，由于它以数学方法为基础管理并处理数据库中的数据，所以关系数据库与其他数据库相比具有比较突出的优点。20 世纪 80 年代以来，数据库厂商新推出的数据库管理系统产品主要以关系数据库为主，非关系数据库产品也大多添加了关系接口。正是关系数据库的出现和发展，促进了数据库应用领域的扩大和深入，因此研究和学习关系数据库的理论、技术和应用十分重要。

1.3.1　关系术语

(1) 关系

一个关系就是一张规范化的二维表，每个关系都有一个关系名，即表名。

(2) 元组

二维表中的行称为元组或记录，即一个实体的各个属性值的集合。元组表现为一个二维表中的数据，一个关系有多条记录。

(3) 属性

二维表中的每一列在关系中称为属性或字段，每一列的标题称为属性名或字段名，列的值称为属性值或字段值。

(4) 关系模式

关系模式是对关系的描述，由关系名与组成该关系的所有属性名构成，表示为关系名(属性名 1，属性名 2，……，属性名 n)，在不引起混淆的情况下，也常称关系名为关系模式或关系，例如关系模式 R(A，B，C)，也称为关系 R 或关系模式 R。关系模式表现为一个二维表的结构。

(5) 域

属性的取值范围称为该属性的域。如性别的取值范围为“男”或“女”，成绩的取值范围为 0～100。

(6)键

在关系数据库中，键(key)也称为码或关键字，它通常由一个或几个属性组成，能唯一地表示一个元组。

① 超键(super key)。在一个关系中，能唯一标识元组的属性或属性组称为关系的

超键。

② 候选键(candidate key)。如果一个属性组能唯一标识元组,且不含有多余的属性,那么这个属性组称为关系的候选键或称候选关键字。

③ 主键(primary key,PK)。若一个关系中有多个候选键,则选择其中的一个为关系的主键又称主关键字。通常用主键实现关系定义中"表中任意两行(元组)不能相同"的约束。包含在任何一个候选键中的属性称为主属性,不包含在任何键中的属性称为非主属性或非键属性。

例如,对于关系模式学生(学号,姓名,性别,出生日期),考虑一个班级的情况,假设没有重名,则学号,姓名,(姓名,性别),(姓名,性别,出生日期)等都能唯一标识学生记录,所以都是超键;而在这些超键当中,学号、姓名都能唯一标识学生记录且没有多余属性,所以都是候选键。关系的候选键可以有多个,但不能同时使用,一次只能使用其中的一个。如考虑输入查询的方便性,可以选择学号为主键。

④ 外键(foreign key,FK)。若一个关系中的属性或属性组合是另一个关系的主键或候选键时,称该属性或属性组合为当前关系的外键又称外关键字。通过外键可实现两个表的联系。

1.3.2 关系特点

在关系模型中,关系必须具有以下特点:

① 关系必须规范化,每个属性必须是不可再细分的数据项,即表中不能再包含表。

② 每列具有相同的数据类型、相同的域。

③ 每一列的标题不能相同,即属性名不能重复。

④ 任意两行的内容不能完全相同,即元组不能重复。

⑤ 在一个关系中,元组的次序无关紧要。

⑥ 在一个关系中,列的次序也无关紧要,即可以任意交换两行、两列的次序。

这里特别提醒读者注意:关系、元组及属性等是数学领域中的术语;二维表、行、列等均为日常用语;而数据文件、数据记录、数据项等则是计算机领域中的术语。这些术语是相互对应的,只不过因应用领域有所不同而称呼不同,其含义是完全相同的。

1.3.3 关系模式的规范化

关系模式是否具备以上的关系特点就可以了呢?设有选课关系模式,选课(学号,课程编号,姓名,性别,班级,班主任,课程名称,学分,成绩),由于成绩由学号与课程编号所决定,则该关系模式的主键为"学号,课程编号"。该关系模式的具体数据如表1-1所示。

表1-1　　选课表

学号	课程编号	姓名	性别	班级	班主任	课程名称	学分	成绩
1001	C101	王一	女	151班	张平	大学英语	4	90
1001	C103	王一	女	151班	张平	马克思理论	2	89
1002	C102	李男	男	152班	刘辉	高等数学	5	85
1002	C101	李男	男	152班	刘辉	大学英语	4	78
1002	C104	李男	男	152班	刘辉	C语言程序设计	4	83

从表 1-1 中的数据可见,该关系存在以下问题。

① 数据冗余。如果一个学生选修了多门课程,这个学生的信息(学号,姓名,性别……)就会重复多次。同样,如果一门课程有多人选修,则课程信息(课程编号,课程名称,学分)也将重复多次。

② 插入异常。由于主关键字(学号,课程编号)的值不能为空,当添加一个没有选课的学生信息时就会引起插入异常。同样,当添加一门无人选修的新课时也会出现相同的问题。

③ 更新异常。由于存在数据冗余,当更新信息时,需要将所有重复的信息同时更新,如更新学号为"1001"的学生姓名,当有一个元组没有更新时,便会造成数据不一致的现象。

④ 删除异常。当要删除学生信息时,可能造成课程信息被彻底删除。如表 1-1 中,删除"王一"的信息时,"马克思理论"和"大学英语"的课程信息被彻底删除了,引起删除异常。

由此可见,选课关系模式并不是一个合理、有效的关系模式。关系模式需要在满足关系特点的基础上做进一步的规范化处理。规范化是指按照统一的标准对关系进行优化,以提高关系的质量,为构造一个高效的数据库应用系统打下基础。

关系模式的规范化可以分为几个等级,每一个等级称为一个范式。如第一范式(1NF)、第二范式(2NF)、第三范式(3NF)……每一范式比前一范式的要求更为严格,即范式之间存在 1NF⊆2NF⊆3NF…的关系,通常满足第三范式即可。

1.3.3.1 第一范式(First Normal Form,1NF)

第一范式是最基本的要求,即关系模式的所有属性都是不可再分的数据项。如果关系模式 R 的所有属性都是不可再分的,则称 R 满足第一范式,记做 R∈1NF。满足第一范式的关系称为规范化关系;否则称为非规范化关系。非规范化关系示例如表 1-2 所示。

表 1-2 非规范化关系

用户名	地址			电话
	省	市	县	

1.3.3.2 第二范式(Second Normal Form,2NF)

如果一个关系模式 R 满足第一范式,且每个非主属性完全函数依赖于主关键字,则称 R 满足第二范式,记做 R∈2NF。

第二范式要求实体的非主属性完全依赖于主关键字。完全依赖是指不能存在仅依赖主关键字一部分的属性,如果存在,这个属性和主关键字的这一部分应该分离出来形成一个新的实体,新实体与原实体之间是一对多的关系。

例如,在选课(学号,课程编号,姓名,性别,班级,班主任,课程名称,学分,成绩)关系模式中,成绩属性完全依赖于主关键字(学号,课程编号),姓名、性别、班级、班主任属性依赖于主关键字中的学号,即存在部分依赖;课程名称、学分属性依赖于主关键字中的课程编号,也存在部分依赖。所以选课模式不满足第二范式，可分解如下：

学生(学号，姓名，性别，班级，班主任)

课程(课程编号，课程名称，学分)

选课(学号，课程编号，成绩)

以上 3 个关系模式均满足第二范式，但学生关系模式仍存在数据冗余，如一个班级有多名学生时，班主任的信息就会重复多次。

1.3.3.3　第三范式(Third Normal Form，3NF)

如果关系模式 R 满足第二范式，且每个非主属性都不传递函数依赖于 R 的主关键字，则称 R 满足第三范式，记做 R∈3NF。

第三范式要求实体的非主属性不传递依赖于主关键字。传递依赖指的是如果存在"A→B→C"的决定关系，则 C 传递依赖于 A。

例如，在学生(学号，姓名，性别，班级，班主任)关系模式中，存在学号→班级→班主任的决定关系，所以学生关系模式不满足第三范式，可分解如下：

学生(学号，姓名，性别，班级)

班级(班级，班主任)

将关系模式分解到第三范式，可以在相当程度上减轻数据冗余。但在实际设计中，完全消除冗余是很难做到的，有时为了提高数据检索等处理效率，也允许存在适当的冗余。

1.3.4　关系运算

在对关系数据库进行访问，希望找到所需要的数据时，就要对关系进行运算。关系运算有两类：一类是传统的集合运算，另一类是专门的关系运算。关系运算的操作对象是关系，结果也是关系。

1.3.4.1　传统的集合运算

传统的集合运算包括并(∪)、交(∩)、差(－)、笛卡儿积(×)4 种。其中并、交、差运算要求参加运算的两个关系具有相同的关系模式，即具有相同的结构。

(1) 并

两个相同结构关系的并是由这两个关系的元组组成的集合。

(2) 交

设有两个关系 R 和 S，R 交 S 的结果是由既属于 R 又属于 S 的记录组成的集合。即交运算的结果是 R 和 S 中共同的记录。

(3) 差

设有两个关系 R 和 S，R 差 S 的结果是由属于 R 但不属于 S 的记录组成的集合。即差运算的结果是从 R 中去掉 S 中也有的记录。

例如 R 和 S 这两个关系中分别存放选修大学英语与高等数学课程的学生信息，则 R 与 S 并、交、差的集合运算如图 1-11 所示。

(4) 笛卡儿积

这里的笛卡儿积严格地讲应该是广义的笛卡儿积，因为这里的笛卡儿积的元素是元组。

如果关系 R_1 有 m 列，关系 R_2 有 n 列，则 R_1 与 R_2 的广义笛卡儿积记做 $R_1 \times R_2$，是一个

R

学号	姓名	性别
1001	王一	女
1002	李男	男

S

学号	姓名	性别
1001	王一	女
1003	白芳	女

R∪S

学号	姓名	性别
1001	王一	女
1002	李男	男
1003	白芳	女

R∩S

学号	姓名	性别
1001	王一	女

R—S

学号	姓名	性别
1002	李男	男

图 1-11 并、交、差集合运算示例

含有 m+n 列的关系。若 R_1 有 k_1 个元组，R_2 有 k_2 个元组，则 $R_1 \times R_2$ 共有 $k_1 \times k_2$ 个元组。设 R_1、R_2 分别存放学生信息与课程信息，则 R_1 与 R_2 的广义笛卡儿积表示所有可能的选课情况，如图 1-12 所示。

R_1

课程编号	课程名称
C101	大学英语
C102	高等数学
C103	马克思理论

R_2

学号	姓名	性别
1001	王一	女
1002	李男	男

$R_1 \times R_2$

学号	姓名	性别	课程编号	课程名称
1001	王一	女	C101	大学英语
1001	王一	女	C102	高等数学
1001	王一	女	C103	马克思理论
1002	李男	男	C101	大学英语
1002	李男	男	C102	高等数学
1002	李男	男	C103	马克思理论

图 1-12 R_1 与 R_2 的广义笛卡儿积运算

1.3.4.2 专门的关系运算

专门的关系运算有选择、投影和连接。

(1) 选择

选择运算是从一个关系中找出满足条件的记录。选择是从行的角度进行的运算，是一种横向操作。它根据用户的要求从关系中筛选出满足一定条件的记录，其结果是原关系的一个子集。如在图 1-10 所示的成绩表中选择所有成绩大于 80 分的学生成绩信息，运算结果如表 1-3 所示。

表 1-3 **选择运算结果**

学号	课程代码	成绩
1001	C101	90
1002	C102	85

(2) 投影

投影运算是从关系中选取若干属性组成新的关系。投影运算是一种纵向操作，即从列的角度进行的运算。其结果所包含的属性个数比原关系少，或者排列顺序不同。如在图 1-10 所示的学生表中查看所有学生的学号、姓名、入学成绩，运算结果如表 1-4 所示。

表 1-4 投影运算结果

学号	姓名	入学成绩
1001	王一	567
1002	李男	550

(3) 连接

连接运算是对两个关系通过共同的属性名进行连接生成一个新的关系,这个新的关系可以反映出原来两个关系之间的联系。连接运算中,将两个关系的对应属性值相等作为连接条件进行的连接称为等值连接,去除重复属性的等值连接称为自然连接,自然连接是最常用的连接运算。如在图 1-10 所示的课程表与成绩表,以课程代码相等作为连接条件进行的连接运算,其自然连接的结果如表 1-5 所示。

表 1-5 课程表与成绩表的自然连接

课程代码	课程名称	学分	学号	成绩
C101	大学英语	4	1001	90
C102	高等数学	5	1002	85
C102	高等数学	5	1001	78

选择和投影均属于一维运算,其操作对象只是一个关系,相当于对一个二维表进行切割。而连接运算是二维运算,需要两个关系作为操作对象,相当于对两个表进行拼接。

1.4 数据库设计

数据库设计是创建数据库应用系统的核心,是指对于一个给定的应用环境,设计出最优的数据库模式,并在此基础上建立数据库及其应用系统,使之能够有效地存储和管理数据,满足各种用户的应用需求。数据库设计的过程是一项系统工程,必须采用规范化的设计方法。

1.4.1 数据库设计的步骤

规范化的数据库设计通常分为以下 6 个阶段。

(1) 需求分析阶段

需求分析是对数据库应用系统的应用领域进行详细调查,了解用户的各种要求,包括信息要求、处理要求、安全性要求与完整性要求,如需要存储哪些数据、实现什么功能、用户的权限以及对存储数据的约束条件等。在充分调查的基础上进行深入分析,描述数据与处理之间的联系,确定数据库设计的基本思路,形成需求分析报告。

(2) 概念结构设计阶段

概念结构设计是在需求分析报告的基础上对现实世界进行首次的抽象,将现实世界中事物及事物间的联系抽象为信息世界中的概念模型,即确定实体、属性及实体间的联系。概念模型不依赖于软件、硬件结构,独立于具体的 DBMS,避开了数据库在计算机上的具体实现细节,集中于重要的信息组织结构。

概念模型主要用于设计人员与用户之间的交流,强调语义表达,易于用户理解,并便于更改,通常采用 E-R 图来描述。

(3) 逻辑结构设计阶段

逻辑结构设计是实现从信息世界到机器世界的转换,即将概念结构设计阶段形成的 E-R 图转换为某一 DBMS 所支持的数据模型(如关系模型)的过程,该数据模型是可被 DBMS 处理的数据库的逻辑结构。关系数据库的逻辑结构由一组关系模式组成,并可应用关系规范化理论对关系模式进行优化。

(4) 物理结构设计阶段

物理结构设计是为逻辑结构设计阶段所形成的数据模型选取一个最适合应用环境的物理结构(包括存储结构和存取方法)。物理结构设计与具体的硬件环境及所采用的 DBMS 密切相关。通常的存储结构已由具体的 DBMS 所确定,设计人员主要考虑存储空间、存取时间、存取路径、维护代价等,并设计索引等存取方法。

(5) 数据库实施阶段

数据库实施是将前面各个阶段的设计结果借助 DBMS 与其他应用开发工具(如 ASP.NET 或 PHP 等)实现的过程。具体包括建立数据库结构、装载初始数据、编制与调试应用程序、数据库试运行等。数据库试运行的结果如果不满足最初的设计目标,就需要返回进行修改,否则便可正式投入使用。

(6) 数据库运行和维护阶段

数据库运行合格后,数据库开发工作就基本完成,即可投入正式运行了。但是由于应用环境在不断变化,数据库运行过程中的物理存储也会不断变化等原因,就需要对数据库系统进行不断地调整和修改。包括数据库的转储与恢复、数据库的安全性与完整性控制、数据库性能的监督、分析与改进以及数据库的重组织与重构造,以保证系统的运行性能与效率。因此,对数据库设计进行评价、调整、修改等维护是一个长期的任务,也是设计工作的继续与提高。

下面对概念结构设计与逻辑结构设计通过实例进行描述。

1.4.2 数据库设计实例

1.4.2.1 概念结构设计实例

概念结构设计的结果是得到一个与计算机硬件、软件和 DBMS 无关的概念模式,其最主要的任务就是 E-R 图的设计。关于 E-R 图的思想在前面 1.2.1 节中有过简单的阐述,在这里主要针对其构成规则再做以较为详尽的说明。

(1) E-R 图

E-R 图主要表示的是实体与实体之间的联系。其构成规则如下:

① 用矩形框表示实体,在框内写入实体名。

② 用菱形框表示实体间的联系,在框内写入联系名。

③ 用椭圆形表示属性,在框内写入属性名,并在主键下画一下划线。

④ 用无向边将实体与属性、实体与联系相连,并在实体与联系间的无向边旁标明联系的类型。如两个实体之间是一对多的联系,则在一方实体的无向边旁标上 1,在多方实体的

无向边旁标上 N。

⑤ 联系本身也可以有属性。

（2）概念结构设计实例

【例 1-1】 设有学生成绩管理数据库，规则如下：一个班级（班级编号，班级名称，人数）有多名学生（学号，姓名，性别，出生日期，入学成绩），一名学生只属于一个班级，一个班级有一名班长，一名学生可以选修若干门课程（课程代码，课程名称，学分），而一门课程也可以被多名学生选修，学生选修任一门课程都会有一个成绩。请根据该规则描述绘出 E-R 图。

由上述规则描述，可以识别出共有 4 个实体，分别是：班级、班长、学生、课程。根据规则描述可以确定实体间的联系分别是：班级和班长之间是一对一联系；班级和学生之间是一对多联系；学生和课程之间是多对多联系。

联系本身也可以有属性，当一个属性不能归并到两个实体上时，就可以将其定义为联系的属性。而在学生和课程两个实体之间，一名学生每学一门课程并参加考试，便可获得该门课程的成绩。如果把"成绩"属性放在学生实体中，由于一名学生的成绩属性有多个值（每门课一个成绩），所以不合适；如果把"成绩"属性放在课程实体中，也会因为一门课有多名学生选修而不易确定是哪个学生的成绩，因此"成绩"这个属性作为学生和课程两个实体之间联系的属性就较为合适。

根据上述规则分析绘出局部 E-R 图如图 1-13 所示。

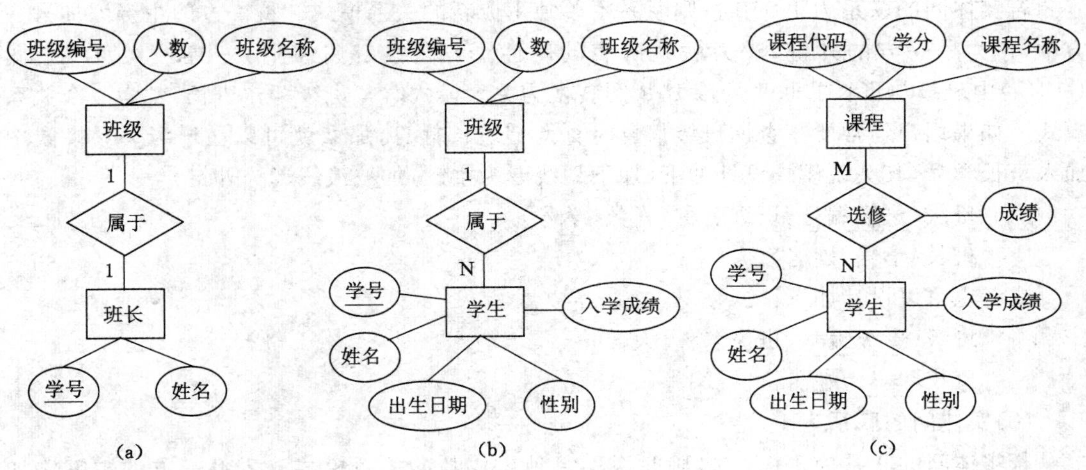

图 1-13　局部 E-R 图

由于班长实体是学生实体的一个子集，为避免数据冗余，解决这种问题的方法是把属性变为实体或把实体变为属性，使同一对象具有相同的抽象。故在本实例中就是将班长实体去除，将其转换为班级实体的一个属性，即班长学号。将修改后的局部 E-R 图合并为全局 E-R 图，如图 1-14 所示。

1.4.2.2　逻辑结构设计实例

逻辑结构设计的目的是把概念结构设计阶段设计好的全局 E-R 图转换成与选用的具体计算机上的 DBMS 所支持的数据模型相符合的逻辑模型（如网状、层次、关系模型等）。所以对于关系数据库的逻辑结构设计就是将 E-R 图转换为关系模式的过程。在将 E-R 图

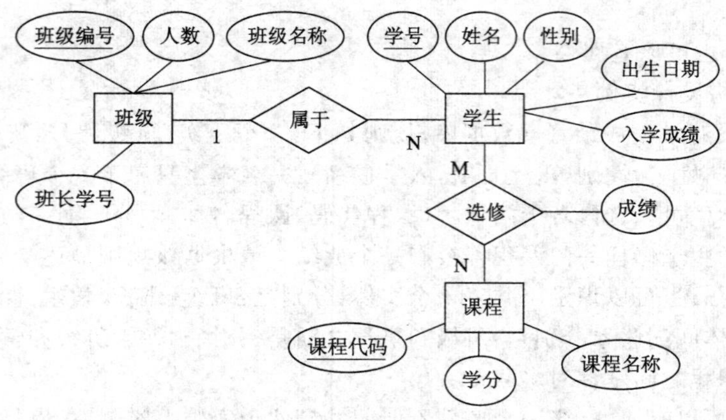

图 1-14　全局 E-R 图

转换为关系模式的过程中，每一个实体转换为一个关系模式，实体的属性就是关系模式的属性，实体的主键就是关系模式的主键。实体间的联系类型不同，转换为关系模式的方法也不同。

(1) 实体间的联系为 1∶1

若实体间的联系为 1∶1 时，则联系不单独生成新的关系模式。将一方的主键添加另一方中，作为另一方的外键，成为联系两表的属性。若联系有属性则一并加入，如将上图 1-13(a)中班级与班长的联系局部 E-R 图转换为关系模式时，"班级"与"班长"各为一个关系模式。如果用户经常要在查询班级信息时查询其班长信息，那么就可以在班级关系模式中加入班长学号，其关系模式设计如下(加下划线者为主键，加波浪线者为外键)：

班级(班级编号，班级名称，人数，学号)

班长(学号，姓名)

或者也可以设计如下：

班级(班级编号，班级名称，人数)

班长(学号，姓名，班级编号)

(2)实体间的联系为 1∶N

若实体间的联系为 1∶N 时，则联系不单独生成新的关系模式。需将一方的主键添加到多方中，作为多方的外键，成为联系两表的属性，若联系有属性则一并加入。如将图 1-13(b)中班级与学生的联系局部 E-R 图转换为关系模式如下：

班级(班级编号，班级名称，人数)

学生(学号，姓名，性别，出生日期，入学成绩，班级编号)

(3)实体间的联系为 M∶N

若实体间的联系为 M∶N 时，则联系单独生成新的关系模式。该关系模式的属性由联系的属性、参与联系的实体的主键组成，该关系模式的主键是参与联系的实体的主键组合。如将图 1-13(c)中学生与课程的联系局部 E-R 图转换为关系模式如下：

学生(学号，姓名，性别，出生日期，入学成绩)

课程(课程代码，课程名称，学分)

选修(学号,课程代码,成绩)

【例 1-2】 将图 1-14 所示的全局 E-R 图转换为关系模式。

转换后的关系模式如下:

班级(班级编号,班级名称,人数,班长学号)

学生(学号,姓名,性别,出生日期,入学成绩,班级编号)

课程(课程代码,课程名称,学分)

选修(学号,课程代码,成绩)

关系模式设计好后即可应用规范化理论进行优化,使其满足 3NF。之后便可在具体的 DBMS 里选择数据库的存储结构和存取方法等进行物理结构设计了。

1.5　初识 SQL Server 2014

SQL Server 系列软件是 Microsoft 公司推出的关系型数据库管理系统。最初由 Mircrosoft、Sybase 和 Aston-Tate 3 家公司共同开发基于 OS/2 环境的数据库系统。1989 年,由这三家公司组织的联合开发团队成功地推出了 SQL Server 1.0 for OS/2 系统。1990 年,Aston-Tate 公司退出了联合开发团队。1993 年,Microsoft 公司与 Sybase 公司在 SQL Server 系统方面的联合开发正式结束。从此,Microsoft 公司致力于用于 Windows 各种版本环境的 SQL Server 系统开发,而 Sybase 公司则集中精力从事用于各种 UNIX 环境的 SQL Server 系统开发。1995 年推出的 SQL Server 6.0 是第一个完全由 Microsoft 公司开发的版本,之后 Microsoft 公司不断对 SQL Server 的功能进行扩充,先后于 1996 年推出了 SQL Server 6.5,1998 年推出了 SQL Server 7.0,2000 年推出了 SQL Server 2000,2005 年推出了 SQL Server 2005,2008 年推出了 SQL Server 2008,2014 年推出了 SQL Server 2014。

1.5.1　SQL Server 2014 简介

SQL Server 2014 由 Microsoft 公司于 2014 年 4 月正式发布,作为新一代的数据平台产品,SQL Server 2014 不仅延续现有数据平台的强大能力,而且还启用了全新的混合云解决方案,可以充分获得来自云计算的种种益处,比如云备份和灾难恢复。SQL Server 2014 版本还为企业提供了驾驭海量资料的关键技术 in-memory 增强技术,可以帮助客户加速业务和向全新的应用环境进行切换。同时提供与 Microsoft Office 连接的分析工具,通过与 Excel 和 Power BI for Office 365 的集成,SQL Server 2014 提供让业务人员可以自主将资料进行即时决策分析的商业智能功能,轻松帮助企业员工运用熟悉的工具,把周遭的资讯转换成环境智慧,将资源发挥更大的营运价值,进而提升企业产能和灵活度。

根据不同的用户类型与使用需求,Microsoft 公司推出了多种不同的 SQL Server 2014 版本,主要有企业版(Enterprise)、商业智能版(Business Intelligence)、标准版(Standard)、Web 版(Web)、开发版(Developer)、精简版(Express)。其中精简版是具有核心的数据库功能,为了学习、创建桌面应用和小型服务器应用而发布的免费版。

1.5.2 SQL Server 2014 的安装

1.5.2.1 软、硬件要求

安装 SQL Server 2014 之前需要检查当前的计算机是否符合以下的软件、硬件环境要求。

(1) 软件环境

支持的有 Windows Server 2008、Windows Server 2008 R2、Windows Server 2008 SP2 及以上版本的操作系统,标准版还支持 Windows 7、Windows 8、Windows 8.1 操作系统。建议在使用 NTFS 文件格式的计算机上运行 SQL Server 2014。支持但建议不要在具有 FAT32 文件系统的计算机上安装 SQL Server 2014,因为它没有 NTFS 文件系统安全。

(2) 硬件环境

SQL Server 2014 支持 32 位操作系统,至少 1 GHz 或同等性能的兼容处理器,建议使用 2 GHz 及以上处理器的计算机;支持 64 位操作系统,1.4 GHz 或速度更快的处理器。最低支持 1 GB,建议使用 4 GB 或更大的 RAM,至少 6.0 GB 的可用磁盘空间。

1.5.2.2 安装过程

不同版本的 SQL Server 2014 的安装过程相似,下面以 SQL Server 2014 企业版为例介绍在 64 位 Windows 10 操作系统上安装 SQL Server 2014 的过程。

① 双击安装文件夹下的"setup. exe"文件,打开"SQL Server 安装中心",便开始 SQL Server 2014 的安装。单击左侧的"安装"选项,选择第一项"全新 SQL Server 独立安装或向现有安装添加功能"。如果是对原来 SQL Server 系统版本进行升级,则选择"升级"选项,如图 1-15 所示。

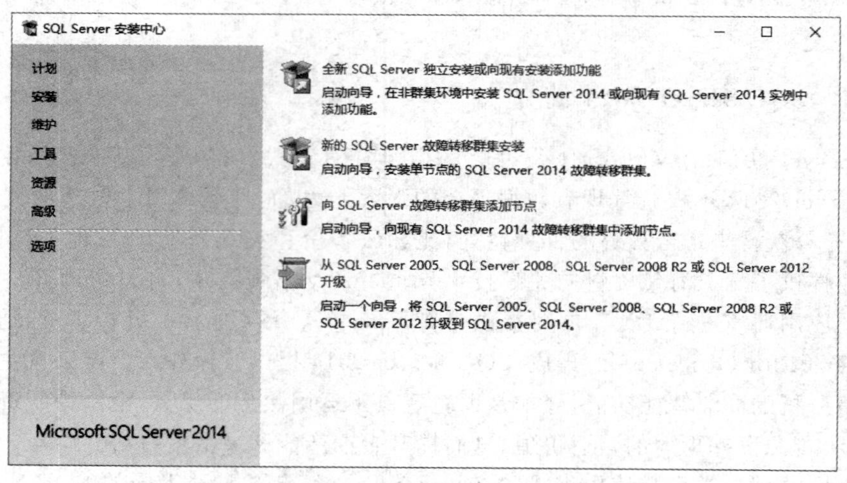

图 1-15 安装中心界面

② 进入安装程序支持规则界面,自动检测系统的安装环境,以减少安装过程中报错的概率。系统在检索中提出一个警告,建议在问题解决后再继续安装;但如果系统允许,也可以跳过继续安装,在此处单击"下一步"按钮继续安装,如图 1-16 所示。

③ 进入"安装类型"界面,在此处需指定是执行全新安装还是向 SQL Server 2014 现有

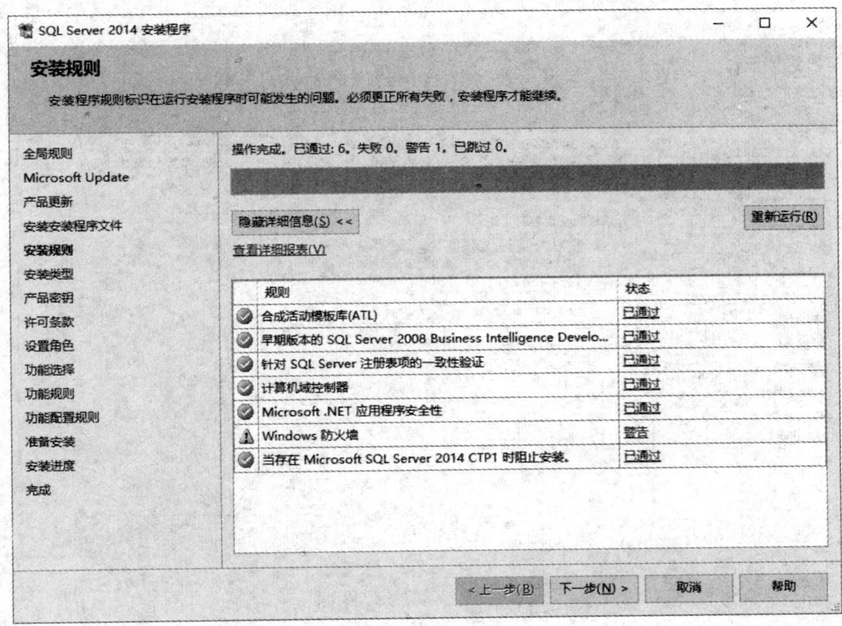

图 1-16　安装程序支持规则界面

实例中添加功能，在此处选择“执行 SQL Server 2014 全新安装”，单击“下一步”按钮继续安装，如图 1-17 所示。

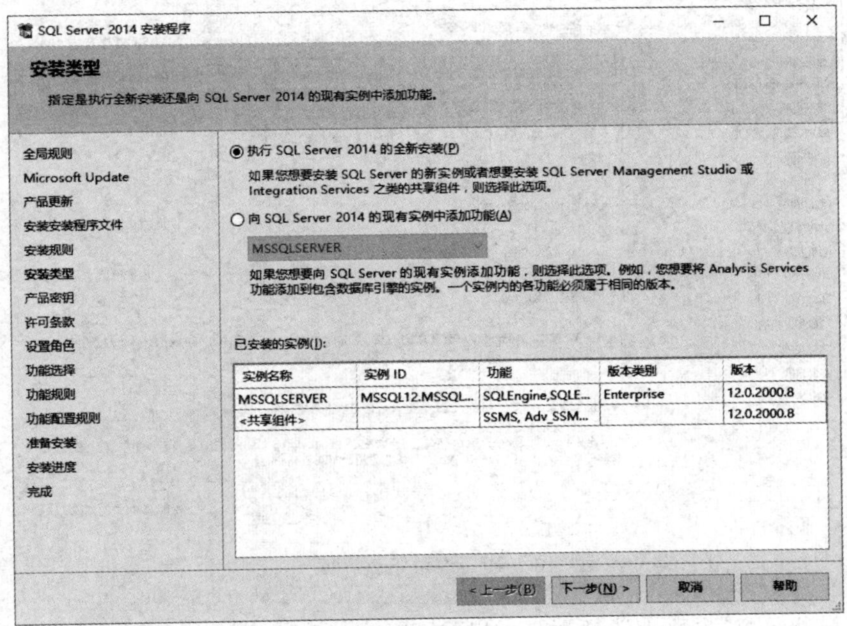

图 1-17　安装类型界面

④ 为 SQL Server 2014 指定版本或输入产品密钥。本例指定企业版的免费 Evaluation 版，Evaluation 版具有 SQL Server 的全部功能，有 180 天的试用期，如图 1-18 所示。

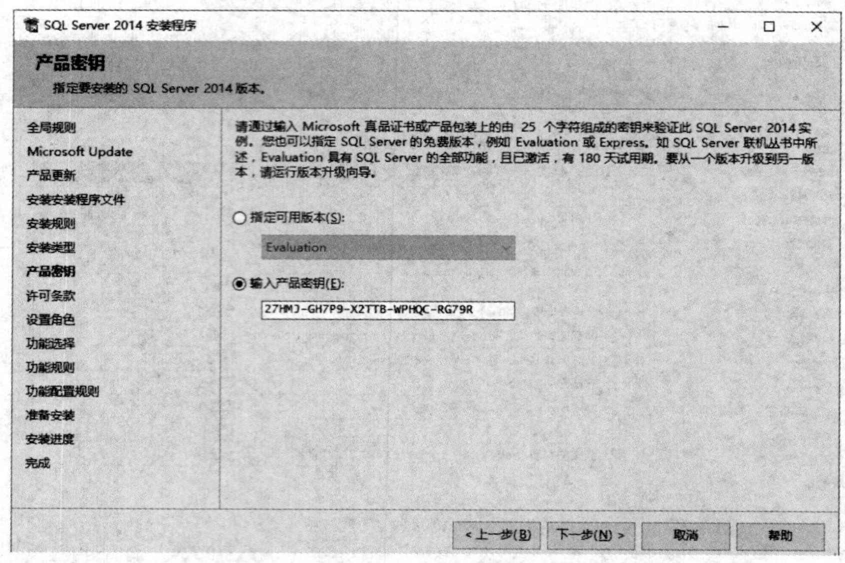

图 1-18　产品密钥界面

⑤ 在“许可条款”界面勾选“我接受许可条款”复选框，如图 1-19 所示，单击“下一步”按钮。

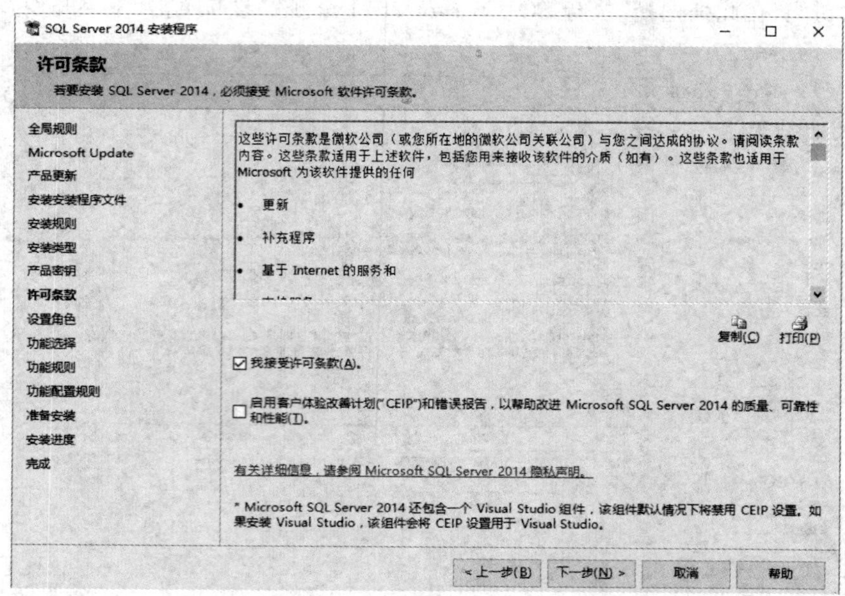

图 1-19　许可条款界面

⑥ 在“设置角色”界面中选择默认的“SQL Server 功能安装”，在接下来的“功能选择”界面，单击“全选”按钮选择全部功能或根据需要选择部分功能，并检查或修改程序的安装目录，本例选择全部功能与默认的安装目录，如图 1-20 所示。

⑦ 在“实例配置”界面为实例命名，本例选择默认实例与路径，如图 1-21 所示。由于 SQL Server 2014 支持在同一台计算上安装与运行多个实例，SQL Server 客户端应用程序

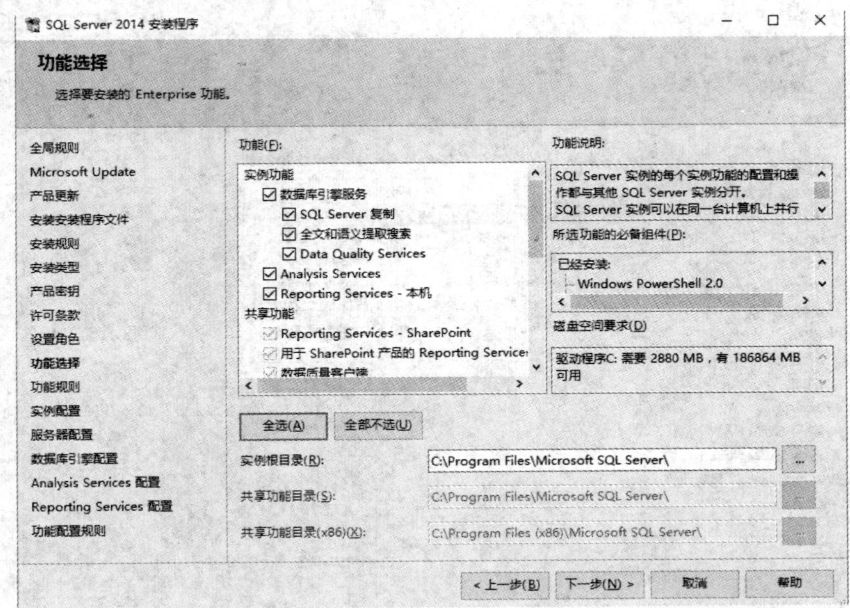

图 1-20　功能选择界面

通过指定实例名称访问数据库服务器，所以在应用中最好避免使用默认实例名。

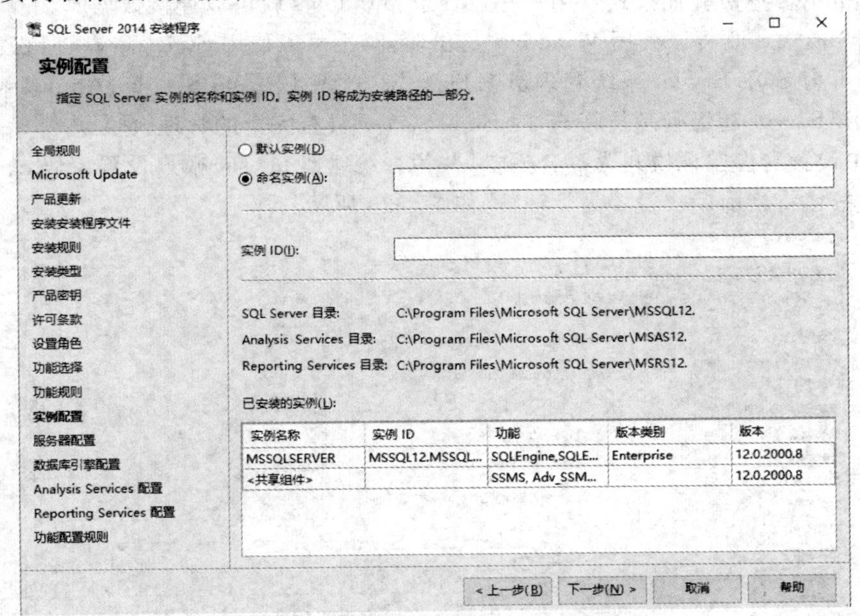

图 1-21　实例配置界面

⑧ 在“服务器配置”界面主要用于指定服务帐户和排序规则配置，如图 1-22 所示，此时单击“下一步”按钮。

⑨ 在数据库引擎配置界面为数据库引擎指定身份验证模式、管理员与密码。SQL Server 提供两种身份验证模式，分别是 Windows 身份验证模式和混合模式（SQL Server 身

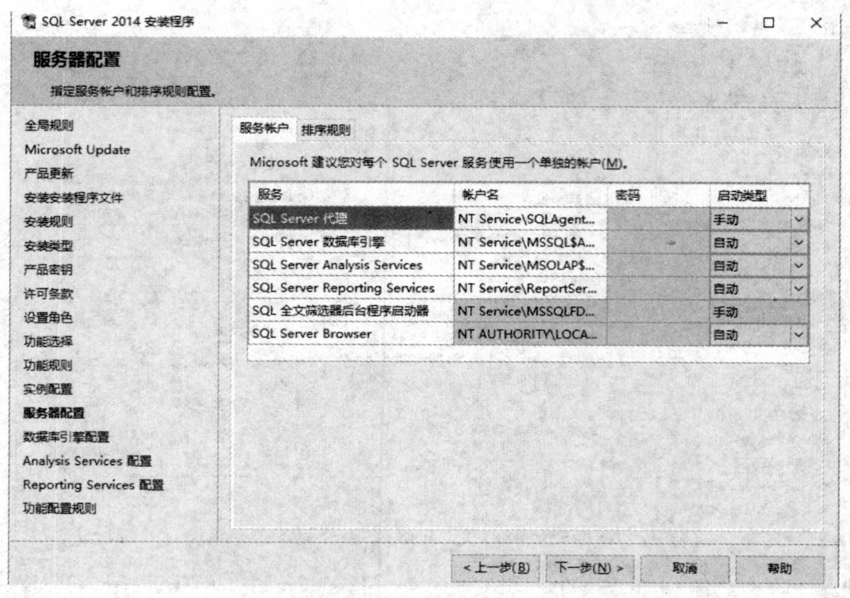

图 1-22　服务器配置界面

份验证和 Windows 身份验证)。

a. Windows 身份验证模式。用户一旦登录 Windows 就可以连接数据库。

b. 混合模式。既可以使用 Windows 身份验证,也可以使用 SQL Server 身份验证连接数据库,并可为 SQL Server 系统管理员帐户提供一个密码。sa(System Administrator)是默认的 SQL Server 超级管理员帐户,对 SQL Server 具有完全的管理权限。

本例中设置身份验证模式为混合模式,并为系统管理员(sa)帐户设置密码,单击"添加当前用户"按钮将当前用户设置为管理员,如图 1-23 所示。

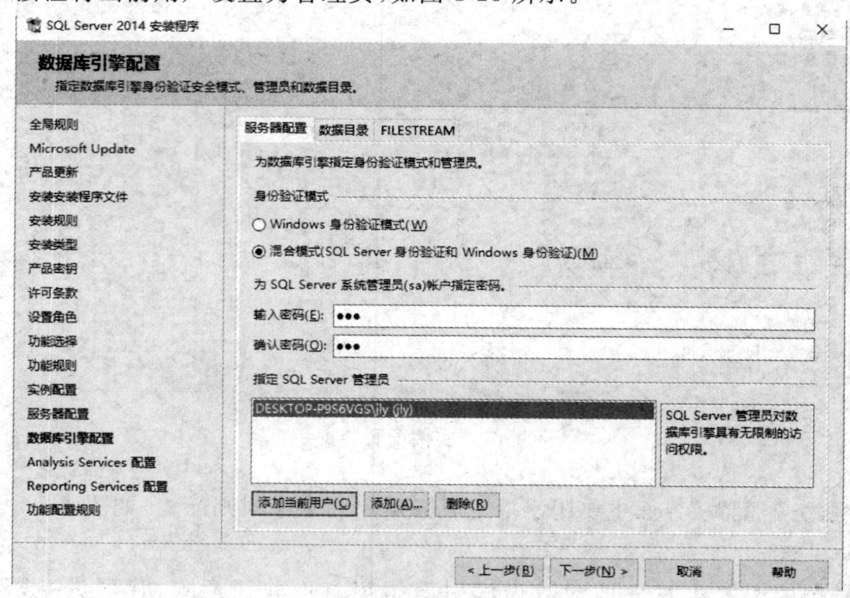

图 1-23　数据库引擎配置界面

⑩ 在“Analysis Services”配置界面中单击“添加当前用户”按钮为服务设置管理员。在“Reporting Services”配置界面中选择默认的“安装和配置”界面单选按钮，如图 1-24 所示。

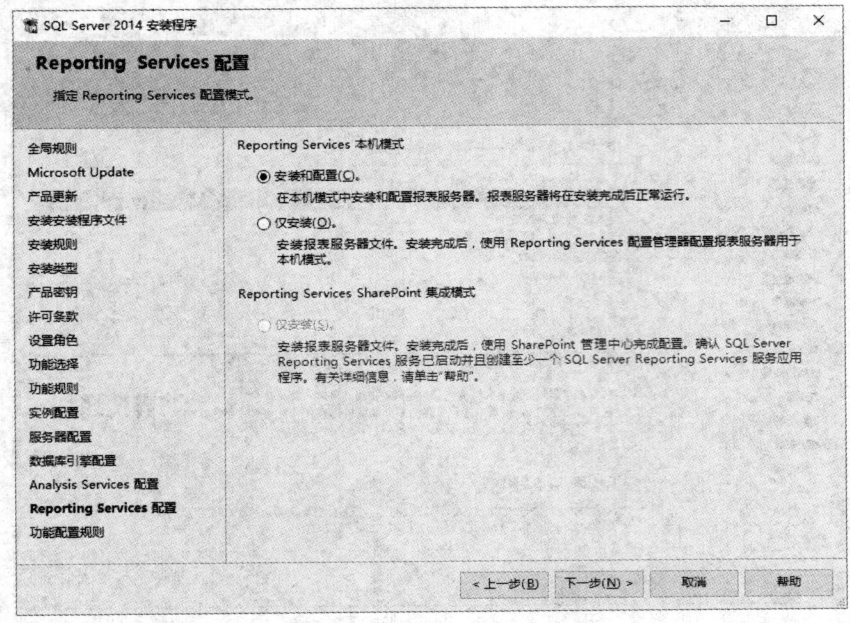

图 1-24　Reporting Services 配置界面

⑪ 在接下来的“功能配置规则”界面，再次进行规则验证，全部通过后，单击“下一步”按钮进入“准备安装”界面，显示所有的配置信息，如图 1-25 所示，单击“安装”按钮，显示“安装进度”界面。安装进程根据计算机硬件环境的差异会有所不同，大约持续 30 min。

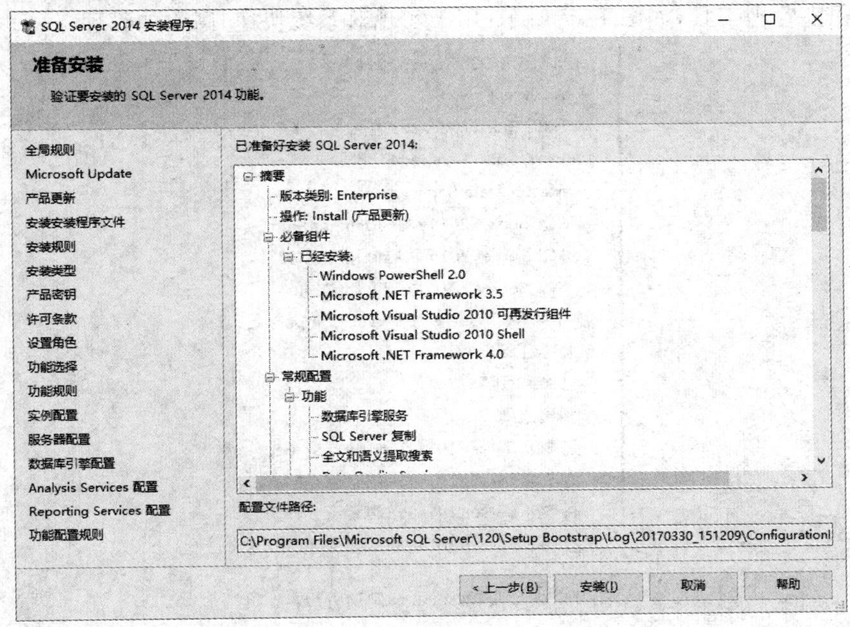

图 1-25　准备安装界面

⑫ 安装完成后显示“完成”界面，表示安装成功，如图 1-26 所示，单击“关闭”按钮完成 SQL Server 2014 的安装。

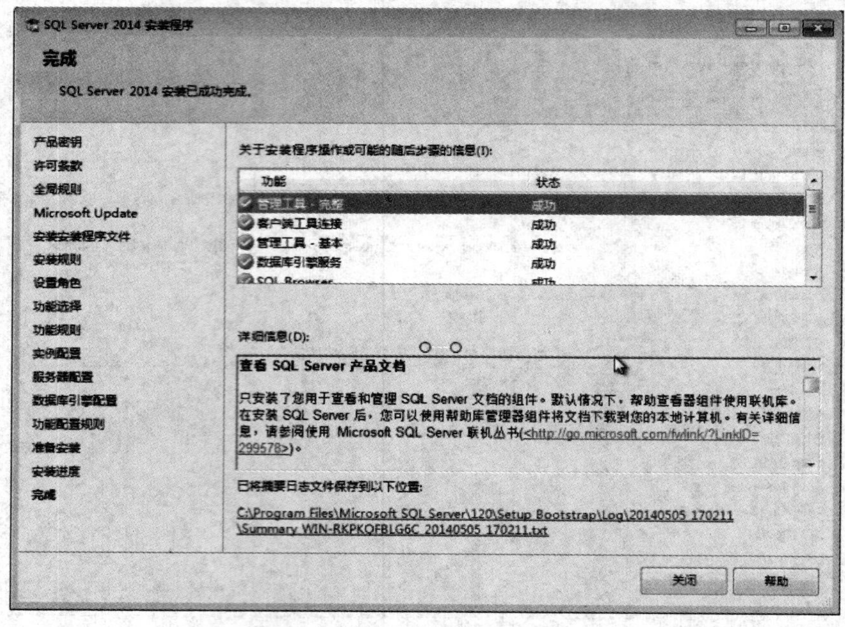

图 1-26　完成界面

1.5.3　SQL Server 2014 常用管理工具

SQL Server 2014 安装完成后，在“开始”→“所有程序”→“Microsoft SQL Server 2014”下会提供很多管理工具，如图 1-27 所示，用于实现对系统快速、高效的管理。

图 1-27　SQL Server 2014 管理工具

1.5.3.1　SQL Server Management Studio(SSMS)

SQL Server Management Studio(SSMS)是一个高度集成的管理平台,用于访问、配置、控制、管理和开发 SQL Server 的所有组件。SSMS 将多样化的图形工具与多种功能齐全的脚本编辑器组合在一起,提供了可视化的管理开发环境,可为各种技术级别的开发人员和管理员提供对 SQL Server 的访问。同时在单独的 SSMS 控制台中支持注册多个 SQL Server,从而实现对多个 SQL Server 实例的管理。

1.5.3.2　SQL Server 配置管理器

SQL Server 配置管理器用于管理与 SQL Server 相关的服务,如 SQL Server 代理、Analysis Services、Reporting Services 等,设置服务的启动、停止、暂停等,查看或更改服务使用帐户与服务属性,并用于配置和管理已安装客户端以及服务器端通信协议。

1.5.3.3　数据库引擎优化顾问

数据库引擎优化顾问用于检查指定数据库中处理查询的方式,并提供修改物理结构的建议,如添加、修改、删除索引、索引视图与分区等,从而改善查询处理性能,优化数据库的结构。

1.5.3.4　SQL Server Profiler

SQL Server Profiler 是一个图形化的工具,用于监视、检查和记录数据库的使用情况。SQL Server Profiler 可以将捕获的来自服务器的数据库事件保存在一个跟踪文件中,并对文件进行分析,或在诊断某个问题时对文件进行重放。

习　题

一、填空题

1. 数据库英文简称为(　　　　),数据库数据具有(　　　　)、(　　　　)和(　　　　)3 个基本特点。

2. 数据处理经历了现实世界、(　　　　)和(　　　　)3 个阶段。

3. 数据库管理系统常用的数据模型主要有层次模型、网状模型和(　　　　)。

4. 包含在任何一个候选键中的属性称为(　　　　),不包含在任何键中的属性称为(　　　　)。

5. 一个只满足 1NF 的关系可能存在的 4 个问题是数据冗余、插入异常、(　　　　)和删除异常。

6. 专门的关系运算有选择、投影和(　　　　)。

二、选择题

1. 下面哪个软件不是 DBMS(　　　　)

A. Oracle　　　　B. SQL Server

C. Visual FoxPro　　　　D. Word

2. 数据管理依次分为(　　　　)。

A. 人工管理、文件管理和数据库管理三个阶段

B. 文件管理、人工管理和数据库管理三个阶段

C. 数据库管理、文件管理和人工管理三个阶段

D. 数据库管理、人工管理和文件管理三个阶段

3. 在概念世界中,(　　　　)是现实世界中存在的和人们关心的任何“事物”的抽象。

A. 对象　　B. 客体　　C. 实体　　D. 信息

4. 下面哪一个是现实世界到数据世界的一个中间层,它表示实体及实体间的联系(　)。

A. E-R模型　　B. 数据世界

C. 机器数据　　D. 联系

5. 设有部门和职员两个实体,每个职员只能属于一个部门,一个部门可以有多名职员,则部门与职员实体之间的联系类型是(　　　　)。

A. M∶N　　B. 1∶N

C. N∶1　　D. 1∶1

6. 用树形结构表示实体及其之间联系的模型(　　　　)。

A. 关系模型　　B. 网状模型

C. 层次模型　　D. 数据模型

7. 现有如下关系:职工(职工号,姓名,性别,职务);部门(部门编号,部门名称,部门地址,职工号,姓名,电话),则部门关系中的外键是(　　　　)。

A. 部门编号　　B. 姓名

C. 职工号　　D. (职工号,姓名)

8. 从E-R模型向关系模型转换时,一个M∶N的联系会单独生成新的关系模式,该关系模式的关键字是(　　　　)。

A. M端实体的关键字

B. N端实体的关键字

C. 重新选取其他属性

D. M端实体的关键字与N端实体的关键字的组合

9. 设有关系W(工号,姓名,工种,定额),将其规范化到3NF,应选择(　　　　)。

A. W_1(工号,姓名),W_2(工种,定额)

B. W_1(工号,工种,定额),W_2(工号,姓名)

C. W_1(工号,姓名,工种),W_2(工种,定额)

D. 以上都不对

10. 消除了部分函数依赖的1NF的关系模式必定是(　　　　)。

A. 1NF　　B. 2NF　　C. 3NF　　D. 4NF

三、简答题

1. 在将E-R图转换为关系模式的过程中,实体间的联系类型不同,转换为关系模式的方法也不同。请简述三种不同联系转换为关系模式的方法。

2. 简单描述1NF、2NF和3NF的联系和区别。

第 2 章　数据库的创建与管理

数据库是长期存储在计算机内有组织、可共享、统一管理的数据集合。本章从逻辑功能与物理存储两个方面，介绍了数据库的分类及组成，并通过实例分别使用 SQL Server 对象资源管理器可视化操作和 T-SQL 命令两种方式，介绍了实现数据库的创建和数据库的管理方法。

2.1　SQL Server 数据库

数据库指的是以一定方式存储在一起，能够被多个用户所共享，具有尽可能小的冗余度的特点，是与应用程序彼此独立的数据集合。

SQL Server 中的数据库(database)是对象的容器，包含表、视图、存储过程、关系图、用户、角色、规则、用户自定义数据类型、用户自定义函数等对象。

数据库系统使用一组操作系统文件来映射数据库管理系统中保存的数据库，数据库中的所有数据和对象都存储在其映射的操作系统文件中，这些操作系统文件可以是数据文件或日志文件。

2.1.1　SQL Server 数据库类型

在 SQL Server 中，数据库主要用于数据存储，通常将数据库分为系统数据库和用户数据库两种基本类型。无论是系统数据库还是用户数据库，其在物理上都由至少一个数据文件和至少一个日志文件组成。为了方便管理，可以将数据库文件分成不同的文件组。

2.1.1.1　系统数据库

在系统数据库中包含用于系统进行总体控制的系统表。系统数据库保存了系统运行以及对用户数据的操作等基本信息。这些系统数据库分别是 Master、Model、Msdb 和 Tempdb，它们是在成功安装 SQL Server 后，由系统自动建立并存储在 SQL Server 的默认安装目录的 MSSQL 子目录的 Data 文件夹中。

(1) Master 数据库

Master 数据库是 SQL Server 中最重要的数据库，记录了 SQL Server 系统中所有的系统信息，其中包含了所有的登录名或用户 ID 所属的角色、服务器中的数据库的名称及相关信息、数据库的位置等重要信息。

由于 Master 数据库记录了如此多且重要的信息，如果该数据库被损坏，SQL Server 将无法正常工作，甚至瘫痪，所以要定期备份 Master 数据库，以便在发生问题时，对数据库进行恢复。

(2) Model 数据库

创建数据库时,总是以一套预定义的标准为模型,Model 系统数据库就是一个模版数据库,可以用作建立数据库的模板。它包含了建立新数据库时所需的基本对象,如系统表、查看表、登录信息等。在系统执行建立新数据库操作时,它会复制这个模版数据库的内容到新的数据库中。由于所有新建立的数据库都是继承这个 Model 数据库而来的,因此,如果更改 Model 数据库中的内容,如增加对象、改变数据库初始大小等,则在其后建立的数据库中也都会包含该变动的内容。

Model 系统数据库是 Tempdb 数据库的基础。由于每次启动 SQL Server 时,系统都会创建 Tempdb 数据库,所以 Model 数据库必须始终存在于 SQL Server 系统中。

(3) Msdb 数据库

Msdb 数据库为 SQL Server 代理提供必要的信息来运行作业,因而,它是 SQL Server 中另一个十分重要的数据库。

SQL Server 代理服务是 SQL Server 中的一个 Windows 服务,用于运行任何已创建的计划作业。作业是指 SQL Server 中定义的能自动运行的一系列操作。

(4) Tempdb 数据库

Tempdb 数据库是存在于 SQL Server 会话期间的一个临时性的数据库,用作系统的临时存储空间,主要用于存储用户建立的临时表和临时存储过程,存储用户说明的全局变量值,为数据排序创建临时表,存储用户利用游标说明所筛选出来的数据。一旦关闭 SQL Server,Tempdb 数据库保存的内容将自动消失。重启动 SQL Server 时,系统将重新创建新的、空的 Tempdb 数据库。

由于 Tempdb 数据库的容量空间是有限的,所以在使用时,不要被一些存储过程的表中记录填满。如果发生了这种情况,不仅当前的处理不能继续,整个服务器都可能无法工作,从而将影响到在该服务器上的所有用户。

2.1.1.2 用户数据库

用户数据库是 SQL Server 提供的用于用户使用的数据库,与系统数据库一样也包含了各种数据库对象,同时用户可以自由地对其中的数据或者表结构进行查询、修改等操作。

在安装 SQL Server 的过程中,可以在安装组件窗口中选择安装示例数据库,这些示例数据库具有相当完整的实例以及更接近实际的数据容量、复杂的结构和部件,方便用户加深对数据库知识的理解,进而开发出符合用户需要的数据库。

2.1.2 SQL Server 数据库文件

数据库的存储结构分为逻辑存储结构和物理存储结构两种。数据库的逻辑结构是指构成的数据库的具体对象信息,主要应用于面向用户的数据组织和管理,如数据库的表、视图、约束、用户权限等。数据库的物理存储结构则是体现数据库文件在磁盘中的存储形式。数据库在磁盘上以文件为单位进行存储,由数据文件和事务日志文件组成,一个数据库至少应该包含一个数据库文件和一个事务日志文件。

(1) 主要数据文件(.mdf)

主要数据文件,也称主文件,主要用于存储用户数据和对象,还包含数据库的启动信息,并指向数据库中的其他文件。每个数据库有且仅有一个主要数据文件。

(2) 次要数据文件(.ndf)

次要数据文件,也称辅助数据文件,用于存储主要数据文件未存储的其他数据和对象。它能够将数据分散到多个磁盘上。正因为如此,如果数据库的主要数据文件超过了单个 Windows 文件的最大限制,就可以使用次要数据文件,以便数据库能保持继续增长。

数据库可以没有次要数据文件,也可以有多个次要数据文件,次要数据文件的文件名要尽量与主要数据文件名相同。

(3) 事务日志文件(.ldf)

事务日志文件保存用于恢复数据库的日志信息。每个数据库至少有一个日志文件,也可以有多个。

(4) 数据库文件组

文件组可以把一些指定的文件组合在一起,以便于管理和分配数据。每个数据库都有一个主要文件组,此文件组包含主要数据文件和未放入其他文件组的所有次要数据文件,也可以创建用户自定义的文件组。

2.2　数据库的创建

创建数据库就是为数据库确定名称、大小、存放位置、文件名和所在文件组的过程。在一个 SQL Server 实例中,最多可以创建 32 767 个数据库,数据库的名称必须满足系统的标识符规则。在命名数据库时,应该使数据库名称简短并有一定的含义。

在 SQL Server 中创建数据库的方法主要有两种:一是在 SQL Server Management Studio 窗口中通过使用"对象资源管理器"创建,二是通过编写并执行 T-SQL 语句创建。

2.2.1　使用 SQL Server"对象资源管理器"创建数据库

SQL Server Management Studio 是 SQL Server 系统运行的核心窗口,它提供了用于数据库管理的图形工具和功能丰富的开发环境,方便数据库管理员及用户进行操作。

使用 SQL Server"对象资源管理器"创建数据库,对初学者来说简单易用。

【例 2-1】 创建教学管理数据库 jxk,数据库文件存储在 E 盘 jxk 文件夹,并且文件夹已预先创建,数据文件名使用默认设置,初始大小为 5 MB,以 1 MB 的增量增长,日志文件名使用默认设置,初始大小为 1 MB,以 10%的增量增长,文件大小均不加以限制。

(1) 启动 Microsoft SQL Server Management Studio,并使用 Windows 或 SQL Server 身份验证建立连接。

(2) 在"对象资源管理器"中展开服务器,然后选择"数据库"结点。

(3) 在"数据库"结点上右击,从弹出的快捷菜单中选择"新建数据库"命令,如图 2-1 所示。

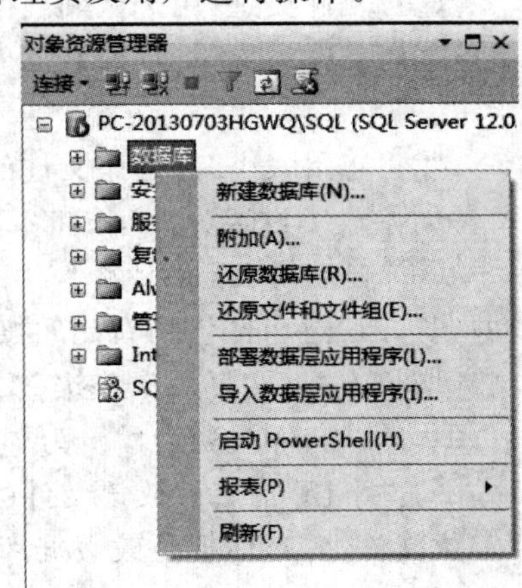

图 2-1　"新建数据库"命令

(4) 在弹出“新建数据库”对话框中有三个选项页,分别是“常规”、“选项”和“文件组”页,如图 2-2 所示。按用户的需求完成这三个选项中的内容填写工作。

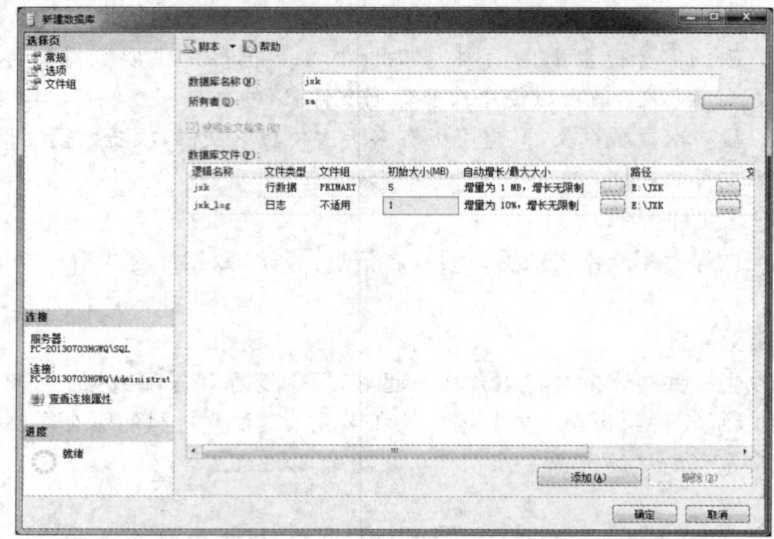

图 2-2 “新建数据库”对话框

(5) 在“数据库名称”文本框中输入要新建数据库的名称,例如这里输入“jxk”。

(6) 单击“所有者”文本框中右侧按钮,在弹出“选择数据库所有者”对话框中选择对象类型,通过单击浏览,从左侧列出的匹配对象中选择新建数据库的所有者,如“sa”。根据数据库的使用情况,选择启用或者禁用“使用全文索引”复选框。

(7) 在“数据库文件”列表中,包括两行:一行是数据文件,而另一行是日志文件。通过单击下面相应按钮,可以“添加”或者“删除”相应的文件。

该列表中各字段值的含义如下:

① “逻辑名称”指定该文件的逻辑文件名,通常采用系统的默认名称。

② “文件类型”用于区别当前文件是数据文件还是日志文件。

③ “文件组”显示当前数据库文件所属的文件组,一个数据库文件只能存在于一个文件组里。

④ “初始大小”指定该文件的初始容量,可采用系统默认或用户自行更改。本例将数据文件初始大小设置为 5 MB,将日志文件初始大小设置为 1 MB。

⑤ “自动增长/最大大小”用于设置在文件的容量不够用时,文件根据何种增长方式自动增长。通过单击该列右侧的按钮,打开“更改自动增长设置”窗口进行是否启用自动增长、文件增长方式(按百分比或按 MB)及最大文件大小的设置。本例中将数据文件设置增量为 1 MB,日志文件设置为增量为 10%,并且增长不加限制。

⑥ “路径”指定存放该文件的目录。可采用默认设置,也可单击该列右侧按钮可以打开“定位文件夹”对话框更改数据库的存放路径,本例设置为 E 盘 jxk 文件夹。

⑦ “文件名”指定该文件的物理名称。

(8) 单击“选项”按钮,设置数据库的排序规则、恢复模式、兼容级别和其他需要设置的内容。

(9) 单击“文件组”可以设置数据库文件所属的文件组，还可以通过“添加”或者“删除”按钮更改数据库文件所属的文件组。

(10) 完成以上操作后，就可以单击“确定”按钮完成数据库的创建工作。在“对象资源管理器”中进行刷新操作，新建的数据库结点 jxk 就会如图 2-3 所示显示出来。

图 2-3　“jxk”数据库创建完成

2.2.2　使用 T-SQL 语句创建数据库

虽然使用“对象资源管理器”创建数据库的方法比较简单易学，但通常在开发设计应用程序时不适于使用图形化方式创建数据库，而会直接使用 T-SQL 语句命令在程序代码中创建数据库及其他数据库对象。

T-SQL 是用来沟通应用程序与 SQL Server 的主要语言。它提供标准 SQL 的数据控制语言(DCL)、数据定义语言(DDL)和数据操作语言(DML)功能。此外，还包括函数、系统预存程序以及选择、循环等基本程序结构，让程序设计更加灵活、方便。

在 T-SQL 语言中，SQL Server 数据库、表、索引、视图、存储过程、触发器等数据对象需要以名称来进行命名并加以区分，这些名称称为标识符。

通常数据对象都应该有一个标识符，但对于某些对象来说，比如约束，标识符是可选的。推荐每个对象都使用标识符。

标识符由英文字母 a～z 和 A～Z、at 符号(@)、美元符号($)、数字符号 0～9 或下划线组成，不能使用如 int、char 等内部保留字，也不允许嵌入空格。关于标识符的具体内容详见 5.2.1。

使用 T-SQL 提供的 CREATE DATABASE 语句可以完成新建数据库操作，其操作界面如图 2-4 所示。

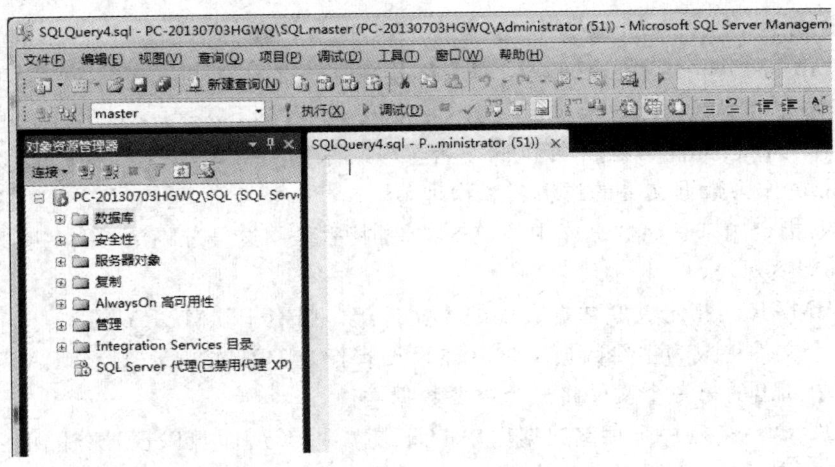

图 2-4　T-SQL 语句操作界面

单击常用工具栏上的“新建查询”按钮,在编辑区内书写命令,单击“分析”按钮进行分析检查,如没有提示错误,则可单击“执行”按钮进行命令的运行。

注:在常用工具栏上“分析”按钮的图标是:✔。

CREATE DATABASE 语句基本格式为:

```
CREATE DATABASE <database_name>
    [ON[PRIMARY]
        [<filespec> [,…n]
        [,<filegroup> [,…n]]
    [LOG ON{<filespec> [,…n]}]
    ]
]
其中,<filespec> ::=
{
(   NAME=logical_file_name ,
    FILENAME='os_file_name'
    [,SIZE=size[KB|MB|GB|TB]]
    [,MAXSIZE={max_size[KB|MB|GB|TB]|UNLIMITED}]
    [,FILEGROWTH=growth_increment[KB|MB|GB|TB|%]]
)[,…n]
}
<filegroup> ::=
{
FILEGROUP filegroup_name [DEFAULT]
<filespec> [,…n]
}
```

[语法说明]:

(1) database_name:新创建的数据库名称。数据库名称在 SQL Server 实例中必须是唯一的。如果在创建数据库时未指定日志文件的逻辑名,则 SQL Server 用 database_name 后加“_log”作为日志文件的逻辑名和物理名。如果未指定数据文件名,则 SQL Server 用 database_name 作为数据文件的逻辑名和物理名。

(2) ON:指定用来存储数据库中的数据文件,其后是用逗号分隔的、用以定义数据文件的<filespec>项列表。

(3) PRIMARY:指定关联数据文件的主文件组。带有 PRIMARY 的<filespec>部分定义的第一个文件将成为主要数据文件。如果没有指定 PRIMARY,则 CREATE DATABASE 语句中列出的第一个文件将成为主要数据文件。

(4) LOG ON:指定用来存储数据库中的日志文件,其后面跟以逗号分隔的、用以定义日志文件的<filespec>项列表。如未指定,则系统将自动创建一个日志文件。

(5) <filespec>定义文件的属性,其中各参数含义如下。

① NAME=logical_file_name:指定文件的逻辑名称。逻辑名称必须唯一,且符合标识

符规则，可以是字符或 Unicode 常量，也可以是常规标识符或限定标识符。常规标识符和限定标识符的内容请参考第 5 章。

② FILENAME='os_file_name'：指定操作系统（物理）文件名称。'os_file_name'是创建文件时由操作系统使用的路径和文件名。需要注意的是，在执行 CREATE DATABASE 语句前，指定的路径必须已经存在。

③ SIZE=size：指定文件的初始大小。如果没有为主要数据文件提供 size，则数据库引擎将使用 Model 数据库中的主要数据作为文件的大小。如果指定了次要数据文件或日志文件，但未指定该文件的 size，则数据库引擎将以 1 MB 作为该文件的大小。为主要数据文件指定的大小应不小于 Model 数据库的主要数据文件的大小。可以使用千字节（KB）、兆字节（MB）、千兆字节（GB）或兆兆字节（TB）后缀，默认为 MB。size 是一个整数值，不能包含小数位。

④ MAXSIZE=max_size：指定文件可增大到的最大值。可以使用 KB、MB、GB 和 TB 后缀。默认为 MB。max_size 为一个整数值，不能包含小数位。如果未指定 max_size，则表示文件容量无限制，文件将一直增大，直至磁盘空间满。UNLIMITED：指定文件的增长无限制。在 SQL Server 中，指定为不限制增长的日志文件的最大大小为 2 TB，而数据文件的最大大小为 16 TB。

⑤ FILEGROWTH=growth_incremen：指定文件的自动增量。FILEGROWTH 的大小不能超过 MAXSIZE 的大小。growth_incresment 为每次需要新空间时为文件添加的空间量。该值可以使用 MB、KB、GB、TB 或百分比（%）为单位指定。如果未在数字后面指定单位，则默认为 MB。如果指定了“%”，则增量大小为发生增长时文件大小的指定百分比。指定的大小四舍五入为最接近的 64 KB 的倍数。FILEGROWTH=0 表明将文件自动增长设置为关闭，即不允许自动增加空间。如果未指定 FILEGROWTH，则数据文件的默认增长值为 1 MB，日志文件的默认增长比例为 10%，并且最小值为 64 KB。

(6) <filegroup>控制文件组属性，其中各参数含义如下。

① FILEGROUP filegroup_name：文件组的逻辑名称。filegroup_name 在数据库中必须唯一，而且不能是系统提供的名称 PRIMARY 和 PRIMARY_LOG，名称必须符合标识符规则。

② DEFAULT：指定该文件组为数据库中的默认文件组。

此命令的使用可根据实际创建数据库的需要，以最基本的形式增加参数。

【例 2-2】 创建 jxk 数据库，全部采用默认设置，数据库名为 jxk。

```
CREATE DATABASE jxk
```

【例 2-3】 创建 jxk 数据库，包含一个数据文件和一个日志文件的数据库。主要数据文件的逻辑文件名为 jxk，物理文件名为 jxk. mdf，存放在 e:\jxk 文件夹下，初始大小为 10 MB，最大为 30 MB，自动增长时的递增量为 5 MB。日志文件的逻辑文件名为 jxk_log，物理文件名为 jxk_log. ldf，也存放在 e:\jxk 文件夹下，初始大小为 3 MB，最大大小为 12 MB，自动增长时的递增量为 2 MB，相关文件夹已预先创建。

```
CREATE DATABASE jxk
ON
(NAME=jxk,
  FILENAME='e:\jxk\jxk.mdf',
  SIZE=10,
```

```
    MAXSIZE=30,
    FILEGROWTH=5)
LOG ON
(NAME=jxk_log,
   FILENAME='e:\jxk\jxk_log.ldf',
   SIZE=3,
   MAXSIZE=12,
FILEGROWTH=2)
```

【例 2-4】 创建一个名为 jxk1_db 的数据库，该数据库除了主文件组 PRIMARY 外，还包括 xsgroup1 和 xsgroup2 两个用户创建的文件组。主文件组包含 xs1_db 和 xs2_db 数据文件，这两个文件的 FILEGROWTH 分别为 15%和 1 MB，其他属性系统默认。

xsgroup1 文件组包含 old1_db 和 old2_db 数据文件，这两个文件的其他属性系统默认。xsgroup2 文件组包含 new1_db 和 new2_db 文件，这两个文件的初始大小分别为 5 MB 和 8 MB。数据库只包含一个日志文件 jxk1_log，初始大小为 5 MB，最大为 25 MB，每次增加 5 MB。

数据库文件存储在 e:\jxk 文件夹，文件夹已经提前创建。

```
CREATE DATABASE jxk1_db
ON PRIMARY
(NAME=xs1_db,
FILENAME='e:\jxk\xs1_db.mdf',
FILEGROWTH=15%),
(NAME=xs2_db,
   FILENAME='e:\jxk\xs2_db.ndf',
   FILEGROWTH=1MB),
FILEGROUP xsgroup1
(NAME=old1_db,
   FILENAME='e:\jxk\old1_db.ndf'),
(NAME=old2_db,
   FILENAME='e:\jxk\old2_db.ndf'),
FILEGROUP xsgroup2
(NAME=new1_db,
   FILENAME='e:\jxk\new1_db.ndf',
   SIZE=5MB),
(NAME=new2_db,
   FILENAME='e:\jxk\new2_db.ndf',
   SIZE=8MB)
LOG ON
(NAME=jxk_log,
   FILENAME='e:\jxk\jxk1_log.ldf',
SIZE=5MB,
```

```
  MAXSIZE=25MB,
  FILEGROWTH=5MB)
```

在使用 T-SQL 语句创建数据库之前，由于不能直观了解系统的当前状态，为了保证创建成功，通常在创建命令前使用测试命令，测试欲创建的数据库是否存在，然后再根据测试结果选择先删除然后创建或者放弃创建等相关命令的执行。如在创建 jxk 数据库之前，进行如下测试：

```
USE master
IF EXISTS (SELECT *  FROM sysdatabases WHERE NAME='jxk')
  print 'jxk 已存在，可以先删除后创建'
ELSE
  print 'jxk 不存在，可以直接创建'
```

2.3　数据库的管理

在创建完成数据库之后，就可以对数据库进行包括查看、修改、删除、分离与附加等管理操作。

2.3.1　修改与查看数据库

对于创建完成的数据库，可以通过“对象资源管理器”的“数据库属性”窗口查看和设置所建数据库和数据库文件的属性，也可以使用命令实现相应操作。

2.3.1.1　使用“对象资源管理器”查看或修改数据库

在 SQL Server Management Studio 的“对象资源管理器”中，展开“数据库”结点，在要查看或修改的数据库上右击鼠标，在弹出的快捷菜单中选择“属性”命令，出现“数据库属性”对话框，如图 2-5 所示。

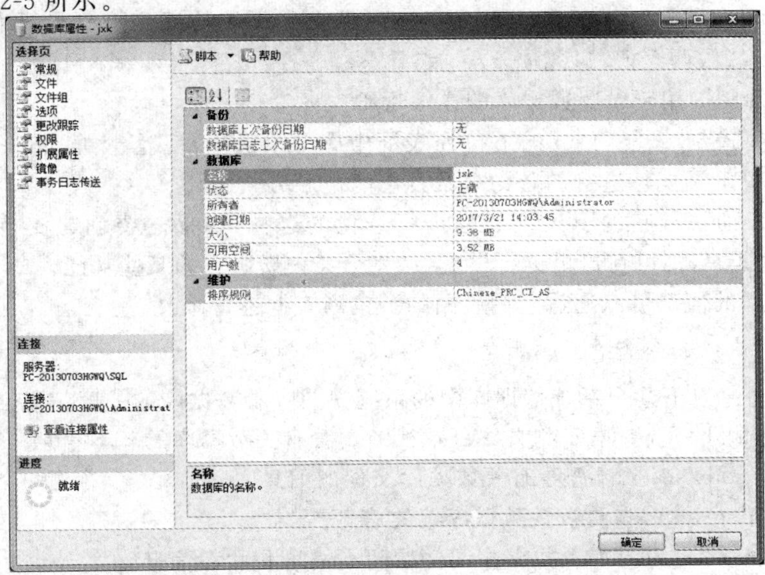

图 2-5　“数据库属性”对话框

(1)"常规"选项页中,可以看到数据库的名称、状态、所有者、创建日期、占用空间总量(包括数据文件和日志文件的空间)等信息。

(2)"文件"选项页可以查看该数据库包含的全部文件以及各文件的属性,如图 2-6 所示。在这个界面中可以更改文件的逻辑名称,而且可以增大或减小文件的初始大小,但其他各项均不能在此界面修改。单击"添加"按钮可以添加新的数据文件和日志文件。

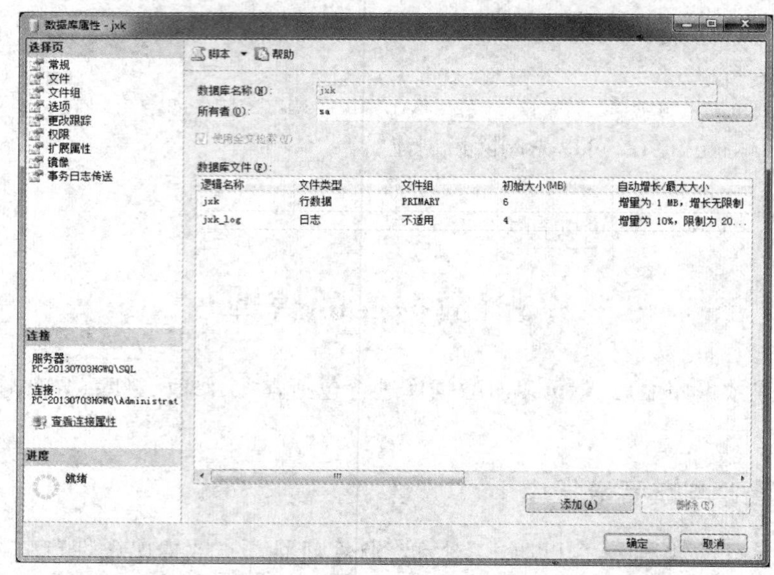

图 2-6 "数据库属性"对话框"文件"页

(3)"文件组"选项页,可以查看该数据库所包含的全部文件组以及文件组的属性。也可以添加新的文件组、更改默认文件组和设置是否设置为只读属性。

(4)"选项"选项页,可以查看和设置该数据库的选项,如图 2-7 所示。数据库选项是指在数据库范围内有效的一些参数,可以用于控制这个数据库的某些特性和行为。所有的数据库选项都有真、假两个值,只能取 True 或 False。

①"排序规则":用于设置数据库的排序规则。

②"恢复模式":"恢复模式"的下拉列表框中有 3 个选项:完整、大容量日志和简单,不同的恢复模式决定了能够进行的备份以及日志的记录方式。

③"兼容级别":从它的下拉列表框进行选项的选择,如果需要创建支持之前版本的 SQL Server 数据库,则可在这里进行设置,这将会失去新版本的某些功能。

大部分选项的值都可以通过它们后面的下拉列表框进行修改。

2.3.1.2 使用命令查看数据信息

(1)可以通过以下几个系统数据库中的系统视图查看数据库的一般信息。

使用 sys.databases 数据库和文件目录视图查看有关数据库的基本信息。

使用 sys.database_files 查看有关数据库文件的信息。

使用 sys.filegroups 查看有关数据库组的信息。

使用 sys.master_files 查看数据库文件的基本信息和状态信息。

如:

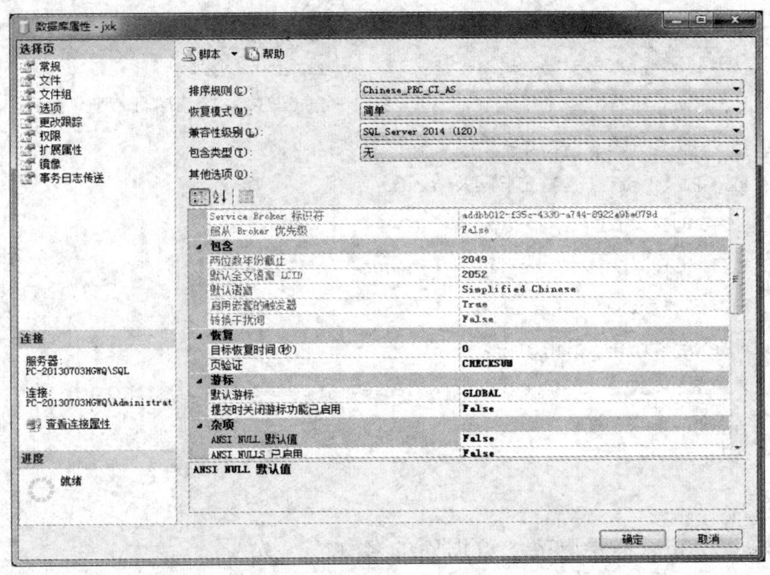

图 2-7　“数据库属性”对话框“选项”页

查看所有数据库基本信息：

```
SELECT *  FROM sys.databases
```

查看 jxk 数据库基本信息：

```
SELECT *  FROM sys.databases WHERE name='jxk'
```

查看 jxk 数据库文件的信息：

```
USE jxk
SELECT *  FROM sys.database_files
```

查看所有数据库文件的基本信息和状态信息：

```
SELECT *  FROM sys.master_files
```

(2) 可以通过使用以下存储过程查看数据库的一般信息。

使用 sp_helpdb 存储过程查询服务器中所有数据库信息。

使用 sp_spaceused 存储过程可以显示数据库使用和保留的空间。

如：

查看所有数据库基本信息：

```
EXECUTE sp_helpdb
```

查看 jxk 数据库基本信息：

```
EXECUTE sp_helpdbjxk
```

查看 jxk 数据库使用和保留的空间信息：

```
USE jxk
EXECUTE sp_spaceused
```

2.3.1.3　使用 T-SQL 语句修改数据库

ALTER DATABASE 命令提供了在数据库中添加或删除文件和文件组，更改文件和文件组的属性的功能，也可以更改数据库名称、文件组名称以及数据文件和日志文件的逻辑名称。其基本语法格式为：

```
ALTER DATABASE <database_name>
{ ADD FILE <filespec> [,…n] [TO FILEGROUP <filegroup_name>]
| ADD LOG FILE <filespec> [,…n]
| REMOVE FILE <logical_file_name>
| ADD FILEGROUP <filegroup_name>
| REMOVE FILEGROUP <filegroup_name>
| MODIFY FILE <filespec>
| MODIFY NAME=<new_dbname>
| MODIFY FILEGROUP <filegroup_name> {filegroup_property| NAME=<new
_filegroup_name> }
}
```

[语法说明]：

(1) database_name：是要更改的数据库的名称。

(2) ADD FILE：指定要添加文件。

(3) TO FILEGROUP：将指定文件添加到文件组。

(4) filegroup_name：指定要添加的文件组名称。

(5) ADD LOG FILE：将日志文件添加到指定的数据库。

(6) REMOVE FILE：从数据库系统表中删除文件描述并删除物理文件。只有在文件为空时才能删除。

(7) logical_file_name：逻辑文件名。

(8) ADD FILEGROUP：指定要添加的文件组。

(9) REMOVE FILEGROUP：从数据库中删除文件组并删除该文件组中的所有文件。只有在文件组为空时才能删除。

(10) MODIFY FILE：指定要更改给定的文件，更改选项包括 FILENAME、SIZE、FILEGROWTH 和 MAXSIZE，一次只能更改这些属性中的一种。必须在<filespec>中指定 NAME，以标识要更改的文件。如果指定了 SIZE，那么新文件大小必须比文件当前大小要大。只能为 Tempdb 数据库中的文件指定 FILENAME，而且新名称只有在 Microsoft SQL Server 重新启动后才能生效。

若要更改数据文件或日志文件的逻辑名称，应在 NAME 选项中指定要改名的逻辑文件名称，并在 NEWNAME 选项中指定文件的新逻辑名称。如：

MODIFY FILE (NAME=logical_file_name, NEWNAME=new_logical_name…)

可同时运行几个 ALTER DATABASE database MODIFY FILE 语句以实现多个修改文件操作。

(11) MODIFY NAME=new_dbname：重命名数据库。

(12) MODIFY FILEGROUP：指定要修改的文件组和所需的改动。

① 如果指定 filegroup_name 和 NAME=new_filegroup_name，则将此文件组的名称改为 new_filegroup_name。

② 如果指定 filegroup_name 和 filegroup_property，则表示给定文件组属性将应用于此

文件组。

filegroup_property 的值有：

· READONLY，指定文件组为只读，主文件组不能设置为只读；

· READWRITE，逆转 READONLY 属性；

· DEFAULT，将文件组指定为默认数据库文件组，只能有一个数据库文件组是默认的。

(13) ＜filespec＞：控制文件属性。主要包括，NAME（指定文件的逻辑名称）、FILENAME（指定操作系统中的文件名）、SIZE（指定文件大小）、MAXSIZE（指定最大的文件大小）、UNLIMITED（指定文件大小可一直增加直至磁盘已满）、FILEGROWTH（指定文件增长的增量）等。

【例 2-5】 向 jxk 数据库中增加一个数据文件和一个日志文件，数据文件的逻辑文件名为 jxk_db1，物理文件名为 jxk_db1. ndf，存放在 e:\jxk 文件夹下，初始大小为 5 MB，最大为 10 MB，自动增长时的递增量为 5%。日志文件的逻辑文件名为 jxk_db1_log，物理文件名为 jxk_db1_log. ldf，也存放在 e:\jxk 文件夹下，初始大小为 5 MB，最大大小为 12 MB，自动增长时的递增量为 1 MB，相关文件夹已预先创建。

```
ALTER DATABASE jxk
ADD FILE
(NAME=jxk_db1,
FILENAME='e:\jxk\jxk_db1.ndf',
SIZE=5MB,
MAXSIZE=10MB,
FILEGROWTH=5%)
GO
ALTER DATABASE jxk
ADD LOG FILE
(NAME=jxk_db1_log,
FILENAME='e:\jxk\jxk_db1_log.ldf',
SIZE=5MB,
MAXSIZE=12MB,
FILEGROWTH=1MB
)
```

【例 2-6】 向 jxk 数据库中增加一个文件组 fg1。

```
ALTER DATABASE jxk
ADD FILEGROUP fg1
```

【例 2-7】 向 jxk 数据库文件组 fg1 中增加一个数据文件，数据文件的逻辑文件名为 jxk_db2，物理文件名为 jxk_db2. ndf，存放在 e:\jxk 文件夹下，初始大小为 5 MB，最大为 20 MB。

```
ALTER DATABASE jxk
ADD FILE
```

```
(NAME=jxk_db2,
FILENAME='e:\jxk\jxk_db2.ndf',
SIZE=5MB,
MAXSIZE=10MB
)TO FILEGROUP fg1
```

【例 2-8】 将 jxk 数据库中的文件组 fg1 更名为 filegroup1，并设置其为默认文件组(该文件组中必须包含文件)。

```
ALTER DATABASE jxk
MODIFY FILEGROUP fg1 NAME=filegroup1
GO
ALTER DATABASE jxk
MODIFY FILEGROUP filegroup1 DEFAULT
GO
```

【例 2-9】 将 jxk 数据库中的数据文件 jxk_db2 逻辑文件名更名为 jxk_se，物理文件名不变，最大大小为 50 MB。

```
ALTER DATABASE jxk
MODIFY FILE
(NAME=jxk_db2,
NEWNAME=jxk_se
)
GO
ALTER DATABASE jxk
MODIFY FILE
(NAME=jxk_se,
MAXSIZE=50MB
)
```

【例 2-10】 将 jxk 数据库中的文件组 filegroup1 中的数据文件 jxk_se 删除，然后删除文件组 filegroup1。

```
ALTER DATABASE jxk
REMOVE FILE jxk_se
GO
ALTER DATABASE jxk
REMOVE FILEGROUP filegroup1
GO
```

【例 2-11】 将 jxk 数据库更名为 jxkxt。

```
ALTER DATABASE jxk
MODIFY NAME=jxkxt
```

2.3.2　删除数据库

数据库在使用过程中,随着数据库数量的增加,系统的资源消耗越来越多,运行速度也会越来越慢。当不再需要某个数据库时,可以把它从 SQL Server 中删除。删除一个数据库,也就删除了该数据库的全部对象,包括数据文件和日志文件也被从磁盘上彻底删除。一旦删除数据库,它即被永久删除,并且不能再对其进行任何操作,除非之前对数据库进行了备份,并利用备份恢复了数据库。

删除数据库有两种方法:一种是使用“对象资源管理器”以图形化方法实现,另一种是用 T-SQL 语句中 DROP DATABASE 命令实现。

2.3.2.1　使用“对象资源管理器”删除数据库

(1) 在“对象资源管理器”中展开服务器结点和“数据库”结点。

(2) 选中要删除的数据库,从弹出的快捷菜单中选择“删除”命令。

(3) 在弹出的“删除对象”对话框中只含有一个“常规”选择页,其中有两个复选框。

① “删除数据库备份和还原历史记录信息”,选中该复选框表示删除数据库备份或还原后产生的历史记录信息,不选中表示保留这些历史记录信息。

② “关闭现有连接”,被删除的数据库应该是没有任何连接的数据库,如果某个程序要删除的数据库处于运行状态,或者有打开的设计窗口或查询窗口正连接到该数据库,则选中该复选框将关闭这些连接。

(4) 单击“确定”按钮确认删除。

2.3.2.2　使用 T-SQL 语句删除数据库

在 T-SQL 语句中,DROP DATABASE 命令可以删除已经创建好的数据库,语句基本格式为:

DROP DATABASE <database_name>[,…n]

[语法说明]:

(1) database_name:为要删除的数据库名。

(2) [,…n]:表示可以有多于一个数据库名。

【例 2-12】　删除数据库 jxk。

```
DROP DATABASE jxk
```

【例 2-13】　删除 jxk 数据库和 jxk1_db 数据库。

```
DROP DATABASE jxk,jxk1_db
```

2.3.3　分离与附加数据库

2.3.3.1　分离数据库

分离数据库是指将数据库从 SQL Server 实例中删除,让数据库的数据文件和日志文件不受数据库管理系统的管理,但并不物理删除数据库的数据文件和日志文件,仍然保持数据库的数据文件和日志文件的完整性和一致性。

分离数据库操作的目的,可以使数据库脱离管理,方便用户对数据库的数据文件和日志文件进行复制或移动。

分离数据库有两种方法：一种是使用“对象资源管理器”实现，另一种是用 T-SQL 语句中的 sp_detach_db 系统存储过程实现。

(1) 使用“对象资源管理器”分离数据库

【例 2-14】 分离 jxk 数据库。

① 在 SQL Server Management Studio 的“对象资源管理器”中，展开“数据库”结点，在要分离的数据库 jxk 上单击鼠标右键，在弹出的快捷菜单中选择“任务”→“分离”命令，弹出“分离数据库”对话框，如图 2-8 和图 2-9 所示。

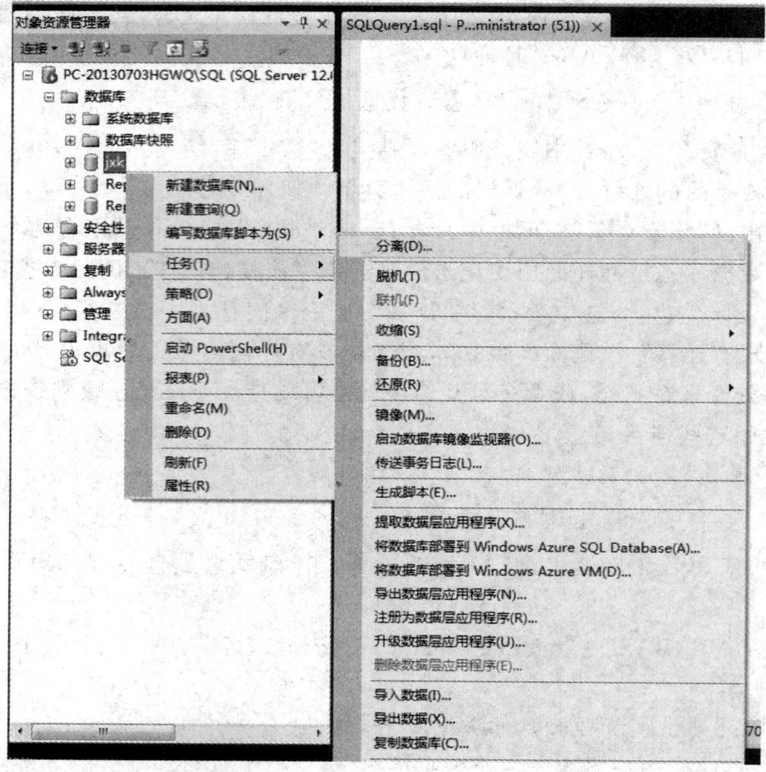

图 2-8 “分离数据库”操作

② 在“分离数据库”对话框的“要分离的数据库”列表框中列出了要分离的数据库名，用户可在此验证这是否为要分离的数据库。

③ 若当前有用户连接到了被分离的数据库，则默认情况下是不能执行分离操作的。选中“删除连接”复选框，则断开与用户的连接，即可继续进行分离操作。

④ 默认情况下，分离操作将在分离数据库时保留过期的优化统计信息。若要更新现有的优化统计信息，可选中“更新统计信息”复选框。

⑤ “状态”列显示了当前数据库的状态，“就绪”表示可以被分离，而“未就绪”表示不可以被分离，如果状态是“未就绪”，则“消息”列将显示未就绪原因的超链接信息。

⑥ 分离数据库准备就绪后，单击“确定”按钮开始分离数据库。

(2) 用 sp_detach_db 系统存储过程分离数据库

sp_detach_db 存储过程语法格式为：

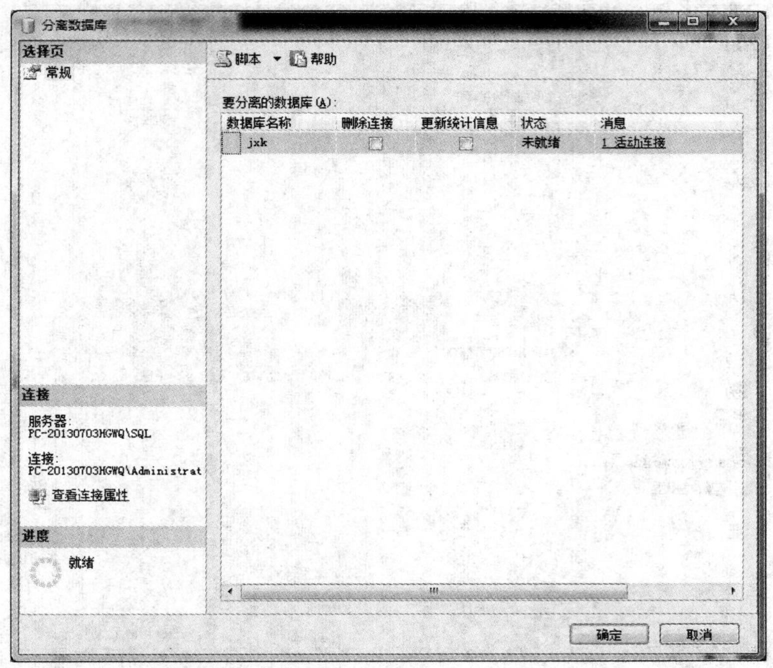

图 2-9　“分离数据库”对话框

```
sp_detach_db <database_name> [, 'skipchecks']
```

[语法说明]:

① database_name:要分离的数据库的名称。

② [,'skipchecks']:指定跳过还是运行“更新统计信息”,如果要跳过“更新统计信息”,则指定 true;如果要显式运行“更新统计信息”,则指定 false。

【例 2-15】　分离 jxk 数据库,并跳过“更新统计信息”

```
sp_detach_dbjxk, 'true'
```

2.3.3.2　附加数据库

附加数据库就是将分离的数据库重新附加到数据库管理系统中,在附加数据库之前,应先将要附加的数据库所包含的全部数据文件和日志文件放置到合适的位置。

在附加数据库时,必须指定主要数据文件的物理存储位置和文件名,因为主要数据文件中包含查找组成该数据库的其他文件所需的信息。如果在复制数据库文件时更改了辅助数据文件和日志文件等其他文件的存储位置,则还应该明确指出所有已改变了存储位置的文件的实际存储位置信息。

附加数据库有两种方法:使用 SQL Server Management Studio“对象资源管理器”实现和通过 T-SQL 语句中 CREATE DATABASE 命令实现。

(1) 使用“对象资源管理器”附加数据库

【例 2-16】　附加已经分离的 jxk 数据库。

① 在“对象资源管理器”中,选择“数据库”结点,单击鼠标右键,在弹出的快捷菜单中选择“附加”命令,弹出如图 2-10 所示的“附加数据库”对话框窗口。

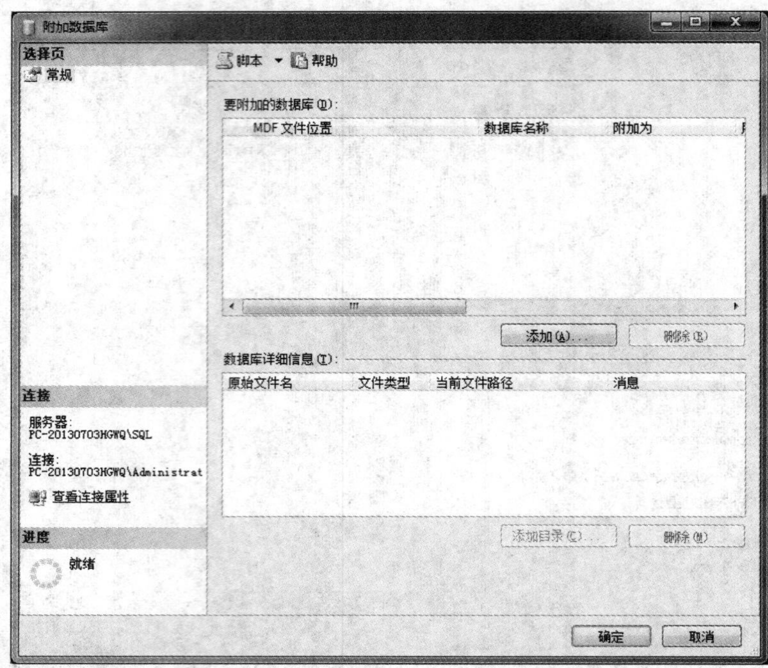

图 2-10 “附加数据库”对话框

② 单击“添加”按钮,然后在弹出如图 2-11 所示的“定位数据库文件”窗口中指定添加的数据库的主要数据文件所在的磁盘位置,并选中主要数据文件,单击“确定”按钮,回到如图 2-12 所示的“附加数据库”窗口。

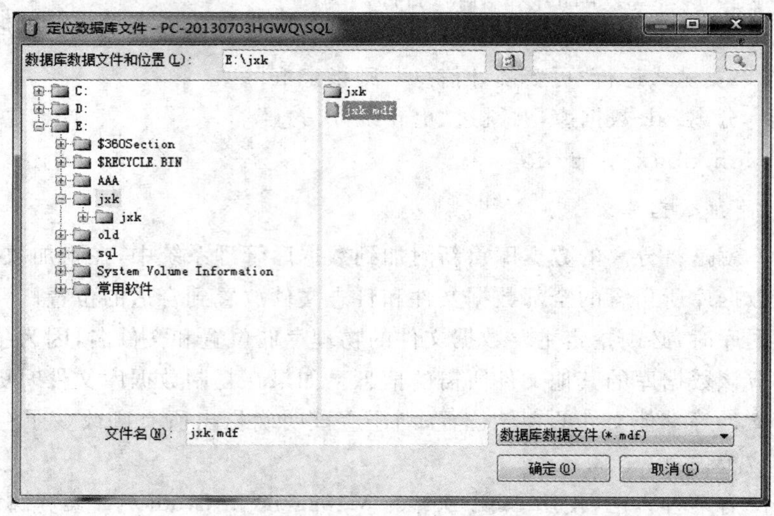

图 2-11 “定位数据文件”对话框

③ 单击“确定”按钮完成附加数据库操作。

(2) 使用 T-SQL 语句附加数据库

CREATE DATABASE 语句可以实现将分离的数据库重新附加到数据库管理系统中,

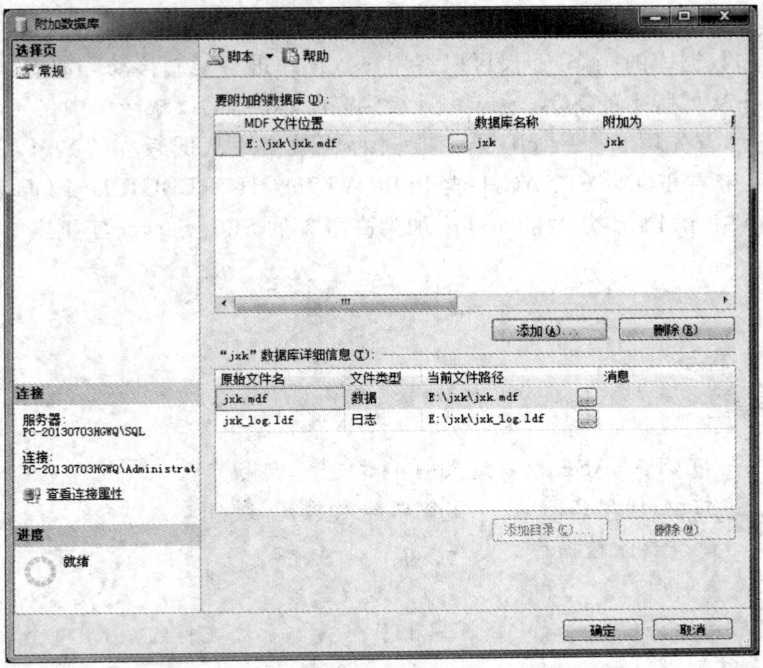

图 2-12　“附加数据库”对话框

语句基本格式如下：

```
CREATE DATABASE <database_name>
    ON <filespec> [,…n]
    FOR {ATTACH|ATTACH_REBUILD_LOG}
```

[语法说明]：

① database_name：要附加的数据库的名称。

② <filespec>：指定要附加的数据库的主要数据文件。

③ FOR ATTACH：指定通过附加一组现有的操作系统文件来创建数据库。必须有一个指定主要数据文件的<filespec>项。至于其他文件的<filespec>项，只需要指定与第一次创建数据库或上一次附加数据库时路径不同的文件即可。FOR ATTACH 对数据库文件具有如下两个要求：所有数据文件（mdf 和 ndf）都必须可用；如果存在多个日志文件，这些文件也都必须可用。

④ FOR ATTACH_REBUILD_LOG：指定通过附加一组现有的操作系统文件来创建数据库。该选项只限于可读/写的数据库。如果缺少一个或多个事务日志文件，将重新生成日志文件。必须有一个指定主要数据文件的<filespec>项。FOR ATTACH_REBUILD_LOG 有如下两个要求：通过附加来创建的数据库是关闭的；所有数据文件（mdf 和 ndf）都必须可用。

【例 2-17】　附加已经分离的 jxk 数据库。

```
CREATE DATABASE jxk
ON (FILENAME='e:\jxk\ jxk.mdf')
```

FOR ATTACH

分离和附加数据库的操作,不仅可以将用户数据库进行复制移动等常规操作,也经常用于将用户数据库从低版本的 SQL Server 升级到高版本的 SQL Server 中。

具体做法是,首先用 sp_detach_db 存储过程将数据库从低版本的 SQL Server 中分离出来;然后使用带有 FOR ATTACH 或 FOR ATTACH_REBUILD_LOG 选项的 CREATE DATABASE 语句,将复制的文件附加到高版本的 SQL Server 实例上。

习　题

一、填空题

1. CREATE DATABASE 命令定义一个数据库,包括定义(　　　　)和(　　　　)部分。

2. T-SQL 语句中,使用(　　　　)命令创建数据库,使用(　　　　)命令修改数据库结构,使用(　　　　)命令删除数据库。

3. 数据库是存储(　　　　)和(　　　　)的地方。

4. 在物理层面上,SQL Server 数据库由多个操作系统文件组成,其中操作系统文件主要包括主要数据文件、(　　　　)和(　　　　)三大类型。

5. 为了便于进行管理和数据的分配,数据库将多个数据文件集合起来形成一个整体,并赋予这个整体一个名称,这个整体就称为(　　　　)。

6. 要修改数据库,可通过 SQL Server 管理工具集或者(　　　　)进行修改。

二、选择题

1. 下列哪个数据库是 SQL server 在创建数据库时可以使用的模板(　　　　)。

A. master　　　　B. model

C. tempdb　　　　D. msdb

2. (　　　　)数据库包含了所有系统级信息,对 SQL Server 系统来说至关重要,一旦受到损坏,有可能导致 SQL Server 系统的彻底瘫痪。

A. master 数据库　　　　B. tempdb 数据库

C. model 数据库　　　　D. msdb 数据库

3. 事务日志文件的默认扩展名是(　　　　)。

A. mdf　　　　B. ndf　　　　C. ldf　　　　D. dbf

三、简答题

1. 安装 SQL Server 时,系统自动提供的 4 个系统数据库分别是什么?

2. 在 SQL Server 中数据库文件有哪 3 类?

3. SQL Server 中创建、查看、打开、删除数据库的方法有哪些?

4. 简述数据库的分离和附加的作用及操作方法。

5. 如何理解主数据文件、辅助数据文件、主文件组和默认文件组。

四、操作题

1. 创建数据库 db1，指定数据文件逻辑文件名为 db1_data，初始大小为 12 MB，最大值为 150 MB，增长方式为每次增大 3 MB；日志文件逻辑文件名为 db1_log，初始大小为 10 MB，最大值为 50 MB，增长方式为每次增大 5%，并且把数据库文件存储在 d:\db1 下。

2. 为了扩大数据库 db1，需要为 db1 数据库添加新的数据文件 db2_data，初始大小 5 MB，最大不限定，增长方式 12%，存储在 d:\db1 下。

3. 修改 db2_data 数据文件的最大大小为 2 TB。

4. 为 db1 数据库创建新的文件组 db1。

5. 向 fg1 文件组中增加数据文件 db3_data，初始大小为 1 MB，最大值为 350 MB，增长方式为每次增大 10 MB，存储在 d:\db1 下。

6. 将 fg1 组设置为默认文件组。

7. 将数据文件 db3_data 的逻辑名改为 fg1_data，初始大小改为 15 MB，不限数据文件大小。

8. 将文件组 fg1 更名为 filegroup1。

9. 将数据文件 fg1_data 从文件组 filegroup1 中删除。

10. 重新将 primary 文件组，设为默认文件组。

11. 将文件组 filegroup1 删除。

第3章　数据表的创建与管理

数据库表是处理数据和建立关系型数据库及应用程序的基本单元，也是对相关数据操作的基础，通常一个数据库可以包含若干个表，而若干表之间一般具有直接或间接的联系与约束关系。本章在介绍基本数据类型的基础上，讲述表结构的设计、创建与管理，最后介绍数据完整性的具体实现方法。

3.1　表结构与数据类型

3.1.1　数据类型

数据类型是数据的一种属性，表示数据信息的类型，是对数据的允许取值以及取值范围的说明，SQL Server 常用的数据类型如表 3-1 所示。

表 3-1　**SQL Server 常用的数据类型**

数据类型	符号标识
字符数据类型	char、varchar、text
整型数据类型	bigint、bit、int、smallint、tinyint
精确数值型数据类型	decimal、numeric
浮点型数据类型	float、real
货币型数据类型	money、smallmoney
Unicode 字符型数据类型	nchar、nvarchar、ntext
二进制型数据类型	binary、varbinary、image
日期时间型数据类型	datetime、smalldatetime
特殊型数据类型	sql_variant、table、timestamp、uniqueidentifier、cursor

3.1.1.1　字符数据类型

(1) char(定长字符型)

char 数据类型用来存储固定长度的字符。每个字符占用一个字节的存储空间，最大长度为 8 000 个字符，它的定义方式为：

char(n)

n 用于定义字符型数据的长度，取值范围在 1～8 000 之间，默认为 10。

如果要存储的字符串长度不到 n 时，则会在字符串的尾部添加空格，以达到长度 n；如果输入的字符个数超过了 n，则超出的部分会被截断。

(2) varchar(变长字符型)

varchar 数据类型用来存储最长可以达到 8 000 个字符的可变长度字符型数据，它的定义方式为：

varchar(n)

varchar 是长度可以变化的数据类型，n 表示的是字符串可以达到的最大的长度。默认值为 50。对于密码、E-mail 这样的字段，就可以使用 varchar 数据类型。

如果要存储的字符串长度不到 n 时，则存储实际的字符；如果输入的字符个数超过了 n，则超出的部分会被截断。

(3) text(文本型)

text 数据类型用来存储 ANSI 数据类型，并且超过 8 000 字节的字符数据，最大可以存储 $2^{31}-1$ 个字符，其数据的存储长度为实际长度字符个数字节。

3.1.1.2　整型数据类型

(1) bit

bit 是位数据类型，也称为逻辑型数据类型，它只存储 0、1 或者 NULL(空值)，长度为 1 B。

(2) tinyint

tinyint 数据类型是微短整数，存储范围为 0～255 之间的所有正整型数据，其精度为 3 位，存储空间为 1 B。

(3) smallint

smallint 数据类型是短整数，存储范围为 $-2^{15}\sim2^{15}-1$ 之间的所有正负整型数据，其精度为 5 位，存储空间为 2 B。

(4) int

int 或者 integer 数据类型是整数，存储范围为 $-2^{31}\sim2^{31}-1$ 之间的所有正负整型数据，其精度为 10 位，存储空间为 4 B。

(5) bigint

bigint 数据类型是大整数，存储范围为 $-2^{63}\sim2^{63}-1$ 之间的所有正负整型数据，其精度为 19 位，存储空间为 8 B。

3.1.1.3　精确数值型数据类型

精确数值型包括 decimal 和 numeric 两种数据类型，它们都由整数部分和小数部分构成，所有的数字都是有效位，能够以完整的精度存储十进制数，这种数据所占的存储空间根据该数据的位数和小数点后的位数来确定。

它们都必须指定精度(全部数字的有效位数)，还必须指定小数点右面的数字位数，小数点不计位数。

decimal 数据类型的格式定义为：

decimal(p,s)

numeric 数据类型的格式定义为：

numeric(p,s)

p表示精度,用于指定小数点左边和右边可以存储的十进制数字的最大位数,不包括小数点,它必须是从1～38位之间的一个数字;s表示小数位数,默认值为0。

3.1.1.4 浮点型数据类型

浮点型数据类型包括float和real两种。通常都使用科学计数法表示数据,表示格式为:

尾数E阶数。如5.6343E30,1.2685E－8等。

(1) float

float数据类型用于存储－1.79E＋308～1.79E＋308之间的浮点数值,占用4～8 B。

(2) real

real数据类型用于存储－3.40E＋38～3.40E＋38之间的浮点数值,占用4 B。

3.1.1.5 货币型数据类型

货币型数据类型用于存储货币值。在使用货币数据类型时,应该在数据前面加上货币符号,这样,系统才能辨认其为哪国的货币,如果不加货币符号,则会添加默认符号"? "。

(1) money

money数据类型占用8 B,货币数据值介于-2^{63}～$2^{63}-1$之间,其精度为19,小数位数为4。

(2) smallmoney

smallmoney数据类型占用4 B,货币数据值介于-2^{31}～$2^{31}-1$之间,其精度为10,小数位数为4。

3.1.1.6 Unicode字符型数据类型

Unicode是"统一字符编码标准",也被称为国际数据类型。它包括nchar、nvarchar、nvarchar(max)和ntext四种数据类型。可以用来存储世界上所有的非英语语种的字符。使用Unicode数据类型,所占用的空间是使用非Unicode数据类型所占用的空间大小的两倍。

(1) nchar

nchar数据类型用来存储固定长度的Unicode数据,最大长度为4 000,它的定义方式为:

nchar(n)

n以字节为单位,表示所有字符占用的存储空间。取值范围在1～4 000之间,默认值为10。字节长度是所输入字符个数的两倍。

(2) nvarchar

nvarchar数据类型用来存储最长可以达到4000个字符的可变长度的Unicode字符型数据,它的定义方式为:

nvarchar(n)

n表示的是字符串可以达到的最大的长度,默认值为50。字节长度是所输入字符个数的两倍。

(3) ntext

ntext 数据类型用来存储可变长度的 Unicode 字符型数据，存储容量是 text 的一半，即最大可存储 $2^{30}-1$ 个字符，其数据的存储长度是实际字符个数的两倍。

(4) nvarchar(max)

nvarchar(max)数据类型用来存储可变长度的 Unicode 字符型数据，最大可存储 $2^{31}-1$ 个字符。

3.1.1.7　二进制型数据类型

二进制型数据类型是用十六进制来表示的数据，它包括 binary、varbinary、varbinary(max)和 image 四种。

(1) binary(固定长度)

binary(n)：其中 n 取值范围为 1～8 000，默认为 1。binary(n)数据的存储长度为(n+4)B，如果输入的数据长度小于 n，则不足部分用 0 填补；如果输入的数据长度大于 n，则多余部分会被截断。

(2) varbinary(可变长度)

varbinary(n)：其中 n 取值范围为 1～8 000，默认为 1。varbinary(n)数据的存储长度为实际输入数据长度加上 4 B。

(3) varbinary(max)

varbinary(max)类型用来存储可变长度的二进制数据类型，最大可存储 $2^{31}-1$ (2 147 483 647)个字符。

(4) image

image 数据类型中存储的数据是以位字符串存储的，这种数据不是由 SQL Server 解释的，必须由应用程序来解释。

3.1.1.8　日期时间型数据类型

早期的 SQL Server 版本只支持 datetime 和 smalldatetime 两种日期/时间型数据类型，SQL Server 2008 以后的版本又新增了 date 和 time 类型。日期和时间数据类型由有效的日期和时间组成。

(1) date

date 数据类型存储一个日期值，它支持的日期范围从 0001－01－01 到 9999－12－31，长度为 3 B。

(2) time

time 数据类型存储一个时间值，它支持的时间范围从 00:00:00.0000000 到 23:59:59.9999999，time 数据类型支持从 0 到 7 不同的精度，长度为 3～5 B，取决于精度。

(3) datetime

datetime 可以存储从公元 1753 年 1 月 1 日零时起到 9999 年 12 月 31 日 23 时 59 分 59 秒之间的所有日期和时间数据，可以精确到 3% s(3.33 ms)，长度为 8 B。

(4) smalldatetime

smalldatetime 数据类型能存储从公元 1900 年 1 月 1 日起到 2079 年 6 月 6 日之间的所有日期和时间数据，精确到分钟，长度为 4 B。

(5) 日期时间型数据类型的输入格式

输入日期部分时可以使用英文数字格式、数字加分隔符格式或纯数字格式。使用英文数字格式时，月份可用英文全名或缩写形式，不区分大小写。

如 2012 年 8 月 16 日这个日期就可以有下列几种输入格式：

```
Aug 16 2012          //英文数字格式
2012-8-16            //数字加分隔符格式
20120816             //纯数字格式
```

输入时间部分时可以使用 12 小时格式或 24 小时格式。使用 12 小时格式时加上 AM 或 PM 说明是上午还是下午。在秒与毫秒之间用半角冒号(:)作为分隔符。

如 2012 年 8 月 16 日下午 3 点 30 分 45 秒 20 毫秒，可以有下面两种输入格式：

```
2012-8-16 3:30:45:20PM          // 12 小时格式
2012-8-16 15:30:45:20           // 24 小时格式
```

3.1.1.9 特殊型数据类型

SQL Server 除了上面所介绍的常用数据类型外，还包括 5 种特殊型数据类型：cursor、timestamp、sql_variant、table 和 uniqueidentifier。

(1) cursor

cursor 是游标数据类型，用于创建游标变量或定义存储过程的输出参数。这种数据类型不能用作表中的列数据类型。

(2) timestamp

timestamp 用于表示 SQL Server 活动的先后顺序，以二进制的格式表示，其长度为 8 B。

(3) sql_variant

sql_variant 是 SQL Server 中一个新增的数据类型，可以在同一列中保存不同类型的数据。可以用来存储 SQL Server 支持的除 text、ntext、varchar(max)、image 和 timestamp 外的其他任何数据类型。其最大长度可达 8 016 B。

(4) table

table 是用于存储结果集的数据类型，可用来定义一些 table 类型的局部变量，来保存某些处理过程的结果数据集，以供后续处理。table 数据类型主要在定义函数时使用。

(5) uniqueidentifier

uniqueidentifier 由 16 个字节的十六进制数字表示，表示一个全局唯一的标识号(Global Unique Identifier,GUID)。当表中的记录要求唯一时，GUID 是非常有用的。

3.1.2 表结构的设计

在 SQL Server 中，表是处理数据和建立关系型数据库及应用程序的基本单元，所有有关数据的操作都是在表的基础上进行的，一个数据库可以包含若干个表。在建立表结构之前，应考虑设计要满足的功能需求和性能需求，在设计表结构时，需明确所要创建的表中所包含的字段(列)、字段(列)名、数据类型以及是否允许空值等。

为了提高性能，则通过设计精简合理的结构、减小数据量等途径实现，如合理利用字段的数据类型和长度，字段类型尽可能反映真实的数据含义，除满足功能外，字段应该尽可能得短；应选取高效的主键和索引，根据应用的特性设计满足最接近数据存取顺序的主键等。

表结构的设计主要包括：

(1) 确定表名

表名可以由字母、数字或下划线组成，为了便于命令的操作，表名尽量不要使用汉字，而使用英文单词、几个英文单词的缩写、汉语拼音或缩写，如学生表可命名为 student、xs 等。

(2) 确定表中字段名称

表中每个字段必须取一个名字，便于对该字段操作，表中的字段名一般使用名词性质的单词全拼表示，采用一个或三个以下英文单词组成，如：username、userid 等。

(3) 确定表中字段的数据类型

在确定类型时，应根据实际需要，尽量保证系统工作时在空间分配与运行效率上的合理。

(4) 是否允许空值

表示该字段是否允许接受空值(NULL)，空值是指无确定的值或没有输入值，它与空字符串、数据 0 等是不同的。

此外，由于数据库中通常含有多个表，表与表之间又有一定相互联系，所以在设计表结构时，还应设计表与表之间的约束关系。

由此，确定 jxk 数据库中三个表，即学生表 student、成绩表 grade 和课程表 course，各表结构如表 3-2 至表 3-4 所列所示。

表 3-2　　student 表结构

字段名	类　型	约束条件	说　明
sno	char(10)	不允许为空	学号，主键
sname	varchar(14)		姓名
ssex	char(2)		性别
sclass	varchar(10)		班级
sbirthday	datetime		出生日期
snation	varchar(10)		民族
sregions	varchar(12)		籍贯
sentergrade	int		入学成绩

表 3-3　　grade 表结构

字段名	类型	约束条件	说　明
sno	char(10)	不允许为空	学号，外键与 student 中 sno 关联
cno	char(6)	不允许为空	课程代码，外键与 course 中 cno 关联
scgrade	int	不允许为空	成绩，限于 0～100 之间

表 3-4　　course 表结构

字段名	类　型	约束条件	说　明
cno	char(6)	不允许为空	课程代码,主键
cname	varchar(50)		课程名称
ccredit	int		学分

3.2　表的创建与管理

在完成数据库设计与创建和表结构的设计之后,即可进行数据表的创建工作,其间也可以对表进行修改、删除、约束性设置等管理工作。

3.2.1　创建表

SQL Server 提供了两种创建数据表的方法:一是在 SQL Server Management Studio 窗口中通过使用“对象资源管理器”向导创建;二是通过编写 T-SQL 语句 CREATE TABLE 命令创建。

3.2.1.1　使用“对象资源管理器”创建表结构

【例 3-1】 使用“对象资源管理器”,创建 jxk 数据库中的 student 表。

(1) 在 SQL Server“对象资源管理器”上,展开数据库结点,选择“jxk”数据库并展开。

(2) 在“表”结点上右击,从弹出的快捷菜单中选择“新建”中的“表”命令,进入如图 3-1 所示工作界面。

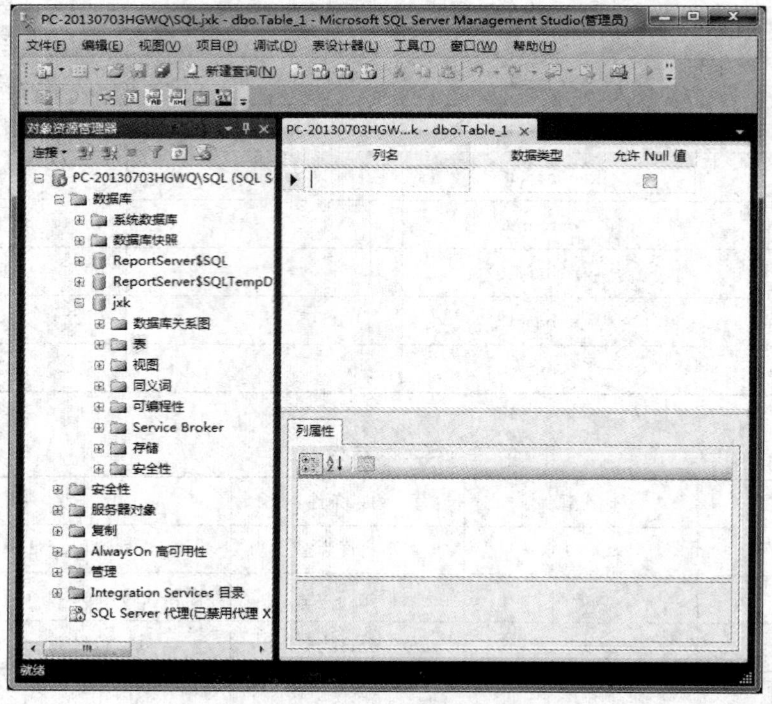

图 3-1　新建表结构

（3）按照表结构各字段信息，如图 3-2 所示，依次填写和设置“列名”和“数据类型”，选择是否勾选“允许 Null 值”复选框，或在下面“列属性”中设置完所有字段信息。

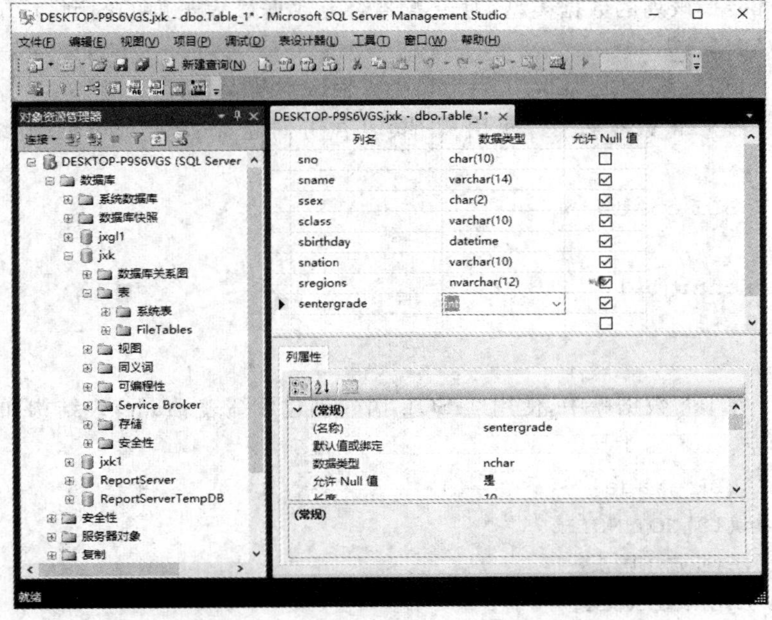

图 3-2　填写字段信息

（4）选择“文件”菜单中“保存 Table_1”，或单击工具栏上保存按钮，弹出如图 3-3 所示的“选择名称”对话框，在“输入表名称”处输入表名“student”，单击“确定”，即可完成数据表结构的创建。

图 3-3　保存表结构

3.2.1.2　使用 T-SQL 语句创建表结构

使用 T-SQL 语句 CREATE TABLE 命令创建表结构，其基本语法格式为：

```
CREATE TABLE <table_name>
(
{<column_name> datatype NOT NULL|NULL }
[,…n]
)
```

[语法说明]：

① table_name:是所创建的表的名称,表名在一个数据库内必须唯一。

② column_name:是列名,列名在一个表内必须唯一。

③ datatype:是该列的数据类型,对于需要给定数据最大长度的类型,在定义时要给出长度,如 char(10)。

④ NOT NULL|NULL:指示该列是否允许输入空值,默认可以为空。

【例 3-2】 在 jxk 数据库中,使用 T-SQL 语句创建课程表 course,表结构如表 3-4 所示。

```
CREATE TABLE course
(cno char(6),
cname varchar(50),
ccredit int
)
```

【例 3-3】 在 jxk 数据库中,使用 T-SQL 语句创建成绩表 grade,表结构如表 3-3 所示,各列均不可为空。

```
CREATE TABLE grade
(sno char(10)NOT NULL,
cno char(6)NOT NULL,
scgrade int NOT NULL
)
```

3.2.2 修改表

新的数据表创建完成之后,可重新对其结构进行设计和修改。修改表结构可以通过下列两种方法操作:一是在 SQL Server Management Studio 窗口中通过使用“对象资源管理器”修改;二是通过编写 T-SQL 语句命令修改。

3.2.2.1 使用“对象资源管理器”修改表结构

【例 3-4】 使用“对象资源管理器”修改 jxk 数据库中的 student 表结构。

① 在 SQL Server“对象资源管理器”上,展开数据库结点,选择“jxk”数据库并展开,选择表结点并展开。

② 在表结点的“dbo. student”上右击,从弹出的快捷菜单中选择“设计”命令,进入如图 3-4 所示设计表结构界面。

③ 在此界面上,直接在“列名”、“数据类型”和“允许 Null 值”的空白处填写内容,即可增加字段;或直接在原有数据信息的位置进行更改,可完成重命名字段名、修改列类型操作;在某一字段名上单击右键,在弹出的快捷菜单中选择“删除列”则完成列的删除等。

为了保存修改操作,需要打开“工具”主菜单中的“选项”,如图 3-5 所示,在“设计器”的“表设计器和数据库设计器”中的“阻止保存要求重新创建表的更改”前的复选框取消勾选。

④ 在表结点的“dbo. student”上右击,从弹出的快捷菜单中选择“重命名”命令,重命名表名。

3.2.2.2 使用 T-SQL 命令修改表结构

对于表结构的修改,如增加列、修改列及删除列可用 ALTER TABLE 命令实现。

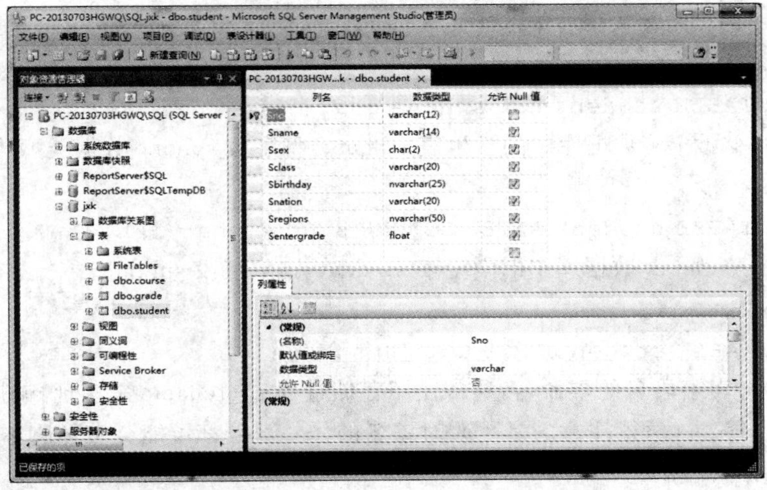

图 3-4 设计表结构

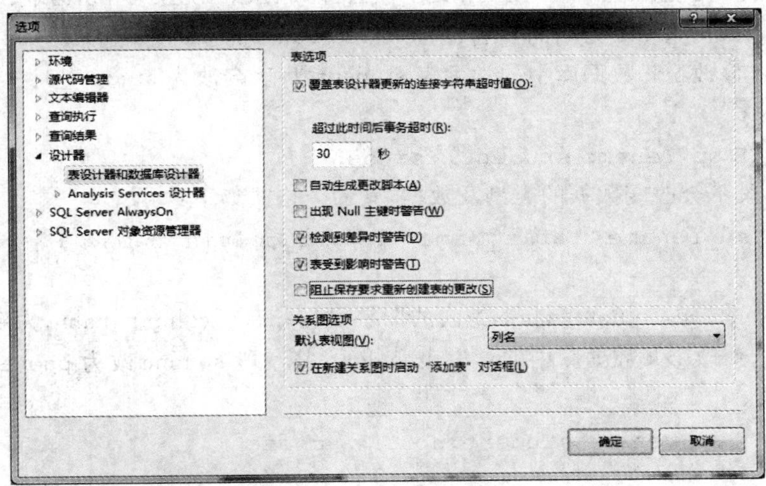

图 3-5 保存修改表结构选项操作

ALTER TABLE 命令的一般格式为：

```
ALTER TABLE <table_name>
ALTER COLUMN<column_name> datatype [NOT NULL|NULL]
|ADD <column_name> datatype [NOT NULL|NULL] [,…n]
|DROP COLUMN <column_name> [,…n]}
}
```

[语法说明]：

① table_name：要修改结构的表名。

② ALTER COLUMN：修改列的定义。

③ ADD：增加列。

④ DROP COLUMN：删除列。

【例 3-5】 修改 jxk 数据库中的学生表 student，增加字段名为 sphone，类型 char(11)。

```
USE jxk
ALTER TABLE student ADD sphone char(11)
```

【例 3-6】 修改 jxk 数据库中的学生表 student，将字段 sphone 数据类型改为char(12)。

```
USE jxk
ALTER TABLE student ALTER COLUMN sphone char(12)
```

【例 3-7】 修改 jxk 数据库中的学生表 student，删除字段 sphone。

```
USE jxk
ALTER TABLE student DROP COLUMN sphone
```

对于表名与表字段名的重命名，通常使用存储过程 sp_rename 来实现，调用存储过程使用 EXECUTE 命令。值得注意的是更改对象名的任一部分都可能会破坏脚本和存储过程，所以执行此操作要谨慎。

重命名表名命令格式如下：

```
EXECUTE sp_rename <old_table_name> ,<new_table_name>
```

其中，old_table_name 为旧的表名，new_table_name 为新的表名。

【例 3-8】 修改 jxk 数据库中的学生表 student，将表名改为 student_1。

```
USE jxk
EXECUTE sp_rename student , student_1
```

重命名字段不会改变数据的类型及数据，其命令格式如下：

```
EXECUTE sp_rename< table_name> .< old_column_name> , < new_column_name>
```

其中，table_name. old_column_name 为表的旧字段名，new_ column_name 为新字段名。

【例 3-9】 修改 jxk 数据库中的学生表 sudent，将字段 sphone 改为 phone。

```
USE jxk
EXECUTE sp_rename student.sphone, phone
```

3.2.3 删除表

删除表的同时，表的定义、表中的数据、索引和视图也将被删除，所以在删除表之前，通常对表进行备份。如表是其他表的参照表，则该表无法被删除。

3.2.3.1 使用“对象资源管理器”删除表

【例 3-10】 使用“对象资源管理器”删除表 jxk 数据库中的 student 表。

① 在 SQL Server“对象资源管理器”上，展开数据库结点，选择“jxk”数据库并展开，选择表结点并展开。

② 在表结点的“dbo. student”上右击，从弹出的快捷菜单中选择“删除”命令。

③ 在“删除对象”对话中，单击“确定”按钮即可。

3.2.3.2 使用 T-SQL 语句删除表

删除表的 T-SQL 语句为 DROP TABLE，其基本使用格式为：

```
DROP TABLE <table_name>
```

其中，table_name 为将要删除的表名。

【例 3-11】 删除 jxk 数据库中的 student 表。

```
USE jxk
DROP TABLE student
```

3.3　数据完整性

数据库中表的数据是从外界输入的，而数据的输入由于种种原因，会发生输入无效或错误的信息。数据完整性可以保证输入的数据符合规定，使存储在数据库中的所有数据值均处于正确的状态。

数据完整性是指数据的精确性和可靠性，它是为防止数据库中存在不符合语义规定的数据和防止因错误信息的输入造成无效操作或错误信息而提出的。数据完整性一般分为三类：实体完整性、参照完整性和域完整性。

3.3.1　实体完整性

实体完整性指表中行的完整性，要求表中的每一行必须是唯一的，即表中所有行都有一个唯一的标识符。标识符可以是单独一列，也可以是多列的组合。实现实体完整性可采用主键约束和唯一约束。

3.3.1.1　主键约束

主键约束，即 PRIMARY KEY 约束，主键是指表中一列或多列的组合，其值能唯一地标识表中的每一行，主键在所有行上必须取值唯一且不能为空值，在一个表中只能有一个主键。

(1) 使用“对象资源管理器”设置主键

【例 3-12】 使用“对象资源管理器”，将 jxk 数据库 student 表的 sno 字段设置为主键。

① 在 SQL Server“对象资源管理器”上，展开数据库结点，选择“jxk”数据库并展开，选择表结点并展开。

② 在表结点的“dbo. student”上右击，从弹出的快捷菜单中选择“设计”命令，进入表结构设计界面。

③ 在列名为“sno”上右击，在弹出的快捷菜单中选择“设置主键”命令，之后就会看到在 sno 的左侧出现一钥匙的标志，如图 3-6 所示。

(2) 使用 T-SQL 语句在创建表时设置主键

创建表的 T-SQL 语句为 CREATE TABLE，用其创建主键的命令格式为：

```
CREATE TABLE <table_name>
(<column_name> datatype NOT NULL|NULL[,…n]
CONSTRAINT <constrain_name>
PRIMARY KEY[CLUSTERED] (<column_name> ASC|DESC)
)
```

[语法说明]：

① table_name：创建的表名。

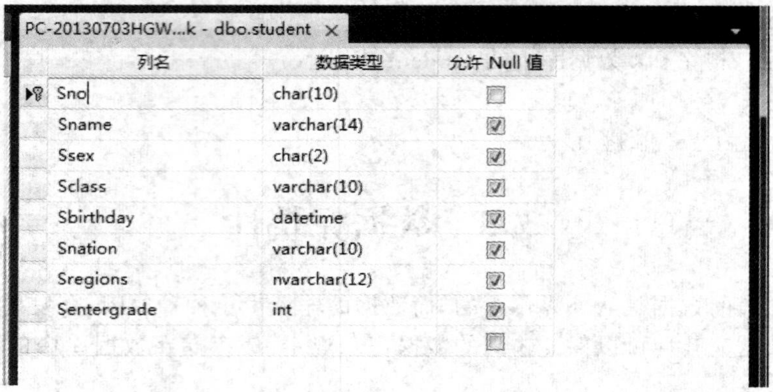

列名	数据类型	允许 Null 值
Sno	char(10)	☐
Sname	varchar(14)	☑
Ssex	char(2)	☑
Sclass	varchar(10)	☑
Sbirthday	datetime	☑
Snation	varchar(10)	☑
Sregions	nvarchar(12)	☑
Sentergrade	int	☑
		☐

图 3-6　设置主键

② column_name:表中的字段(列)名。

③ constrain_name:指定的约束名。

④ CLUSTERED:创建聚集索引,PRIMARY KEY 约束默认为 CLUSTERED。

⑤ ASC|DESC:指定排序方式,ASC 为升序排列,DESC 为降序排列,默认为 ASC。

【例 3-13】 在创建表 student 时,将 sno 字段设置为主键,约束名为 pk_student,降序排列。

```
USE jxk
CREATE TABLE student
(sno varchar(10)NOT NULL,
sname varchar(14),
ssex char(2),
sclass varchar(10),
sbirthday datetime ,
snation varchar(10),
sregions varchar(12),
sentergrade int,
CONSTRAINT pk_student PRIMARY KEY(sno,DESC)
)
```

(3) 使用 T-SQL 语句在修改表时设置主键

修改表的 T-SQL 语句为 ALTER TABLE,用其创建主键的命令格式为:

```
ALTER TABLE <table_name>
ADD CONSTRAINT <constrain_name>
PRIMARY KEY[CLUSTERED] (<column_name> ASC|DESC)
```

[语法说明]:

① table_name:欲修改的表名。

② column_name:表中的字段(列)名。

③ constrain_name:指定的约束名。

④ ASC|DESC：指定排序方式，ASC为升序排列，DESC为降序排列，默认为ASC。

【例3-14】 修改表student，将sno字段设置为主键，约束名为pk_student，排序方式默认。

```
USE jxk
ALTER TABLE student
ADD CONSTRAINT pk_student PRIMARY KEY(sno)
```

（4）删除主键设置

当表中不需要主键约束时，可以将主键约束删除。删除主键设置也有两种方式，即使用“对象资源管理器”删除和使用T-SQL语句删除。

使用“对象资源管理器”删除主键时，可在表结构设计界面下，右击主键列，在弹出的快捷菜单中选择“删除主键”即可。

使用T-SQL语句删除主键的命令为ALTER TABLE，用其删除主键的命令格式为：

```
ALTER TABLE <table_name>
DROP CONSTRAINT <constrain_name>
```

【例3-15】 修改表student，删除例3-14创建的主键约束。

```
USE jxk
ALTER TABLE student
DROP CONSTRAINT pk_student
```

3.3.1.2　唯一约束

唯一约束，即UNIQUE约束，能约束表中指定列中不出现重复值。唯一约束与主键约束区别在于，一个表中可以有多个唯一约束，并且允许为NULL值，默认为非聚集索引(NONCLUSTERED)。

（1）使用“对象资源管理器”创建与删除唯一约束

【例3-16】 使用“对象资源管理器”，将jxk数据库student表的sname字段设置为唯一约束。

① 在SQL Server“对象资源管理器”上，展开数据库结点，选择“jxk”数据库并展开，选择表结点并展开。

② 在表结点的“dbo. student”上右击，从弹出的快捷菜单中选择“设计”命令，出现设计表结构界面。

③ 选择右击“sname”字段，在弹出的快捷菜单中选择“索引/键”命令，出现如图3-7所示的“索引/键”对话框。

④ 单击左侧的“添加”按钮，在右侧“常规”区域中“类型”栏选择“唯一键”，单击“列”右侧的按钮，在如图3-8所示的“索引列”对话框中选择“sname”列名，并设置排序顺序，单击“确定”关闭“索引列”对话框。

⑤ 返回如图3-9所示的“索引/键”对话框，单击“关闭”按钮。

⑥ 单击保存按钮，完成唯一约束的设置。

如果删除某一之前设置的唯一约束，可在“索引/键”对话框中，选择相应的约束，并单击“删除”按钮即可。

（2）使用T-SQL语句在创建表时创建唯一约束

图 3-7 "索引/键"对话框

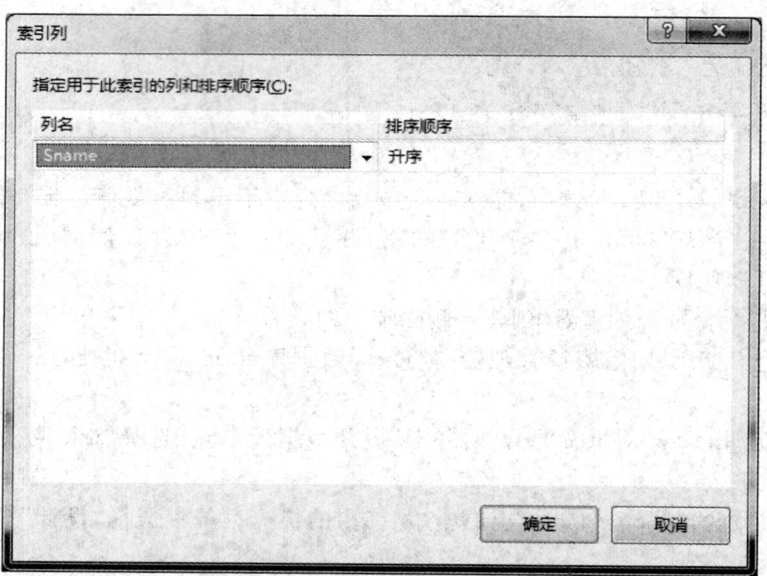

图 3-8 "索引列"对话框

使用创建表的 T-SQL 语句 CREATE TABLE,用其创建唯一约束的命令格式为:

```
CREATE TABLE <table_name>
(<column_name> datatype NOT NULL|NULL[,…n]
CONSTRAINT <constrain_name>
UNIQUE [NONCLUSTERED] (<column_name> ASC|DESC)
)
```

[语法说明]:

① table_name:创建的表名。

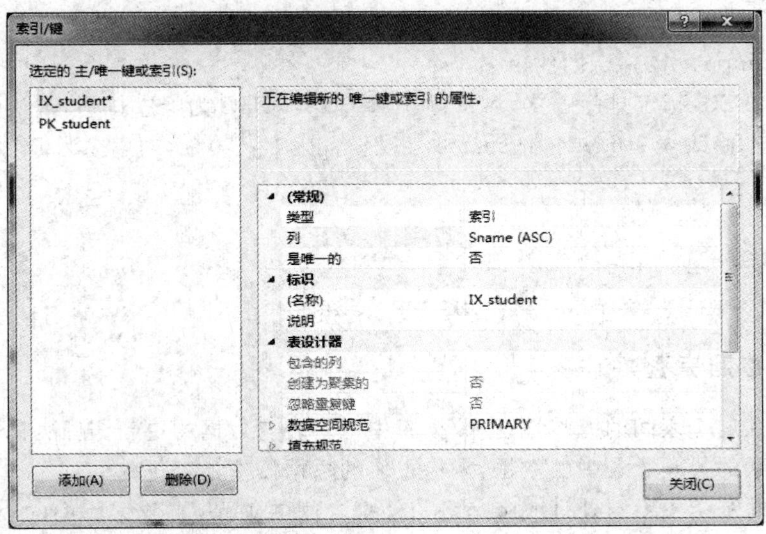

图 3-9　添加了唯一约束的“索引/键”对话框

② column_name：创建表中的字段(列)名。

③ constrain_name：指定的约束名。

④ NONCLUSTERED：创建非聚集索引，UNIQUE 约束默认为 NONCLUSTERED。

【例 3-17】　在创建表 student 时，将 sname 字段设置为唯一约束，约束名为“ix_student”，降序排列。

```
USE jxk
CREATE TABLE student
(sno varchar(10)NOT NULL,
sname varchar(14),
ssex char(2),
sclass varchar(10),
sbirthday datetime,
snation varchar(10),
sregions varchar(12),
sentergrade int,
CONSTRAINT ix_student UNIQUE(sname,DESC)
)
```

(3) 使用 T-SQL 语句在修改表时创建唯一约束

修改表的 T-SQL 语句为 ALTER TABLE，用其创建唯一约束的命令格式为：

```
ALTER TABLE <table_name>
ADD CONSTRAINT <constrain_name>
UNIQUE[NONCLUSTERED] (<column_name> ASC|DESC)
```

[语法说明]：

① table_name：欲修改的表名。

② column_name:创建表中的字段(列)名。

③ constrain_name:指定的约束名。

④ ASC|DESC:指定排序方式,ASC 为升序排列,DESC 为降序排列,默认为 ASC。

【例 3-18】 修改表 student,将 sname 字段设置为唯一约束,约束名为 ix_student,排序方式默认。

```
USE jxk
ALTER TABLE student
ADD CONSTRAINT ix_student UNIQUE (sname)
```

3.3.2 参照完整性

参照完整性属于表间的完整性,当数据库中一个表有数据的更新、删除、插入时,通过参照引用相互关联的另一个表中的数据,来检查表的数据操作是否正确。

参照完整性基于主键与外键或唯一键与外键之间的关系,将数据库中的表与表关联起来。实现参照完整性,可以通过外键约束,即 FOREIGN KEY 约束定义实现。

3.3.2.1 使用"对象资源管理器"设置外键约束

【例 3-19】 使用"对象资源管理器",将 jxk 数据库 grade 表 sno 字段设置为外键,并结合之前 student 表中所创建的 sno 主键,建立两个表联系。

① 在 SQL Server"对象资源管理器"上,展开数据库结点,选择"jxk"数据库并展开,选择表结点并展开。

② 在表结点的"dbo. grade"上右击,从弹出的快捷菜单中选择"设计"命令,进入表结构设计界面。

③ 在列名为"sno"上右击,在弹出的快捷菜单中选择"关系"命令,弹出"外键关系"对话框,如图 3-10 所示。

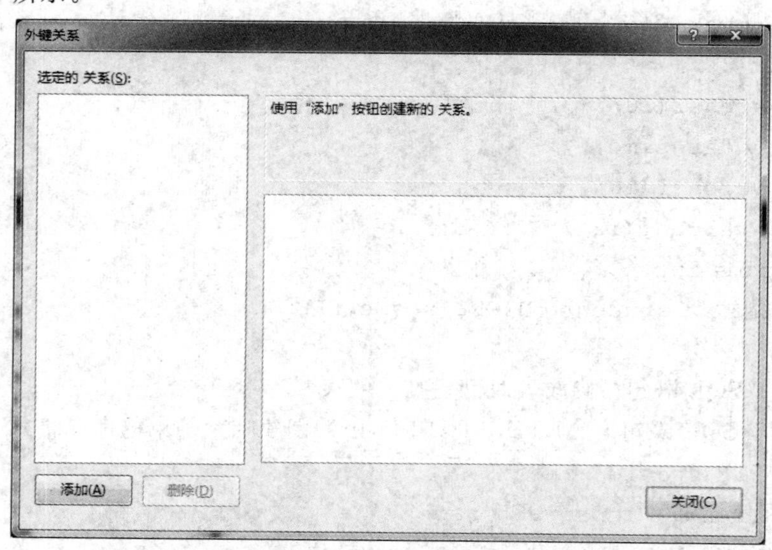

图 3-10 "外键关系"对话框

④ 单击“外键关系”对话框左侧的“添加”按钮，单击“表和列规范”右侧按钮，在弹出的“表和列”对话框中设置关系名(fk_grade_student)、主键表(student)与外键表(grade)，以及设置两表所共有字段名(sno)设置结果如图 3-11 所示。

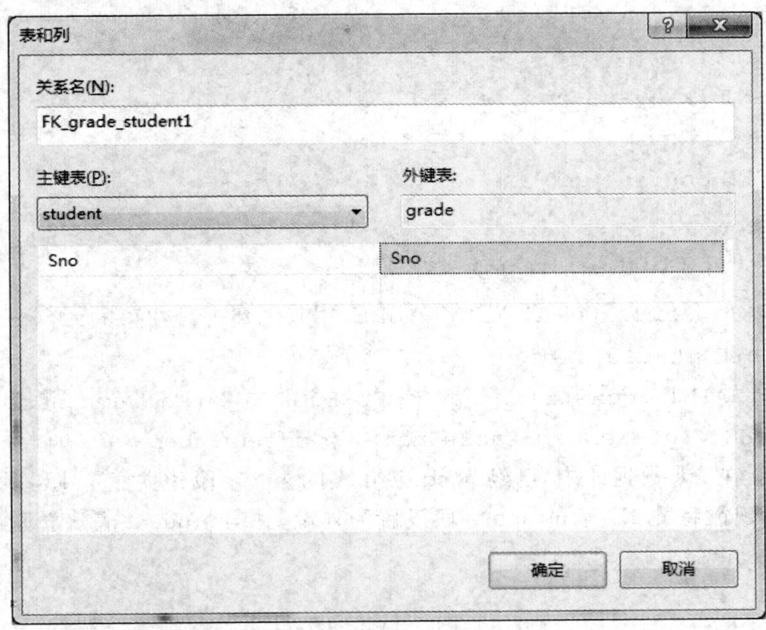

图 3-11　“表和列”对话框

⑤ 单击“确定”按钮，返回“外键关系”对话框，关闭对话框，并保存，完成外键约束设置。

3.3.2.2　使用 T-SQL 语句在创建表时设置外键约束

使用创建表的 T-SQL 语句 CREATE TABLE，用其创建外键约束的命令格式为：

```
CREATE TABLE <table_name>
(<column_name> datatype NOT NULL|NULL[,…n]
CONSTRAINT <constrain_name>
FOREIGN KEY (<column_name>)
REFERENCES <referenced_table_name>(<column_name>)
)
```

［语法说明］：

① table_name：创建的表名。

② column_name：创建表中的字段(列)名。

④ constrain_name：指定的约束名。

⑤ referenced_table_name：约束表名。

【例 3-20】　在 jxk 数据库中，之前 course 表已建立了 cno 字段的主键约束，现将 grade 表 cno 字段设置为外键，并与 course 表建立联系，外键约束名为 fk_grade_course。

```
USE jxk
CREATE TABLE grade
(sno char(10),
cno char(6),
scgrade int,
CONSTRAINT fk_grade_course
FOREIGN KEY (cno)
REFERENCES course (cno)
)
```

3.3.2.3 使用 T-SQL 语句在修改表时设置外键约束

使用修改表的 T-SQL 语句 ALTER TABLE,用其创建外键约束的命令格式为:

```
ALTER TABLE <table_name>
ADD CONSTRAINT <constrain_name> FOREIGN KEY (<column_name>)
REFERENCES <referenced_table_name> (<column_name>)
```

【例 3-21】 在 jxk 数据库中,已经为 student 表的 sno 字段建立好了主键约束,grade 表也已创建完成,现欲将 grade 表的 sno 字段设置为外键,并与 student 表建立联系,外键约束名为 fk_grade_course。

```
USE jxk
ALTER TABLE grade
ADD CONSTRAINT fk_grade_course FOREIGN KEY (cno)
REFERENCES student (cno)
```

3.3.2.4 关系图

对于大型关系型数据库,数据表很多,关系也很复杂。通过关系图,可以很直观了解数据库中表的关系。

【例 3-22】 在 jxk 数据库中,student 表与 grade 表通过 sno 建立了联系,course 表与 grade 表通过 cno 建立了联系,创建表间的关系图。

① 在"对象资源管理器"中,展开 jxk 数据库,右击"数据库关系图",在弹出的快捷菜单中选择"新建数据库关系图"命令,如图 3-12 所示。

② 在弹出的如图 3-13 所示的"添加表"对话框中,选择添加至关系图的表,可按 Ctrl 与 Shift 同时选择多个表,选择"添加"按钮完成向关系图中添加表的操作。

③ 在已经用主键与外键建立好了各表之间的约束关系条件下,则会显示出如图 3-14 所示的各表之间的关系图。

3.3.3 域完整性

域完整性指表中列的完整性,即列的值域的完整性。如数据类型、格式、值域范围、是否允许空值等。域完整性限制了某些属性中出现的值,把属性限制在一个有限的集合中,确保在该字段内不会输入无效的值。实现域完整性,可以通过检查约束 CHECK 和默认值约束 DEFAULT 定义实现。

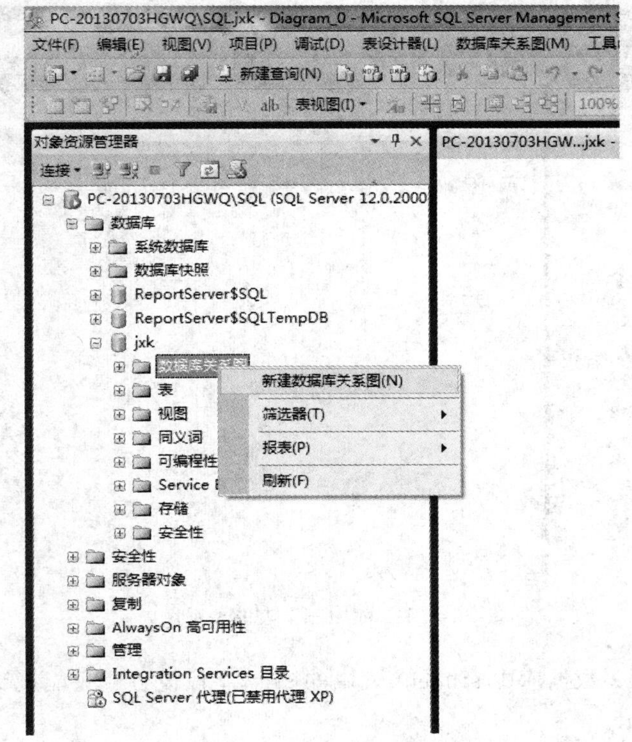

图 3-12　创建关系图操作

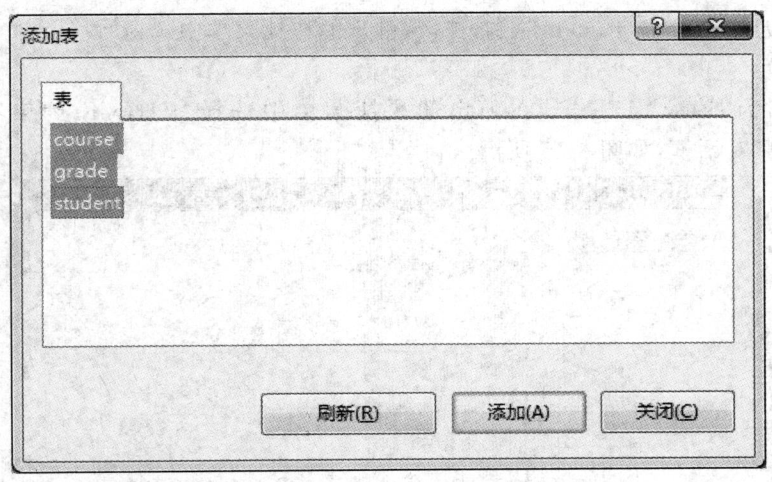

图 3-13　“添加表”对话框

3.3.3.1　CHECK 约束

CHECK 约束是对输入到列中数据内容正确性的一种约束，如果输入的数据不满足约束的条件，则数据不能被表接受。

(1) 使用“对象资源管理器”创建 CHECK 约束

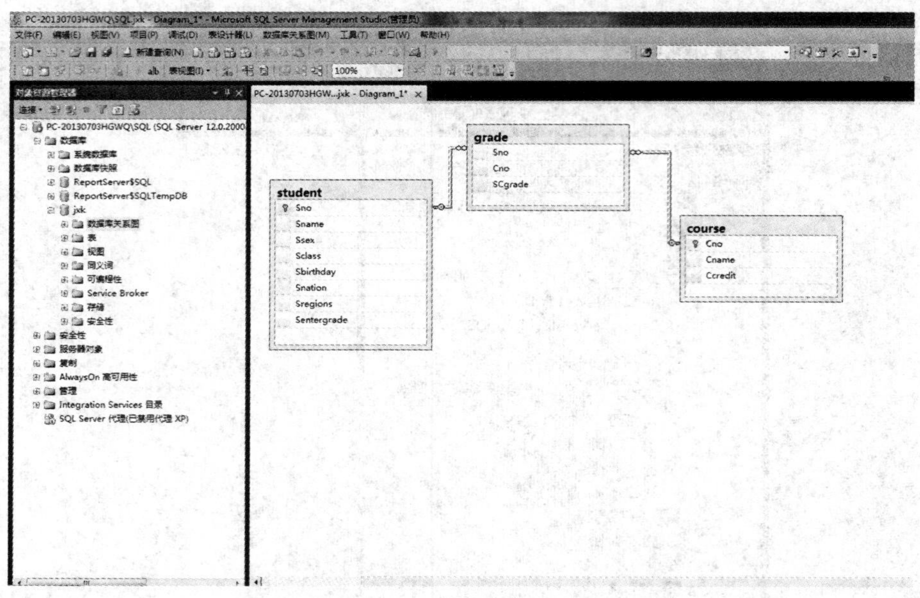

图 3-14　jxk 库中三个表的关系图

【例 3-23】 将 jxk 数据库中 student 表中的 ssex 字段设置成只能接受“男”或“女”的数据,标识为 ck_student。

① 在 SQL Server“对象资源管理器”上,展开数据库结点,选择“jxk”数据库并展开,选择表结点并展开。

② 在表结点的“dbo. student”上右击,从弹出的快捷菜单中选择“设计”命令,进入表结构设计界面。

③ 在列名为“ssex”上右击,在弹出的快捷菜单中选择“CHECK 约束”命令,弹出“CHECK 约束”对话框,如图 3-15 所示。

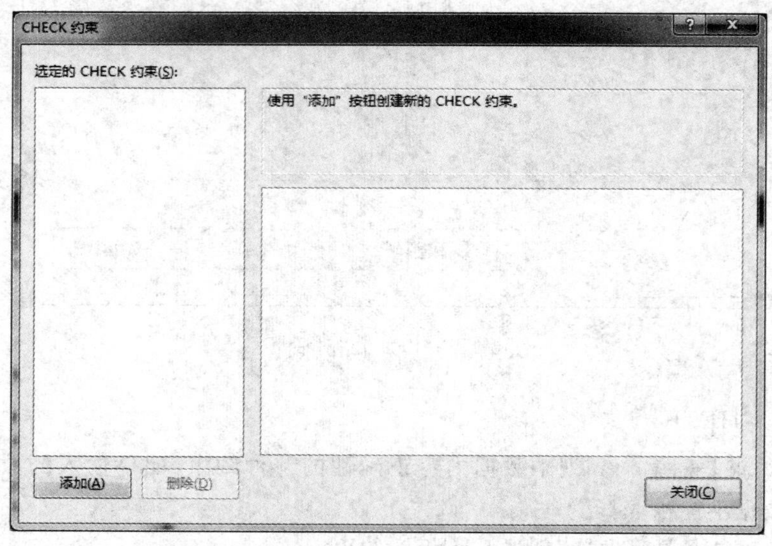

图 3-15　“CHECK 约束”对话框

④ 单击左侧的“添加”按钮，在右侧的“表达式”中输入相应约束条件，如图 3-16 所示。

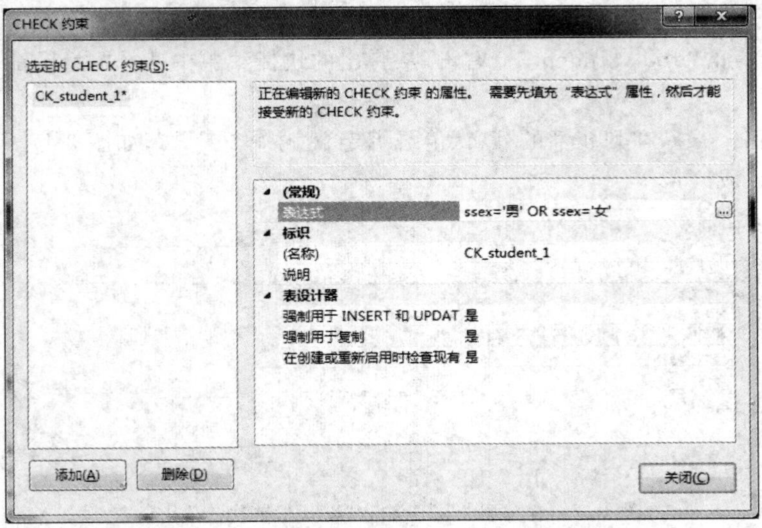

图 3-16　“CHECK 约束”对话框中输入表达式

⑤ 单击“关闭”按钮，保存文件，完成 CHECK 约束的设置。

(2) 使用 T-SQL 语句创建 CHECK 约束

① 在创建表结构时建立 CHECK 约束的语法格式为：

```
CREATE TABLE <table_name>
(<column_name> datatype NOT NULL|NULL[,…n]
CONSTRAINT <constrain_name>
CHECK (logical_expression)
)
```

② 在修改表结构时建立 CHECK 约束的语法格式为：

```
ALTER TABLE <table_name>
ADD CONSTRAINT <constrain_name>
CHECK (logical_expression)
```

其中，constrain_name 为 CHECK 约束名，logical_expression 为 CHECK 约束表达式。

【例 3-24】 将 jxk 数据库中 student 表中的 ssex 字段设置为只能接受“男”或“女”的数据，标识为 ck_student。

```
USE jxk
ALTER TABLE student ADD CONSTRAINT ck_ student CHECK(ssex='男' OR ssex
='女')
```

3.3.3.2　DEFAULT 约束

DEFAULT 约束，又称默认值约束，是对表中字段预先定义默认值，以提高数据输入的效率。

(1) 使用“对象资源管理器”创建 DEFAULT 约束

【例 3-25】 将 jxk 数据库中 student 表中的 ssex 字段的默认值设置为“男”。

① 在 SQL Server"对象资源管理器"上,展开数据库结点,选择"jxk"数据库并展开,选择表结点并展开。

② 在表结点的"dbo. student"上右击,从弹出的快捷菜单中选择"设计"命令,进入表结构设计界面。

③ 选择列名 ssex,在列属性的"默认值或绑定"栏中输入"男",如图 3-17 所示。

④ 保存,完成

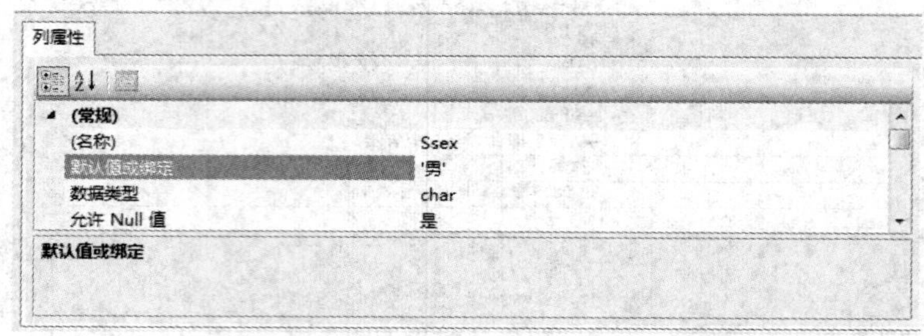

图 3-17 在"列属性"中输入"默认值或绑定"内容

(2) 使用 T-SQL 语句创建 DEFAULT 约束

① 在创建表结构时建立 DEFAULT 约束的语法格式为:

```
CREATE TABLE <table_name>
(<column_name> datatype NOT NULL|NULL[,…n]
CONSTRAINT <constrain_name>
DEFAULT (constraint_expression)
)
```

② 在修改表结构时建立 DEFAULT 约束的语法格式为:

```
ALTER TABLE <table_name>
ADD CONSTRAINT <constrain_name>
DEFAULT (constraint_expression)FOR <column_name>
```

其中,constrain_name 为 DEFAULT 约束名,constraint_expression 为默认值表达式。

【例 3-26】 将 jxk 数据库中的学生表 student 中的 ssex 字段设置默认值为"男",标识为 df_student。

```
USE jxk
ALTER TABLE student ADD CONSTRAINT df_ student DEFAULT('男')FOR ssex
```

习　题

一、填空题

1. T-SQL 中对表进行修改的语句是(　　　),在表中增加字段的子句是(　　　)子句,删除字段的子句是(　　　)子句。

2. 表是用来存储数据和操作数据的(　　　),关系数据库中的所有数据都表现为

(　　　)的形式。在创建表之前的重要工作是设计(　　　)，即确定表的名字、所包含的各个字段的字段名、数据类型和长度、是否为空值等。

3. 给字段定义唯一性约束的英文是(　　　)；有唯一性约束的列值，不能有两个值(　　　)，但允许有一个为(　　　)。

4. 主键是唯一能够区分表中每一行记录的一个或多个列的(　　　)。一个表只能有(　　　)主键，主键不能为空值，并且可以强制表中的记录的(　　　)。主键的标志为(　　　)。

5. 存在两个表A和B，表A中的主键字段在表B中也存在，但并不是表B的主键，仅作为表B的一个必要的属性，则称此属性为表B的(　　　)。

6. CHECK约束被称为(　　　)约束，UNIQUE约束被称为(　　　)约束。

7. 当一个表带有约束后，执行对表的各种(　　　)操作时，将自动检查相应的约束，只有符合约束条件的合法操作才能被真正执行。

8. 参照完整性要求有关联的两个或两个以上表之间数据的(　　　)。参照完整性可以通过建立(　　　)和(　　　)来实现。

9. 在SQL中，CREATE TABLE、ALTER TABLE和DROP TABLE命令分别是在数据库中(　　　)、(　　　)和(　　　)的命令。

10. 对表操作的数据定义语言DDL有创建表的(　　　)语句、修改表结构的(　　　)语句和删除表的(　　　)语句。

二、选择题

1. 删除一个表，正确的T-SQL语句是(　　　)。

A. DROP 表名　　　　B. ALTER TABLE 表名

C. DROP TABLE 表名　　　　D. ALTER 表名

2. 要删除一个表中的某列，正确的T-SQL语句是(　　　)。

A. DROP TABLE 表名 DROP COLUNM 列名

B. ALTER TABLE 表名 ADD COLUMN 列名

C. ALTER TABLE 表名 DROP COLUMN 列名

D. DROP TABLE 表名

3. 下列的SQL语句中，(　　　)不是数据定义语句。

A. CREATE TABLE　　　　B. DROP VIEW

C. CREATE VIEW　　　　D. GRANT

4. 数据定义语言的缩写词为(　　　)。

A. DDL　　B. DCL　　C. DML　　D. DBL

5. 在T-SQL语言中，修改表结构时，应使用的命令是(　　　)。

A. UPDATE　　　　B. INSERT

C. ALTER　　　　D. MODIFY

6. 删除数据库中已经存在的数据表test的命令是(　　　)。

A. DELETE TABLE test　　　　B. DELETE test

C. DROP TABLE test　　　　D. DROP test

7. 在数据表 test 中增加一个字段 cj(成绩)的命令是(　　)。

A. ADD TABLE test cj int　　B. ADD TABLE test ALTER cj int

C. ALTER TABLE test DROP cj int　　D. ALTER TABLE test ADD cj int

8. 在关系模式 test(学号,姓名,性别,出生日期)中,删除属性"出生日期"的命令是(　　)。

A. DELETE 出生日期 FROM test　　B. ALTER TABLE test DROP 出生日期

C. UPDATE test SET 出生日期　　D. ALTER TABLE test ADD 出生日期

9. 不属于 SQL Server 的数据类型是(　　)。

A. 整型数据类型　　B. 浮点数据类型

C. 通用型数据类型　　D. 字符数据类型

10. 不属于整型数据类型的是(　　)。

A. int　　B. smallint

C. tinyint　　D. float

11. 如果数据表中某个字段只包含 1～200 之间的整数,则该字段最好定义为(　　)。

A. int　　B. smallint

C. tinyint　　D. bit

12. 某个字段的数据类型定义为 decimal(12,5),则该字段有(　　)位整数。

A. 12　　B. 5　　C. 6　　D. 7

13. 如果将某一列设置为表的主键,则在表中此列的值(　　)。

A. 可以出现重复值　　B. 允许为空值

C. 不允许为空值,也不能出现重复值　　D. 不允许为空值,但允许列值重复

三、简答题

1. 简述各种约束对表中数据的作用。
2. SQL Server 支持的数据完整性约束有哪几类?各有什么作用?
3. 说明主键、唯一键和外键的作用。
4. 数据完整性包括哪些?如何实现?

四、操作题

有一顾客表 cs,其结构如下表所示:

字段名	数据类型	约　束	说　明
id	char(10)	主键	顾客编号
name	varchar(16)	非空属性	顾客姓名
sex	char(2)	取值"男"或"女"	性别
tel	char(11)		电话

1. 写出建立该数据表结构的 T-SQL 语句(数据表名:cs),要求 iD. name 必须输入。
2. 添加 sex 和 tel 字段。
3. 将性别的数据类型修改成 bit。

4. 将电话的数据类型改成 varchar(30),且不允许空。

5. 为 id 添加约束,标识为 p_cs。

6. 为 sex 添加约束,标识为 ck_cs。

第4章　数据表的基本操作

数据表创建完成后，只是创建了该表的结构，表中并没有任何数据。要在数据库应用系统中使用数据表，就需要对表的数据进行处理。对表中数据的操作主要包括数据操纵和数据查询，它是使用数据的基本方法，也是数据库创建的主要目的。

4.1　数据操纵

数据表是数据库的重要对象，是存储数据的基本单元。表结构创建完成后就涉及向表中插入新的数据，以及对已有数据进行修改与删除，这就是数据操纵。数据操纵可以使用“对象资源管理器”和 T-SQL 语句两种方式实现，下面以教学数据库 jxk 中的数据表为例，介绍插入数据、修改数据、删除数据的方法。

4.1.1　插入数据

4.1.1.1　使用“对象资源管理器”插入数据

在“对象资源管理器”中展开“数据库”结点，找到 jxk 数据库下要插入数据的表，如 course 表，在表上右击，弹出快捷菜单，从中选择“编辑前 200 行(E)”命令，在右侧将会打开表数据窗口。倘若此表建立后还未输入任何数据，则此表就只有一行。若想输入数据就需将光标定位到该行的某一列中，输入该列的值。当一行数据输入完成后，按 Enter 键或将光标定位到下一行，则当前数据自动保存。

向表中插入数据时，需要注意以下问题：

(1) 若表中某列在表结构中设置为不允许 Null 值，则必须为该列输入值，不能为空。如 curse 表中的课程号(cno)列。

(2) 对于表结构中允许 Null 值的列，可以不输入值，在数据窗口中将显示为 NULL。

(3) 插入表中的数据要与列的数据类型相兼容，并符合列的约束条件。

如果插入的数据不符合条件，将会弹出对话框提示出错的原因，如图 4-1 所示。

(4)需要特别说明的是，在插入数据时对于 bit 类型的数据，可以直接输入 True 或 False，也可以输入 1 或 0，分别代表 True 或 False。Money 类型的数据自动保留 4 位小数。

【例 4-1】　使用“对象资源管理器”向学生表 student 中插入数据，数据如图 4-2 所示。

【例 4-2】　使用“对象资源管理器”向成绩表 grade、课程表 course 中插入数据，数据分别如图 4-3 和图 4-4 所示。

图 4-1　不允许 Null 的出错提示信息

Sno	Sname	Ssex	Sclass	Sbirthday	Snation	Sregions	Sentergrade
0901100101	赵春	男	营销091	1993-06-15 0...	汉族	辽宁	582
0901100103	赵刚	男	营销091	1993-06-16 0...	土家族	辽宁	501
0901100104	杨雨	男	营销091	1993-06-17 0...	汉族	辽宁	574
0901100106	杨旭枫	男	营销091	1993-06-18 0...	维吾尔族	黑龙江	539
0901100107	李亚军	男	营销091	1993-06-19 0...	汉族	内蒙古	579
0901100109	宋丽新	男	营销091	1993-06-20 0...	汉族	辽宁	584
0901100110	张禹	男	营销091	1993-06-21 0...	汉族	辽宁	549
0901100114	王宇畅	男	营销091	1993-06-22 0...	汉族	辽宁	554

图 4-2　向 student 表中插入数据

Sno	Cno	SCgrade
0901100103	150104	89
0901100103	150205	89
0901100103	150204	89
0901100103	150108	89
0901100104	150205	74
0901100104	140102	77
0901100104	150109	77
0901100104	150204	74
0901100104	140101	92
0901100106	150205	85
0901100106	140101	78
0901100107	140101	66
0901100107	150104	87

图 4-3　向 grade 表中插入数据

Cno	Cname	Ccredit
140101	高等数学	5
140102	大学物理	5
140103	*NULL*	3
150101	信息检索与应用	3
150102	计算机网络技术	2
150104	计算机信息技...	2
150106	Visual Basic语...	2
150108	C语言程序设计...	5
150109	多媒体技术	2
150204	计算机硬件	2
150205	数据库与程序...	3

图 4-4　向 course 表中插入数据

4.1.1.2　使用 T-SQL 语句插入数据

使用 T-SQL 语句插入数据是最常用的方法，尤其是通过编写数据库应用程序实现表中数据添加时，T-SQL 语句方式就显得更为重要了。插入数据使用 INSERT 语句，INSERT 语句的基本语法格式如下：

```
INSERT[INTO] <table_name> [(<column_list>)]
VALUES(NULL|DEFAULT|<expression> [,…n])[,…n]
```

［语法说明］：

① INTO:此关键字是可选项,可以省略。但加上 INTO 关键字将使语句的意思表达更明确。

② table_name:是要插入数据的表名称。

③ column_list:是要插入数据所对应的字段名。字段名的排列顺序不一定要和表定义时的顺序一致。如果向表中的部分列插入数据,则相应的字段名表不能省略;当向表中所有列插入数据时且数据的输入顺序与表结构相同时,column_list 可以省略。

④ VALUES:该子句包括所要插入数据的字段的值。字段值的数量、顺序、数据类型要与 column_list 中列名的数量、顺序、类型相一致。

- DEFAULT:为列插入默认值。
- NULL:为列插入空值。
- expression:可以是一个常量、变量或表达式。

⑤ 最后面的[,…n]表示一次可以插入多条记录。

【例 4-3】 在教学数据库 jxk 中,向课程表 course 中插入一行数据(150206,数据通信,4)。

```
USE jxk
INSERT INTO course
Values('150206','数据通信',4)
```

或

```
USE jxk
INSERT INTO course(cno,cname,ccredit)
Values('150206','数据通信',4)
```

【例 4-4】 在教学数据库 jxk 中,向课程表 course 中插入两行数据,课程号(cno)分别是:“16001”,“16002”;课程名称(cname)分别为:“大学英语”,“SQL Server”。

```
USE jxk
INSERT INTO course(cno,cname)
Values('16001','大学英语'),('16002',' SQL Server ')
```

语句的执行结果如图 4-5 所示,未插入值的列显示为空,即 NULL。

Cno	Cname	Ccredit
140101	高等数学	5
140102	大学物理	5
140103	NULL	3
150101	信息检索与应用	3
150102	计算机网络技术	2
150104	计算机信息技...	2
150106	Visual Basic语...	2
150108	C语言程序设计...	5
150109	多媒体技术	2
150204	计算机硬件	2
150205	数据库与程序...	3
150206	数据通信	4
16001	大学英语	NULL
16002	SQL Server	NULL

图 4-5 向 course 表中插入 2 行数据

4.1.2 修改数据

4.1.2.1 使用“对象资源管理器”修改数据

在“对象资源管理器”中找到要修改数据的表右键单击，弹出快捷菜单，从中选择“编辑前 200 行(E)”命令，在右侧将会打开表数据窗口。将光标定位到要修改的数据处进行修改，修改完成后将光标移动到其他行，即可保存修改的内容。数据的修改也要符合列的约束条件。

【例 4-5】 使用“对象资源管理器”将数据库 jxk 中的学生表 student 中的赵春的性别(ssex)改为“女”。操作界面如图 4-6 所示。

Sno	Sname	Ssex	Sclass	Sbirthday	Snation	Sregions	Sentergrade
0901100101	赵春	[illegible]	营销091	1993-06-15 0...	汉族	辽宁	582
0901100103	赵刚	男	营销091	1993-06-16 0...	土家族	辽宁	501
0901100104	杨雨	男	营销091	1993-06-17 0...	汉族	辽宁	574
0901100106	杨旭枫	男	营销091	1993-06-18 0...	维吾尔族	黑龙江	539
0901100107	李亚军	男	营销091	1993-06-19 0...	汉族	内蒙古	579

图 4-6　修改学生性别

4.1.2.2 使用 T-SQL 语句修改数据

修改数据使用 UPDATE 语句。UPDATE 语句可以实现对表中的一行或多行记录的某些列值的修改，该语句的基本语法格式如下：

```
UPDATE <table_name>
SET column_name=DEFAULT|NULL|expression[,…n]
[WHERE <search_condition>]
```

[语法说明]：

① table_name：是要修改数据的表名。

② column_name：是要修改数据所对应的列名。

③ DEFAULT|NULL|expression：是为列赋予的新值，值的类型要与列的数据类型相兼容，并符合列的约束条件。

④ [,…n]：一次可以修改多列的值。

⑤ WHERE 子句：指定修改数据的条件，只有满足 search_condition 所指定条件的记录才会被修改。WHERE 子句省略时，则表示修改表中的所有记录。

【例 4-6】 将课程表 course 中课程名称(cname)为“大学英语”课程的学分(ccredit)修改为 3 学分。

```
UPDATE course
SET ccredit=3 WHERE cname='大学英语'
```

【例 4-7】 将课程表 course 中课程号(cno)为“140101”课程的学分(ccredit)修改为 4 学分，课程名称(cname)修改为“高等数学”。

```
UPDATE course
SET ccredit=4,cname='高等数学'
WHERE cno='140101'
```

【例 4-8】 将学生表 student 中所有学生的入学成绩(sentergrade)增加 5 分。

```
UPDATE student
SET sentergrade=sentergrade+ 5
```

4.1.3 删除数据

4.1.3.1 使用“对象资源管理器”删除数据

在“对象资源管理器”中找到要删除数据的表右键单击,弹出快捷菜单,从中选择“编辑前 200 行(E)”命令,在右侧将会打开表数据窗口。单击要删除行最左侧的选择框选择该行,也可以拖动鼠标选择多行。右键单击,从弹出的快捷菜单中选择“删除(D)”命令,或按 Delete 键,将弹出对话框询问是否删除数据,单击“是”按钮即可删除数据。

【例 4-9】 使用“对象资源管理器”删除学生表 student 中的姓名为“马大文”和“王明星”两条记录,操作界面如图 4-7 所示。

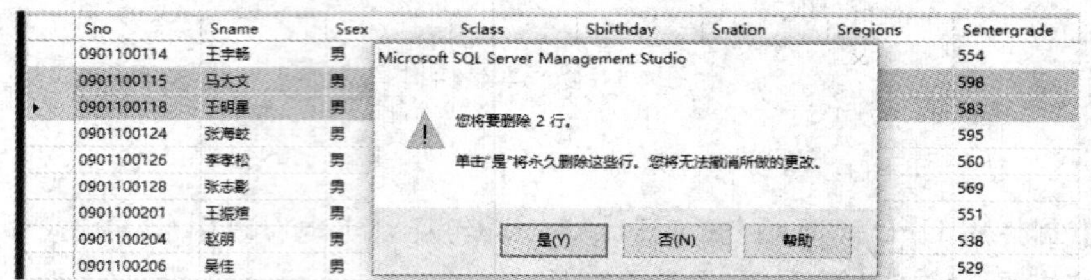

图 4-7 删除 student 表中数据

4.1.3.2 使用 T-SQL 语句删除数据

可以使用 DELETE 语句或 TRUNCATE TABLE 语句删除数据。

(1) DELETE 语句

DELETE 语句的基本语法格式如下:

```
DELETE [FROM] <table_name>
[WHERE <search_condition>]
```

[语法说明]:

① FROM:该关键字是可选项,可省略。但加上 FROM 关键字将使语句的意思表达更准确。

② table_name:为要删除数据的表名称。

③ WHERE 子句:指定删除数据的条件,只有满足 search_condition 所指定条件的记录才会被删除。若省略了 WHERE 子句,则将删除表中的全部记录。

使用 DELETE 语句可以从表中删除一行或多行记录。若有关联表存在,则在删除表时,应该先删除外键表中的相关记录,然后再删除主键表中的记录。

【例 4-10】 将学生表 student 表中姓名(sname)为“赵刚”的学生记录删除。

```
DELETE FROM student WHERE sname='赵刚'
```

(2) TRUNCATE TABLE 语句

TRUNCATE TABLE 语句的语法格式如下:

```
TRUNCATE TABLE <table_name>
```

[语法说明]：

① TRUNCATE TABLE 语句将删除 table_name 所指定表中的全部记录，所以也称为清空表数据语句。

② TRUNCATE TABLE 语句类似于不含 WHERE 子句的 DELETE 语句，但 TRUNCATE TABLE 语句速度更快，并且使用更少的系统资源。

【例 4-11】 将课程表 course 表中所有的记录删除。

```
TRUNCATE TABLE course
```

或

```
DELETE FROM course
```

在此例中执行上述语句后，由于 course 表与 grade 表建立了外键约束，故该删除操作无法完成。如图 4-8 所示。

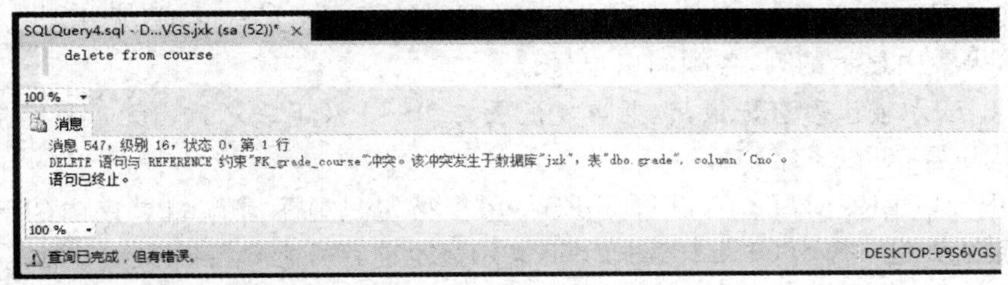

图 4-8　删除带有约束表数据的提示

若要实现将 course 表中的数据全部删除，可先删除约束或删除外键表 grade 中的相关数据后再进行删除操作。由于后面的内容仍需用到 course 表中的数据，所以此处不做删除。

在使用删除语句时应注意：

① DELETE 或 TRUNCATE TABLE 语句删除的是表中的记录，而不是删除表的结构，应与删除表结构的 DROP 语句区分开。

② DELETE 语句删除的是整条记录，不能只删除记录中的某一部分。

4.2　数据查询

数据查询是数据库操作中最核心的操作，通过数据查询可以实现从一个或多个数据库的一个或多个表中查询信息，并将结果显示为另外一个表的形式，称之为结果集(result set)。

在 SQL Server 中，所有的查询操作都是由 SELECT 语句来完成，该语句可以从一个或多个表进行查询并从表中获取指定的数据。SELECT 语句是 SQL Server 中使用最多、应用最广泛的一条命令语句，依据其查询的数据来源，将 SELECT 查询分为简单查询、连接查询和子查询。下面以数据库 jxk 中的表为例分别介绍三种类型的查询。

4.2.1　简单查询

简单查询又称单表查询，是在一个表中进行的数据查询，它是实现复杂数据查询的基础。因 SELECT 语句的功能非常强大，选项也非常丰富，故 SELECT 语句的完整语法也非常复杂。为了直观地掌握 SELECT 语句，本节介绍的是 SELECT 语句的简化语法。

SELECT 语句的语法格式如下：

```
SELECT [ALL|DISTINCT]
[TOP n [PERCENT][WITHTIES]]<select_list>
[INTO <new_table>]
FROM <table_source>
[WHERE <search_condition>]
[GROUP BY <group_by_expression>]
[HAVING <search_condition>]
[ORDER BY <order_expression> [ASC|DESC]]
```

[语法说明]：

① SELECT 子句、FROM 子句是必选项，表示从哪个表或视图中查询数据，结果集中包括哪些列。FROM 后的 table_source 指定查询的结果来自的表名或视图名。select_list 指定查询结果集中显示的列，各列间以逗号分隔。

② ALL：表示输出所有记录，包括重复记录。DISTINCT 表示输出无重复结果的记录。ALL 是默认设置，可以省略。

③ TOP n [PERCENT][WITH TIES]：用于指定只显示查询结果集中的部分记录。TOP n 表示显示前 n 行，TOP n PERCENT 表示显示前百分之 n 行。TOP n 常与排序子句 ORDER BY 一起使用，输出排序后的部分记录。当在排序结果的末尾处有并列项时，使用 WITH TIES 则包含并列项，省略 WITH TIES 则不包含并列项。

④ INTO 子句：用于将查询结果保存到新表中，new_table 指定生成的新表名。

⑤ WHERE 子句：用于指定查询的条件，只有符合 search_condition 所指定条件的记录才会显示在结果集中。

⑥ GROUP BY 子句：用于根据 group_by_expression 所指定的列进行分组，列值相等的记录组成一组，可以使用聚合函数对分组后的记录进行统计。

⑦ HAVING 子句：不能单独使用，必须与 GROUP BY 子句配合使用，用来对分组后的统计结果设置筛选条件。

⑧ ORDER BY 子句：用于设定排序的依据，按 order_expression 所指定的列进行升序或降序排列。ASC 表示升序排列，DESC 表示降序排列，默认为升序排列。

在这里必须说明的是，SELECT 语句中各子句的位置必须按照语法格式中的位置严格执行，不能随意调整。如 INTO 子句必须放在 FROM 子句的前面，结果集列表 select_list 的后面。

在使用 SELECT 语句进行查询之前，首先要分析查询的请求，即要从哪些表或视图中查询数据，查询的条件是什么，查询的结果集中要包括哪些列的信息，然后再将分析结果逐一代入 SELECT 语句中的相应位置。

下面基于简单查询对 SELECT 语句中的各子句进行分别介绍。

4.2.1.1 基本查询

(1) 查询指定列

当用户只想查询表中的若干列，可以通过在 SELECT 子句的 select_list 中指定要查询的列，并且可以根据需要改变输出列显示的先后顺序。查询指定的列实质上是对关系的“投影”操作。

【例 4-12】 从学生表 student 中查询全体学生的学号(sno)与姓名(sname)。

```
SELECT sno,sname
FROM student
```

该语句执行过程是这样的:从 student 表中取出一条记录,再取出该条记录在列 sno 和 sname 上的值,形成一条新记录输出。接着依次对 student 表中的所有记录都做相同的处理,最后形成一个关系结果集作为输出。

(2) 查询全部列

将表中的所有列都选出来,有两种方法:一种方法是在 SELECT 关键字后面列出所有列名;另一种方法是如果列的显示顺序与其在原表中的顺序相同,可以用“*”来表示。“*”是通配符,在这里表示所有列。

【例 4-13】 查询课程表 course 中所有课程的信息。

```
SELECT *
FROM course
```

(3) 查询经过计算的列

SELECT 子句的 select_list 不仅可以是表中的属性列,还可以是经过计算的值,其形式可以是算术表达式、字符串常量、函数等。关于算术表达式、字符串常量、函数等内容请参考第 5 章。

【例 4-14】 查询 student 表中所有学生的学号(sno),姓名(sname)与年龄。

对查询要求进行分析发现,年龄并不是 student 表中给定的列,但可以通过出生日期计算得到。即可通过 YEAR(GETDATE()) − YEAR(sbirthday) 得到年龄的值。其中 GETDATE()函数返回当前系统日期与时间,YEAR()函数返回指定日期中的年份。YEAR(GETDATE()) − YEAR(sbirthday)是用当前的年减去出生日期的年,得到的就是该名学生的年龄。

```
SELECT sno, sname, YEAR (GETDATE ( )) - YEAR (sbirthday)
FROM student
```

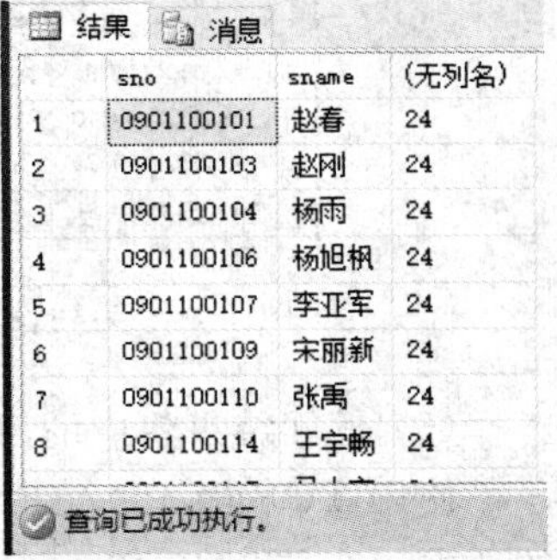

图 4-9　查询经过计算的列

查询结果如图 4-9 所示。

(4) 为列设置别名

有时为了增强结果集中列的可读性,可以通过为列指定别名的方式更改列的显示名称,设置列别名的方式主要有以下几种:

<column_name> as <alien_name>

<column_name> <alien_name>

<alien_name>=<column_name>

[语法说明]:column_name 指定列名,alien_name 指定列别名。

【例 4-15】 为例 4-14 查询结果中的 3 列分别指定相对应的中文别名。

```
SELECT sno as 学号,sname as 姓名,YEAR(GETDATE())- YEAR(sbirthday)as
```

年龄

```
FROM student
```

也可以用另两种方式设置列别名，或用几种方式相联合的方法，结果是相同的，具体如下：

```
SELECT sno as 学号,sname 姓名, 年龄=YEAR(GETDATE())- YEAR(sbirthday)
FROM student
```

查询结果如图 4-10 所示。

(5) 去掉重复值

在表设置了主键的情况下，数据库表中不可能出现两个完全相同的记录。但由于查询时经常涉及表的部分字段，这样就有可能出现重复行，使用 DISTINCT 关键字可以清除结果集中的重复行。

【例 4-16】 查询 student 表中所有学生的班级(sclass)，要求去掉重复信息。

```
SELECT DISTINCT sclass
FROM student
```

查询结果如图 4-11 所示。

结果 消息

	学号	姓名	年龄
1	0901100101	赵春	24
2	0901100103	赵刚	24
3	0901100104	杨雨	24
4	0901100106	杨旭枫	24
5	0901100107	李亚军	24
6	0901100109	宋丽新	24
7	0901100110	张禹	24
8	0901100114	王宇畅	24

查询已成功执行。

图 4-10 为列设置别名

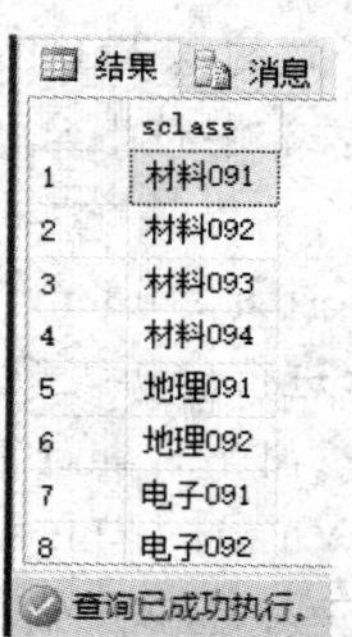

结果 消息

	sclass
1	材料091
2	材料092
3	材料093
4	材料094
5	地理091
6	地理092
7	电子091
8	电子092

查询已成功执行。

图 4-11 去掉重复值

(6) 返回结果集中的部分记录

使用 TOP n [PERCENT][WITH TIES]可以返回结果集中的前 n 行或前百分之 n 行的数据。当使用 TOP n 时，n 是介于 0～4294967295 之间的整数；当使用 TOP n PERCENT 时，n 是介于 0～100 之间的数。

【例 4-17】 查询 student 表中前 3 行学生信息。

```
SELECT TOP 3 *  FROM student
```

查询结果如图 4-12 所示。

结果 消息

	Sno	Sname	Ssex	Sclass	Sbirthday	Snation	Sregions	Sentergrade
1	0901100101	赵春	女	营销091	1993-06-15 00:00:00.000	汉族	辽宁	582
2	0901100103	赵刚	男	营销091	1993-06-16 00:00:00.000	土家族	辽宁	501
3	0901100104	杨雨	男	营销091	1993-06-17 00:00:00.000	汉族	辽宁	574

图 4-12 查询 student 表中前 3 行学生信息

【例 4-18】 查询 student 表中前 10%行学生的学号(sno)，姓名(sname)，性别(ssex)和

班级(sclass)。

```
SELECT TOP 10 PERCENT sno,sname,ssex,sclass
FROM student
```

WITH TIES 必须与 ORDER BY 排序子句一起使用,输出排序后的部分记录。当排序结果的末尾处有并列项时,使用 WITH TIES 包含并列项,否则不包含并列项。具体实例见 ORDER BY 排序子句处内容。

4.2.1.2　条件查询

条件查询是对记录进行筛选,实际上是对关系的“选择”操作。SELECT 语句中通过 WHERE 子句设置查询的条件,查询条件由一个或多个表达式组成。当表达式的返回值为 TRUE 时表明满足查询条件,这样的记录才会显示在结果集中;当表达式的返回值为 FALSE 时表明不满足查询条件,这样的记录将被过滤掉。

查询条件中可以包含多种运算符或关键字,下面分别进行介绍。

(1) 比较运算符

比较运算符是 WHERE 子句中最常用的一种运算符,用于对两个表达式的值进行比较。常用的比较运算符如表 4-1 所示。

表 4-1　　比较运算符

运算符	含义	运算符	含义	运算符	含义
=	等号	<>	不等于	！=	不等于
<	小于	<=	小于等于	!<	不小于
>	大于	>=	大于等于	!>	不大于

【例 4-19】 查询 student 表中入学成绩大于等于 560 分的学生姓名(sname),班级(sclass)和入学成绩(sentergrade)。

```
SELECT sname,sclass,sentergrade
FROM student
WHERE sentergrade> =560
```

查询结果如图 4-13 所示。

【例 4-20】 查询 student 表中所有男生的学号(sno),姓名(sname)和性别(ssex)。

```
SELECT sno,sname,ssex
FROM student
WHERE ssex='男'
```

查询结果如图 4-14 所示。

(2) 逻辑运算符

当 WHERE 子句需要指定一个以上的查询条件时,则需要使用逻辑运算符将多个表达式连接起来组成多条件的查询语句。常用的逻辑运算符有 3 个,如表 4-2 所示。

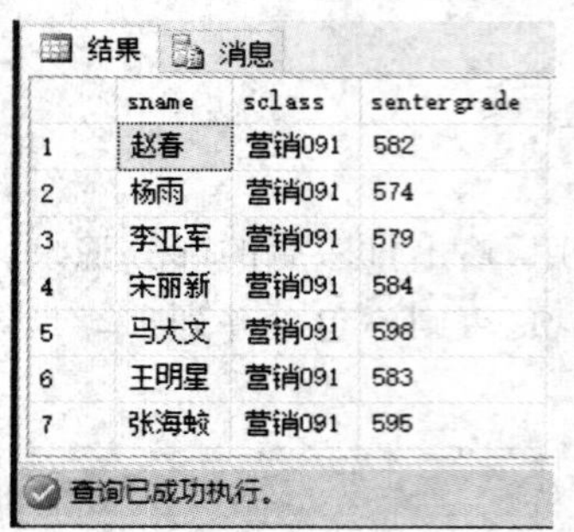

结果 消息

	sname	sclass	sentergrade
1	赵春	营销091	582
2	杨雨	营销091	574
3	李亚军	营销091	579
4	宋丽新	营销091	584
5	马大文	营销091	598
6	王明星	营销091	583
7	张海蛟	营销091	595

查询已成功执行。

图 4-13　入学成绩多于等于 560 分信息

结果 消息

	sno	sname	ssex
1	0901100103	赵刚	男
2	0901100104	杨雨	男
3	0901100106	杨旭枫	男
4	0901100107	李亚军	男
5	0901100109	宋丽新	男
6	0901100110	张禹	男
7	0901100114	王宇畅	男

查询已成功执行。

图 4-14　查询男生的信息

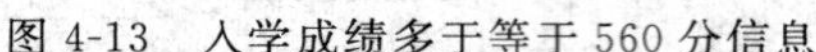

表 4-2　　**常用逻辑运算符**

运算符	含　义
AND	同时满足两个条件表达式,结果才为 TRUE
OR	只要满足一个条件表达式,结果就为 TRUE
NOT	对条件表达式的结果取反

当查询条件中有多个逻辑运算符时,优先级别从高到低依次是 NOT、AND、OR。

【例 4-21】　查询 student 表中所有男生且入学成绩(sentergrade)大于等于 560 分学生的姓名(sname)、性别(ssex)和入学成绩(sentergrade)。

```
SELECT sname,ssex,sentergrade
FROM student
WHERE ssex='男' AND sentergrade> =560
```

查询结果如图 4-15 所示。

【例 4-22】　查询 grade 表中成绩(scgrade)有不及格的学生的学号(sno)。

```
SELECT DISTINCT sno
FROM grade
WHERE scgrade<60
```

在这里使用了 DISTINCT 关键字,当一个学生有多门课程不及格时,他的学号也只列出一次。查询结果如图 4-16 所示。

结果 消息

	sname	ssex	sentergrade
1	杨雨	男	574
2	李亚军	男	579
3	宋丽新	男	584
4	马大文	男	598
5	王明星	男	583
6	张海蛟	男	595
7	李孝松	男	560

查询已成功执行。

图 4-15　入学成绩多于 560 分的男生信息

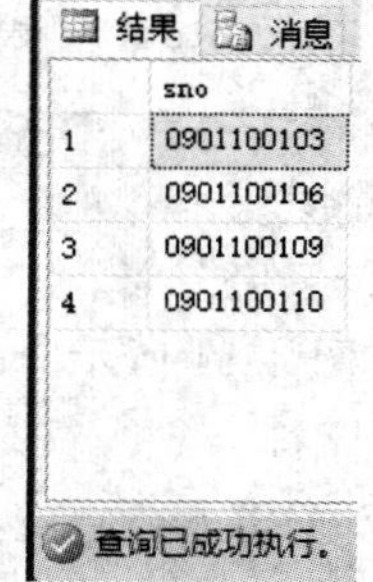

结果 消息

	sno
1	0901100103
2	0901100106
3	0901100109
4	0901100110

查询已成功执行。

图 4-16　查询不及格学生

(3) 确定范围

语句 BETWEEN…AND…和 NOT BETWEEN…AND…可用来查找属性值在或不在指定范围内的记录。其语法格式如下：

[NOT] BETWEEN <expression1> AND <expression2>

[语法说明]：

① 不使用 NOT 时，当表达式的值在 expression1 和 expression2 之间时，返回 TRUE，否则返回 FALSE。使用 NOT 时情况相反。

② expression1 的值要小于 expression2 的值。

【例 4-23】 查询 student 表中入学成绩(sentergrade)介于 580～600 分的学生信息。

```
SELECT *
FROM student
WHERE sentergrade BETWEEN 580 AND 600
```

查询结果如图 4-17 所示。

结果 消息

	Sno	Sname	Ssex	Sclass	Sbirthday	Snation	Sregions	Sentergrade
1	0901100101	赵春	女	营销091	1993-06-15 00:00:00.000	汉族	辽宁	582
2	0901100109	宋丽新	男	营销091	1993-06-20 00:00:00.000	汉族	辽宁	584
3	0901100115	马大文	男	营销091	1993-06-23 00:00:00.000	汉族	辽宁	598
4	0901100118	王明星	男	营销091	1993-06-24 00:00:00.000	汉族	辽宁	583
5	0901100124	张海蛟	男	营销091	1993-06-25 00:00:00.000	汉族	内蒙古	595
6	0901100218	赵立春	男	营销092	1993-07-09 00:00:00.000	汉族	黑龙江	582
7	0901100318	李怀林	男	营销093	1993-07-19 00:00:00.000	布依族	辽宁	593

查询已成功执行。

图 4-17　入学成绩介于 580～600 分的学生信息

BETWEEN…AND…关键字的效果与用 AND 连接两个关系表达式的效果相同。例 4-23 也可以用下列语句实现，查询结果相同。

```
SELECT *
FROM student
WHERE sentergrade> =580 AND sentergrade <=600
```

【例 4-24】 查询 student 表中入学成绩(sentergrade)不介于 580～600 分的学生信息。

```
SELECT *
FROM student
WHERE sentergrade NOT BETWEEN 580 AND 600
```

(4) 确定集合

这里所说的集合是相同类型的常量所组成的集合。IN 用来表示描述属性值属于指定的集合，NOT IN 则描述属性值不属于指定的集合。其语法格式如下：

[NOT] IN (<expression>[,…n])

[语法说明]：

不使用 NOT 时，当属性值在指定集合中返回 TRUE，否则返回 FALSE。使用 NOT 时情况相反。

【例 4-25】 查询 student 表中“地理 091”和“营销 093”班学生信息。

```
SELECT *
FROM student
WHERE sclass in('地理 091','营销 093')
```

查询结果如图 4-18 所示。

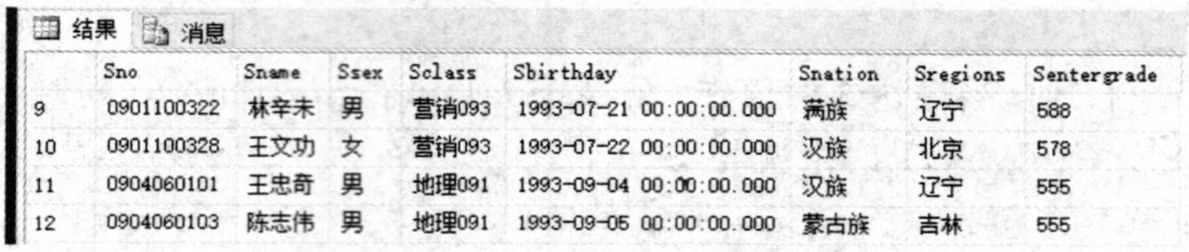

	Sno	Sname	Ssex	Sclass	Sbirthday	Snation	Sregions	Sentergrade
9	0901100322	林辛未	男	营销093	1993-07-21 00:00:00.000	满族	辽宁	588
10	0901100328	王文功	女	营销093	1993-07-22 00:00:00.000	汉族	北京	578
11	0904060101	王忠奇	男	地理091	1993-09-04 00:00:00.000	汉族	辽宁	555
12	0904060103	陈志伟	男	地理091	1993-09-05 00:00:00.000	蒙古族	吉林	555

图 4-18 “地理 091”和“营销 093”班学生信息

使用 IN 关键字的效果与用 OR 连接两个关系表达式的效果相同。例 4-25 也可以用下列语句实现,查询结果相同。

```
SELECT *
FROM student
WHERE sclass='地理 091' OR sclass='营销 093'
```

(5) 部分匹配查询

上面所述例子均属于完全匹配查询,当在查询字符信息时不知道完全精确的值时,用户还可以使用 LIKE 或 NOT LIKE 进行部分匹配查询。部分匹配查询又称模糊查询,LIKE 关键字用于判断表达式的值是否与一个指定的字符模式相匹配,语法格式如下:

[NOT] LIKE <pattern>

[语法说明]:

① LIKE 主要用于进行字符串匹配。

② pattern 字符模式,可以使用通配符。SQL Server 提供了 4 种通配符,如表 4-3 所示。

表 4-3　LIKE 通配符

运算符	含　义
%	代表任意多个字符
_	代表任意一个字符
[ ]	代表方括号中列出的任意一个字符
[^]	代表任意一个不在方括号中的字符

③ 不使用 NOT 时,当表达式的值与字符模式相匹配时返回 TRUE;否则返回 FALSE。使用 NOT 时情况与此相反。

【例 4-26】 查询 student 表中所有姓李的学生的姓名(sname)、性别(ssex)和班级(sclass)。

```
SELECT sname,ssex,sclass
FROM student
WHERE sname like '李%'
```

查询结果如图 4-19 所示。

【例 4-27】　查询 student 表中所有姓李且全名最多为 2 个汉字的学生的姓名(sname)。

```
SELECT sname
FROM student
WHERE sname like '李_'
```

在这里需要说明的是:通配符“_”既可以表示一个汉字也可以表示一个字符。

查询结果如图 4-20 所示。

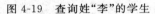

结果 | 消息

	sname	ssex	sclass
1	李亚军	男	营销091
2	李孝松	男	营销091
3	李伟标	男	营销092
4	李佳辉	男	营销093
5	李怀林	男	营销093

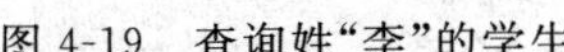

图 4-19　查询姓“李”的学生

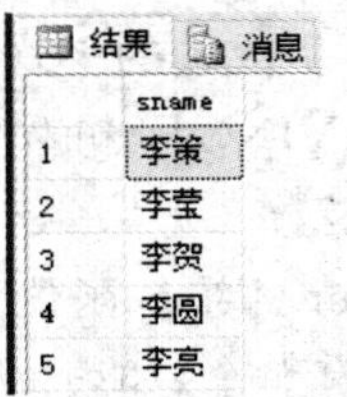

结果 | 消息

	sname
1	李策
2	李莹
3	李贺
4	李圆
5	李亮

图 4-20　姓名为李 X 的学生

【例 4-28】　查询 student 表中学号以“090110011”“090110012”开头的学生的学号(sno)、姓名(sname)和班级(sclass)。

```
SELECT sno,sname, sclass
FROM student
WHERE sno like '09011001[12]%'
```

查询结果如图 4-21 所示。

(6) 空值查询

“空(NULL)”值不同于零和空格,它不占任何存储空间,只是一个特殊的符号 NULL。一个列值是否允许为空,需要在建立表结构时设置。当需要判断列值是否为空值时,可以使用 IS NULL 关键字,语法格式如下:

IS [NOT] NULL

[*语法说明*]:

当列值为空时,IS NULL 返回值为 TRUE,IS NOT NULL 返回值为 FALSE。

【例 4-29】　查询 course 表中课程名称(cname)值为空的课程信息。

```
SELECT *
FROM course
WHERE cname IS NULL
```

需要注意的是,查询空值时要使用“IS NULL”,而“=NULL”是无效的。因为空值不是一个确定的值,所以不能用“=”这样的运算符进行比较。

查询结果如图 4-22 所示。

4.2.1.3　查询结果的分组统计

在实际应用中,经常需要对数据表中的数据进行统计,如统计学生入学成绩平均分,查询某名学生选修课程门数等。有时还需要对数据进行分组统计,如统计每个班级的学生人

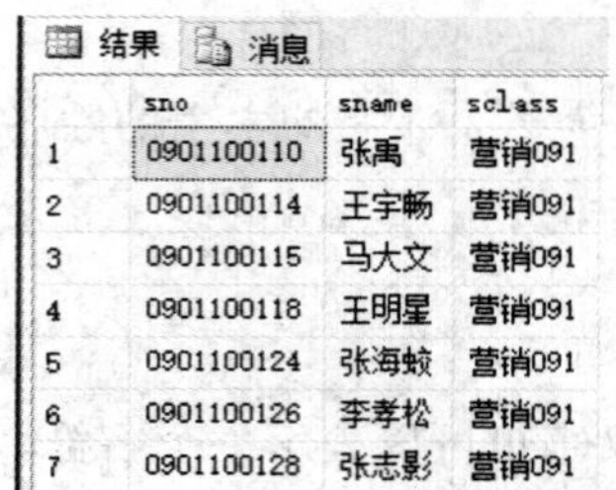

	sno	sname	sclass
1	0901100110	张禹	营销091
2	0901100114	王宇畅	营销091
3	0901100115	马大文	营销091
4	0901100118	王明星	营销091
5	0901100124	张海蛟	营销091
6	0901100126	李孝松	营销091
7	0901100128	张志影	营销091

图 4-21　查询指定学号学生信息

	Cno	Cname	Ccredit
1	140103	NULL	3

图 4-22　查询空值

数,查询每名学生成绩的平均分等。SELECT 语句中通过 GROUP BY 子句对数据进行分组,并使用 HAVING 子句对分组的结果进行筛选。

(1) 统计函数

SQL Server 的统计函数又称聚合函数,可以对一组值执行计算,并且返回单个值。常用的统计函数有 5 个,如表 4-4 所示。

表 4-4　　常用的统计函数

统计函数	含　义
COUNT	计数,返回满足条件的记录个数
AVG	按列计算平均值
SUM	按列计算值的总和
MAX	返回一列中的最大值
MIN	返回一列中的最小值

在上表的统计函数中,除了 COUNT 函数之外,其他的统计函数都忽略空值。

【例 4-30】 查询 student 表中学生的总人数。

```
SELECT COUNT(* )AS 人数
FROM student
```

查询结果如图 4-23 所示。

COUNT(*)可以返回结果集中的记录个数,即行数,包括重复的行和空值的行。COUNT(表达式)可以返回表达式的非空值的数目,这些值可以是重复的。如果想将重复项只统计 1 次,可以使用 DISTINCT 关键字。

【例 4-31】 查询 student 表中学生来自多少个班级。

```
SELECT COUNT(DISTINCT sclass)AS 班级个数
FROM student
```

查询结果如图 4-24 所示。

	人数
1	353

图 4-23　student 表总人数

	班级个数
1	25

图 4-24　student 表中班级个数

【例 4-32】　查询 grade 表中学号为"0901100109"学生的成绩(scgrade)总分、平均分及最高分。

```
SELECT SUM(scgrade)AS 总分,AVG(scgrade)AS 平均分,MAX(scgrade)AS 最高分
FROM grade
WHERE sno='0901100109'
```

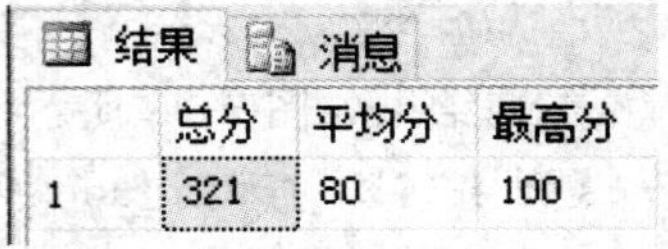

图 4-25　学号为 0901100109 学生的成绩统计

查询结果如图 4-25 所示。

需要说明的是,在出现统计函数进行分组查询的查询语句中,其 SELECT 后的选择列表只能包含如下内容:

① 常量

② 统计函数

③ GROUP BY 子句中的内容

④ 包含上面内容的表达式

所以在上面例 4-32 查询中,若写成如下形式:

```
SELECT sno ,SUM(scgrade)AS 总分,AVG(scgrade)AS 平均分,MAX(scgrade)AS 最高分
FROM grade
WHERE sno='0901100109'
```

在 SQL Server 环境中执行后就会出现如下错误提示,如图 4-26 所示。

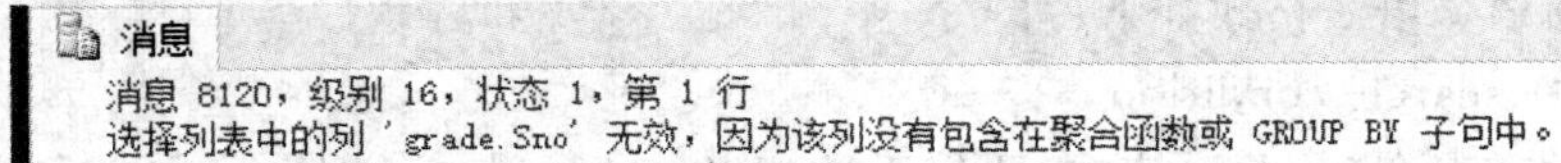

图 4-26　SELECT 后列表中出现不该出现内容时的错误提示

但可以写成如下形式:

```
SELECT '学号为 0901100109 学生的:', SUM(scgrade)AS 总分,AVG(scgrade)AS 平均分,MAX(scgrade)最高分
FROM grade
WHERE sno='0901100109'
```

查询结果如图 4-27 所示。

结果　消息

	(无列名)	总分	平均分	最高分
1	学号为0901100109学生的:	321	80	100

图 4-27　SELECT 后列表中可出现常量

(2) 分组统计

GROUP BY 子句可以实现数据分组,语法格式如下:

GROUP BY group_by_expression

分组表达式值相同的记录组成一个组,分组后就可以对每组数据进行分别统计了。

【例 4-33】　查询 student 表中每个班级的学生人数,要求显示班级(sclass),人数。

```
SELECT sclass,COUNT(* )AS 人数
FROM student
GROUP BY sclass
```

查询结果如图 4-28 所示。

【例 4-34】 查询 grade 表中每门课程的成绩平均分。

```
SELECT cno,AVG(scgrade)AS 平均分
FROM grade
GROUP BY cno
```

查询结果如图 4-29 所示。

结果 消息

	sclass	人数
1	材料091	11
2	材料092	19
3	材料093	18
4	材料094	15
5	地理091	10

图 4-28　统计各班级人数

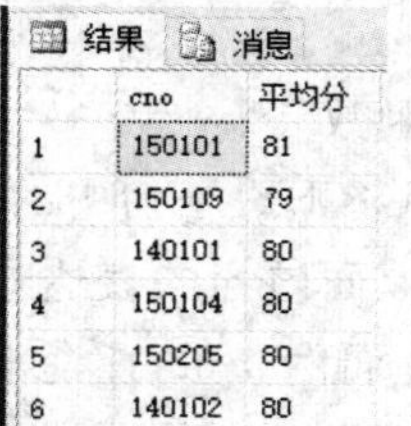

结果 消息

	cno	平均分
1	150101	81
2	150109	79
3	140101	80
4	150104	80
5	150205	80
6	140102	80

图 4-29　每门课程成绩平均分

(3) 对分组统计结果的筛选

在完成数据结果的查询和统计后，可以使用 HAVING 关键字对查询和统计的结果进行进一步的筛选。语法格式如下：

HAVING search_condition

【例 4-35】 查询 student 表中，班级人数超过 18(包含 18)人的班级(sclass)人数及入学成绩(sentergrade)平均分。

```
SELECT sclass,COUNT(* )AS 人数,AVG(sentergrade)AS 平均分
FROM student
GROUP BY sclass
HAVING COUNT(*)>=18
```

该语句在执行过程中，首先对查询结果按班级分组，每个班级的记录为一组，然后对每一组用统计函数 COUNT 计算，以求得该组的学生人数。最后利用 HAVING 语句进行筛选，对每组中人数多于 18 人的班级，计算入学成绩平均分。查询结果如图 4-30 所示。

需要注意的是，当在一个 SQL Server 查询中同时使用 WHERE、GROUP BY 和 HAVING 子句时，其语句执行顺序是 WHERE、GROUP BY、HAVING。WHERE 和 HAVING 的根本区别在于作用对象不同。

① WHERE 作用于基本表或视图，从中选择满足条件的记录。

② HAVING 作用于组，选择满足条件的组，必须与 GROUP BY 子句一起使用。

【例 4-36】 在 grade 表里查询选修了课程号(cno)为“150204”和“150205”且平均成绩(scgrade)在 80 分及以上学生的学号(sno)和平均成绩。

```
SELECT sno,AVG(scgrade)AS 平均成绩
FROM grade
```

```
WHERE cno IN('150204','150205')
GROUP BY sno
HAVING AVG(scgrade)>=80
```

查询结果如图 4-31 所示。

	sclass	人数	平均分
1	材料092	19	537
2	材料093	18	548
3	机械091	18	551
4	营销094	18	550

图 4-30　多于 18 人班级学生的入学成绩平均分

	sno	平均成绩
1	0901100103	89
2	0901100109	91
3	0901100118	93
4	0901100209	82
5	0901100212	80
6	0901100214	85

图 4-31　WHERE 和 HAVING 均有示例

4.2.1.4　查询结果的排序

SELECT 语句中通过 ORDER BY 子句对查询结果进行排序，语法格式如下：

ORDR BY order_expression[ASC|DESC][,…n]

[语法说明]：

对查询结果进行排序。可以指定多个排序字段，默认的排序方式是升序即 ASC，可省略，DESC 表示降序。当有多个排序字段时，对第一个字段值相同的记录，再按第二个字段继续排序，依次类推。

【例 4-37】 查询 course 表中所有课程的信息，要求查询结果按学分(ccredit)降序排序，学分相同按课程号(cno)升序排序。

```
SELECT *
FROM course
Order by ccredit desc,cno
```

查询结果如图 4-32 所示。

ORDER BY 子句常与 TOP n 关键字一起使用，输出排序后的部分记录。

【例 4-38】 查询 student 表中入学成绩(sentergrade)最高的前 3 名学生的学号(sno)、姓名(sname)、入学成绩(sentergrade)。

```
SELECT TOP 3 sno,sname,sentergrade
FROM student
ORDER BY sentergrade DESC
```

查询结果如图 4-33 所示。

	Cno	Cname	Ccredit
1	140101	高等数学	5
2	140102	大学物理	5
3	150108	C语言程序设计基础	5
4	150206	数据通信	4
5	140103	NULL	3

图 4-32　对 course 表多重排序

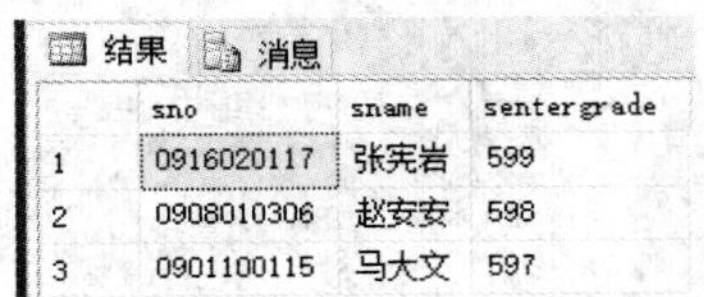

	sno	sname	sentergrade
1	0916020117	张宪岩	599
2	0908010306	赵安安	598
3	0901100115	马大文	597

图 4-33　入学成绩前 3 名学生信息

当排序结果的末尾处有并列项时,如还有其他同学的入学成绩也是597,与第3名马大文的成绩相同,就可以使用WITH TIES包含并列项,语句如下,查询结果如图4-34所示。

```
SELECT TOP 3 WITH TIES sno,sname,sentergrade
FROM student
ORDER BY sentergrade DESC
```

【例4-39】 查询student表中,班级人数超过18(包含18)人的班级(sclass)人数及入学成绩(sentergrade)平均分,并按平均分降序排列。

```
SELECT sclass,COUNT(* )AS 人数,AVG(sentergrade)AS 平均分
FROM student
GROUP BY sclass
HAVING COUNT(*)>=18
ORDER BY 3 DESC
```

在这里需要说明的是,当在ORDER BY之后出现用统计函数进行排序时,除了可以用函数之外,还可以用数字或者是别名标识。其中数字指的是要排序的函数在SELECT后排的数字位置,如在此例中出现的ORDER BY 3,3表示的就是该函数在SELECT子句中排在第3个位置。最后一条语句也可以调换成:ORDER BY 平均分,查询结果如图4-35所示。

结果 消息

	sno	sname	sentergrade
1	0916020117	张宪岩	599
2	0908010306	赵安安	598
3	0901100126	李孝松	597
4	0901100115	马大文	597
5	0901110202	杨俊楠	597

图4-34 排序包含并列项

结果 消息

	sclass	人数	平均分
1	机械091	18	551
2	营销094	18	550
3	材料093	18	548
4	材料092	19	537

图4-35 ORDER BY子句后出现函数的实现方法

4.2.1.5 由查询结果生成新表

SELECT语句中的INTO子句用于将查询的结果保存到新表中。新表的结构由SELECT语句中结果集中的列所决定,新表的数据就是SELECT语句的查询结果。若查询结果为空,则新表是只包含结构而不包含数据的空表。

【例4-40】 将student表中所有女生的信息保存到新表female中。

```
Select *  into female
From student
Where ssex='女'
```

该语句的执行结果将生成新表female,female表中保存着所有女生的信息,如图4-36所示。

Sno	Sname	Ssex	Sclass	Sbirthday	Snation	Sregions	Sentergrade
0901100101	alice	女	营销091	1993-06-15 0...	汉族	辽宁	582
0901100209	张楠	女	营销092	1993-07-03 0...	维吾尔族	辽宁	544
0901100212	赵兴美	女	营销092	1993-07-05 0...	汉族	辽宁	504
0901100328	王文功	女	营销093	1993-07-22 0...	汉族	北京	578

图4-36 female表中数据

4.2.1.6　查询结果的集合运算

如果有多个不同的查询结果集，又希望将它们按照一定的关系连接在一起，组成一组数据，这时可以用集合运算来实现，这也是关系代数中集合运算的具体实现。在 T-SQL 语句中，传统的集合运算并、交、差所对应的运算符分别是 UNION、INTERSECT、EXCEPT。查询结果的集合运算语法格式如下：

```
SELECT…UNION|INTERSECT|EXCEPT
SELECT…
```

能够进行集合运算的 SELECT 语句的结果集必须具有相同的结构，即列数相同且各列的数据类型要兼容。

(1) 集合并运算

集合并运算可将多个 SELECT 语句的结果集进行合并，并去除重复的记录，形成一个新的结果集。

【例 4-41】　查询 grade 表中选修了 150207 和 150208 课程的学生的学号(sno)。

```
SELECT sno
FROM grade
WHERE cno='150207'
UNION
SELECT sno
FROM grade
WHERE cno='150208'
```

选修了 150207 以及 150208 课程的学生学号分别如图 4-37，图 4-38 所示，故例 4-39 的查询结果如图 4-39 所示。

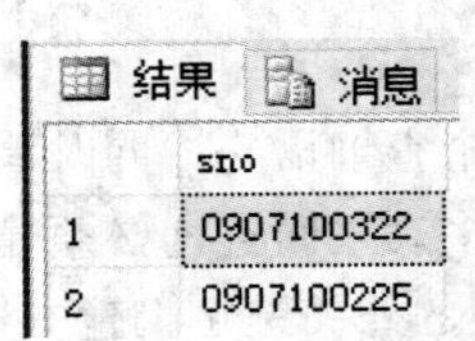

	sno
1	0907100322
2	0907100225

图 4-37　选修 150207 的学生

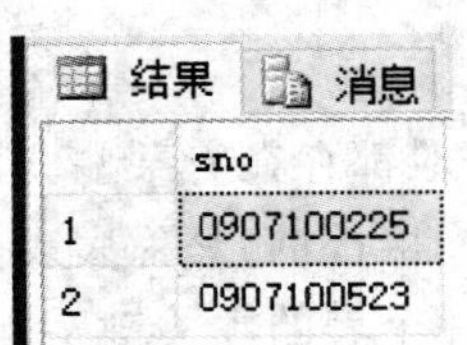

	sno
1	0907100225
2	0907100523

图 4-38　选修 150208 的学生

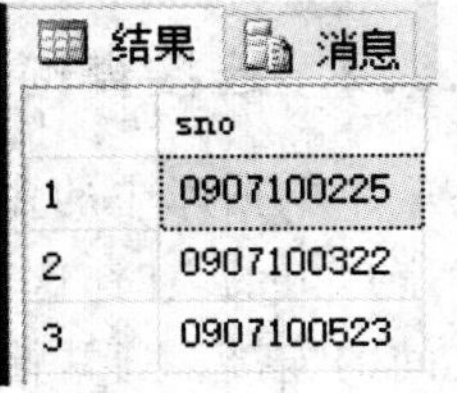

	sno
1	0907100225
2	0907100322
3	0907100523

图 4-39　集合并运算

(2) 集合交运算

集合交运算可将多个 SELECT 语句的结果集中共有的记录组合起来，并去除重复项，形成一个新的结果集。

【例 4-42】　查询 grade 表中既选修了“150207”课程，又选修了“150208”课程的学生学号(sno)。

```
SELECT sno
FROM grade
WHERE cno='150207'
INTERSECT
```

```
SELECT sno
FROM grade
WHERE cno='150208'
```

查询结果如图 4-40 所示。

(3) 集合差运算

集合差运算是将属于运算符左侧结果集,但不属于运算符右侧结果集的记录组成一个新的结果集。

【例 4-43】 查询 grade 表中选修了"150207"课程,但没有选修"150208"课程的学生学号(sno)。

```
SELECT sno
FROM grade
WHERE cno='150207'
EXCEPT
SELECT sno
FROM grade
WHERE cno='150208'
```

查询结果如图 4-41 所示。

图 4-40 集合交运算

图 4-41 集合差运算

4.2.2 连接查询

在一个数据库中的多个表之间一般都存在着某些联系。若一个查询语句中同时涉及两个或两个以上的表时,这种查询称为连接查询,又称多表查询。在多表之间查询必须建立表与表之间的连接。通常情况下,是在一个表的主关键字与另一个表的外关键字上建立连接,如 student 表的 sno 与 grade 表的 sno。主关键字与外关键字的名称可以不同,但数据类型需兼容。

在简单查询中,所有的列都来自同一个表,故不用特别说明。但是在连接查询中,有的列如 sno,student 表和 grade 表中都有,引用时就必须用表名前缀,即"表名.列名"形式来确切说明所指列来源于哪个表,以避免二义性。对于其他列诸如 sname,sclass 等仅在一个表中出现,在查询中直接引用即可。

连接查询根据连接方式的不同,可分为内连接查询、外连接查询和交叉连接查询。

4.2.2.1 内连接查询

内连接查询是多表连接查询中使用频率最高的查询方式,将返回多个表中完全符合连接条件的记录。连接查询与从一个表中查询数据的简单查询在 SELECT 语句格式上的不同,主要体现在 FROM 子句上。内连接查询的 FROM 子句语法格式如下:

```
FROM <table1_source> [INNER] JOIN <table2_source>
ON <search_condition>
```

[语法说明]:

① JOIN 关键字用于表示连接;INNER 表示连接类型是内连接,内连接是默认的连接类型,故 INNER 可省略。

② ON 关键字用于指定连接条件。

【例 4-44】 查询所有选修了课程的学生信息与成绩信息。

```
SELECT student.* ,grade.*
FROM student JOIN grade
ON student.sno=grade.sno
```

SQL Server 执行该连接操作的过程是:首先在表 student 中找到第一条记录,然后从头开始扫描 grade 表,逐一查找与 student 表第一条记录的 sno 相等的 grade 表的记录,找到后将 student 表中的第一条记录与该记录连接起来,形成结果集中的一条记录。grade 表全部查找完后,再找 student 表中的第二条记录,然后再从头开始扫描 grade 表,逐一查找满足连接条件的记录,找到后再将 student 表中的第二条记录与该记录连接起来,形成结果表中的一条记录。重复上述操作,直到 student 表中的全部记录都处理完毕。查询结果如图4-42 所示。

结果　消息

	Sno	Sname	Ssex	Sclass	Sbirthday	Snation	Sregions	Sentergrade	Sno	Cno	SCgrade
1	0901100103	赵刚	男	营销091	1993-06-16 00:00:00.000	土家族	辽宁	501	0901100103	150104	89
2	0901100103	赵刚	男	营销091	1993-06-16 00:00:00.000	土家族	辽宁	501	0901100103	150205	56
3	0901100103	赵刚	男	营销091	1993-06-16 00:00:00.000	土家族	辽宁	501	0901100103	150204	89
4	0901100103	赵刚	男	营销091	1993-06-16 00:00:00.000	土家族	辽宁	501	0901100103	150108	42
5	0901100104	杨雨	男	营销091	1993-06-17 00:00:00.000	汉族	辽宁	574	0901100104	150205	74
6	0901100104	杨雨	男	营销091	1993-06-17 00:00:00.000	汉族	辽宁	574	0901100104	140102	77

图 4-42　选修课程的学生成绩信息

【例 4-45】 查询“赵刚”选修的所有课的成绩,要求显示该生的学号(sno),姓名(sname),班级(sclass),课程号(cno)和成绩(scgrade)。

```
SELECT student.sno,sname,sclass,cno, scgrade
FROM student JOIN grade
On student.sno=grade.sno
WHERE sname='赵刚'
```

查询结果如图 4-43 所示。

【例 4-46】 查询选修了“高等数学”课程的所有学生的成绩。要求显示姓名(sname),班级(sclass),课程名称(cname),成绩(scgrade)。

```
SELECT sname,sclass,cname, scgrade
FROM student JOIN grade
ON student.sno=grade.sno
JOIN course
ON course.cno=grade.cno
WHERE cname='高等数学'
```

或

```
SELECT sname,sclass,cname, scgrade
FROM student JOIN (grade JOIN course
             ON grade.cno=course.cno)
ON student.sno=grade.sno
WHERE cname='高等数学'
```

此例中的查询属于 3 表连接查询,可以用以上两种方式实现,查询结果如图 4-44 所示。

结果 消息

	sno	sname	sclass	cno	scgrade
1	0901100103	赵刚	营销091	150104	89
2	0901100103	赵刚	营销091	150205	56
3	0901100103	赵刚	营销091	150204	89
4	0901100103	赵刚	营销091	150108	42

图 4-43　赵刚选修的所有课成绩

结果 消息

	sname	sclass	cname	scgrade
1	杨雨	营销091	高等数学	92
2	杨旭枫	营销091	高等数学	78
3	李亚军	营销091	高等数学	66
4	马大文	营销091	高等数学	84
5	张海蛟	营销091	高等数学	70
6	刘凡	营销092	高等数学	89
7	宋春思	营销093	高等数学	80
8	王博钊	营销093	高等数学	81
9	王文功	营销093	高等数学	97
10	宋以飞	营销094	高等数学	81

图 4-44　三表连接查询

内连接查询有一种特殊情况,称为自连接查询,即表与自身进行内连接。自连接查询仅涉及一个表,但可通过连接对表中的不同记录进行比较。自连接查询的 FROM 子句语法格式如下:

```
FROM <table_source> as <alien_name> [INNER] JOIN <table_source> as <alien_name>
ON <search_condition>
```

[语法说明]:

as <alien_name>、as <alien_name>表示为表指定不同的别名。

【例 4-47】 比较“0901100103”,“0901100104”两名同学选修相同课程的成绩情况。

```
SELECT A.sno,A.cno,A.scgrade,B.sno,B.cno,B.scgrade
FROM grade as A JOIN grade as B
ON A.cno=B.cno
WHEREA.sno='0901100103'AND B.sno='0901100104'
```

查询结果如图 4-45 所示。

结果 消息

	sno	cno	scgrade	sno	cno	scgrade
1	0901100103	150205	56	0901100104	150205	74
2	0901100103	150204	89	0901100104	150204	74

图 4-45　两名学生选修相同课程成绩的比较

4.2.2.2　外连接查询

在外连接中，不仅包含满足连接条件的记录，而且某些不满足条件的记录也会出现在结果集中。也就是说，外连接只限制其中一个表的记录，而不限制另外一个表的记录。外连接查询与表在 SELECT 语句中出现的顺序有关，可分为左外连接、右外连接、完全外连接查询。外连接只能用于两个表中，它的 FROM 子句语法格式如下：

```
FROM <table1_source>
LEFT|RIGHT|FULL[OUTER] JOIN <table2_source>
ON <search_condition>
```

[语法说明]：

① OUTER 表示连接类型是外连接，OUTER 可省略

② LEFT JOIN 表示左外连接，对连接条件左边的表不加限制。结果集中包括 JOIN 左侧表中的所有记录以及 JOIN 右侧表中满足连接条件的记录。对于不满足条件记录的相应列取值为 NULL。

③ RIGHT JOIN 表示右外连接，是对连接条件右边的表不加限制。结果集中包括 JOIN 右侧表中的所有记录以及 JOIN 左侧表中满足连接条件的记录。对于不满足条件记录的相应列取值为 NULL。

④ FULL JOIN 表示完全外连接，是对连接条件的两个表都不加限制。结果集中包括 JOIN 左侧、右侧表中的所有记录，而不管其是否满足连接条件。对于不满足条件记录的相应列取值为 NULL。

【例 4-48】 查询每个学生的学号(sno)，姓名(sname)，课程号(cno)及成绩(scgrade)，含未选课程的学生信息。

```
SELECT student.sno,sname,cno,scgrade
FROM student LEFT JOIN grade
On student.sno=grade.sno
```

查询结果如图 4-46 所示。

由图 4-46 可知，未选修课程的学生信息也包含在结果集中，如王一，该记录所对应的课程号和成绩列的值显示为 NULL。

若交换例 4-48 中 JOIN 左右两侧的表名，则 LEFT OUTER JOIN 应改为 RIGHT OUTER JOIN，即可以用下列语句实现，查询结果相同。

```
SELECT student.sno,sname,cno,scgrade
FROM grade RIGHT JOIN student
On student.sno=grade.sno
```

4.2.2.3　交叉连接查询

交叉连接查询在实际应用中并不常见，因其返回连接表中所有记录的笛卡儿积，故又将其称为笛卡儿积。交叉连接查询结果集中的记录数是参与连接的两表记录数的乘积，表示所有记录的组合情况。交叉连接查询的 SELECT 语句中没有 WHERE 子句。它的 FROM 子句语法格式如下：

```
FROM <table1_source>
```

```
CROSS JOIN <table2_source>
```

其中 CROSS JOIN 表示交叉连接。

【例 4-49】 查询所有学生可能的选课情况,显示学号(sno),姓名(sname),课程号(cno),课程名称(cname)。

```
SELECT sno,sname,cno,cname
FROM student CROSS JOIN course
```

查询结果如图 4-47 所示。

结果 | 消息

	sno	sname	cno	scgrade
1	0901100101	王一	NULL	NULL
2	0901100103	赵刚	150104	89
3	0901100103	赵刚	150205	56
4	0901100103	赵刚	150204	89
5	0901100103	赵刚	150108	42
6	0901100104	杨雨	150205	74

图 4-46　所有学生成绩信息

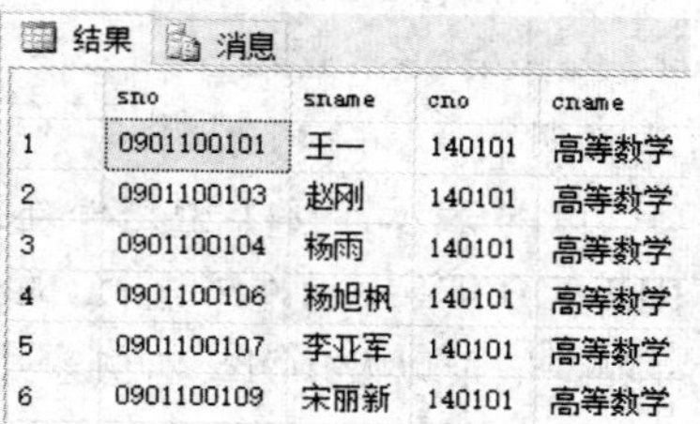

结果 | 消息

	sno	sname	cno	cname
1	0901100101	王一	140101	高等数学
2	0901100103	赵刚	140101	高等数学
3	0901100104	杨雨	140101	高等数学
4	0901100106	杨旭枫	140101	高等数学
5	0901100107	李亚军	140101	高等数学
6	0901100109	宋丽新	140101	高等数学

图 4-47　两个表的交叉连接

4.2.3　子查询

在 SQL 语言中,一个 SELECT…FROM…WHERE 语句称为一个查询块。子查询是指在一个 SELECT 查询语句中包含另一个 SELECT 查询语句,即将一个查询块嵌套在另一个查询块的 WHERE 子句或 HAVING 短语的条件中的查询,故又称为嵌套查询。在本书中介只绍嵌套在 WHERE 子句中的嵌套查询。

处于内层的查询称为子查询或内查询,处于外层的查询称为父查询或外查询。在子查询的 SELECT 语句不能使用 ORDER BY 子句,即 ORDER BY 子句只能对最终查询结果排序。子查询的 SELECT 语句必须放在括号(　)中。

根据子查询与父查询之间是否存在依赖关系,子查询可分为无关子查询与相关子查询。

4.2.3.1　无关子查询

无关子查询的执行不依赖于父查询。它的执行过程是:首先执行子查询语句,将得到的子查询结果集传递给父查询语句使用,无关子查询中的语句对父查询没有任何影响。无关子查询的结果集可能是单个值,也可能是一个集合。若子查询的结果集是单个值,可应用于表 4-1 中的比较运算符进行比较,若子查询的结果集是一个集合,需应用集合运算符。常用的集合运算符有 3 个,如表 4-5 所示。

表 4-5　　**集合运算符**

运算符	含　义
IN	若表达式的值在一个给定的值列表中,结果才为 TRUE
ALL	若一系列的比较都为 TRUE,结果才为 TRUE
ANY	若一系列的比较中有任意一个为 TRUE,结果就为 TRUE

【例 4-50】 查询与“赵刚”同一个班级的学生的学号(sno),姓名(sname)和班级(sclass)。

要完成此查询,首先需查询“赵刚”同学所在的班级。

```
SELECT sclass
FROM student
WHERE sname='赵刚'
```

查询结果为“营销 091”班,接下来查询“营销 091”班学生的上述信息。

```
SELECT sno,sname,sclass
FROM student
WHERE sclass='营销 091'
```

将第一步查询嵌入到第二步查询的条件中,构造嵌套查询如下:

```
SELECT sno,sname,sclass
FROM student
WHERE sclass=(SELECT sclass
FROM student
WHERE sname='赵刚')
```

查询结果如图 4-48 所示。

【例 4-51】 查询“营销 091”班所有学生的成绩信息。

```
SELECT *
FROM grade
WHERE sno IN (SELECT sno
              FROM student
              WHERE sclass='营销 091')
```

查询结果如图 4-49 所示。

结果　消息

	sno	sname	sclass
1	0901100101	王一	营销091
2	0901100103	赵刚	营销091
3	0901100104	杨雨	营销091
4	0901100106	杨旭枫	营销091
5	0901100107	李亚军	营销091
6	0901100109	宋丽新	营销091

图 4-48　与“赵刚”同班学生相关信息

结果　消息

	Sno	Cno	SCgrade
1	0901100103	150104	89
2	0901100103	150205	56
3	0901100103	150204	89
4	0901100103	150108	42
5	0901100104	150205	74
6	0901100104	140102	77

图 4-49　“营销 091”班学生成绩信息

【例 4-52】 查询没有成绩的学生的学号(sno),姓名(sname),性别(ssex),班级(sclass)。

```
SELECT sno,sname,ssex,sclass
FROM student
WHERE sno NOT IN(SELECT sno
                 FROM grade)
```

查询结果如图 4-50 所示。

结果　消息

	sno	sname	ssex	sclass
1	0901100101	王一	女	营销091
2	0901110106	张宇琪	男	金融091
3	0901110122	赵有义	男	金融091
4	0904060118	赵亦淳	男	地理091
5	0907100110	赵宇飞	男	机械091
6	0907100217	赵晨星	男	机械092

图 4-50　没有成绩学生的相关信息

【例 4-53】 查询入学成绩高于“营销 091”班所有学生的学生信息。

```
SELECT *
FROM student
WHERE sentergrade> ALL(SELECT sentergrade
                       FROM student
                       WHERE sclass='营销 091')
```

查询结果如图 4-51 所示。

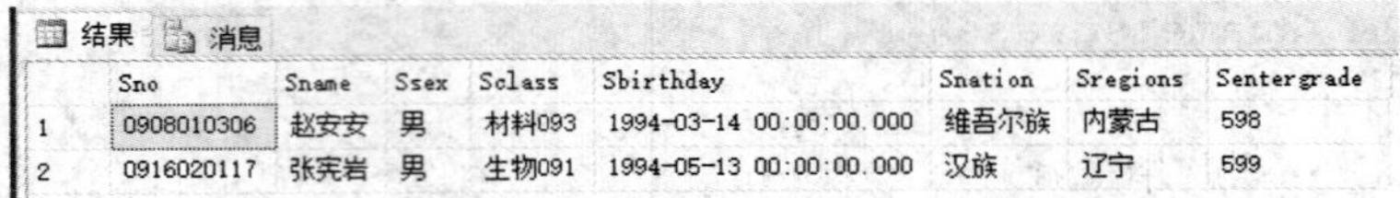

	Sno	Sname	Ssex	Sclass	Sbirthday	Snation	Sregions	Sentergrade
1	0908010306	赵安安	男	材料093	1994-03-14 00:00:00.000	维吾尔族	内蒙古	598
2	0916020117	张宪岩	男	生物091	1994-05-13 00:00:00.000	汉族	辽宁	599

图 4-51 入学成绩高于“营销 091”班所有学生的学生信息

该语句先执行子查询,即先查询“营销 091”班学生的入学成绩,结果集为(597,585,560)。将子查询结果代入到父查询中,将 student 表中的每行记录的入学成绩与结果集(597,585,560)中的数值进行比较,若均大于,则满足查询条件,显示该记录。该语句的功能与下面语句的功能相同。

```
SELECT *
FROM student
WHERE sentergrade> (SELECT MAX(sentergrade)
  FROM student
  WHERE sclass='营销 091')
```

【例 4-54】 查询 grade 表中成绩高于学号为“0901100103”的学生某科成绩的学生的学号(sno),课程号(cno),成绩(scgrade)。

```
SELECT sno,cno,scgrade
FROM grade
WHERE scgrade> ANY(SELECT scgrade
                   FROM grade
                   WHERE sno='0901100103')
```

查询结果如图 4-52 所示。

在该语句中,子查询查询学号为“0901100103”学生的成绩,结果集为(89,56,42)。在父查询中查找 grade 表中每行记录的学生成绩,然后分别与结果集中的数值进行比较,若大于结果集(89,56,42)中的任意一个,则满足查询条件,显示该记录。该语句的功能与下面语句的功能相同。

```
SELECT sno,cno,scgrade
FROM grade
WHERE scgrade> (SELECT MIN(scgrade)
  FROM grade
  WHERE sno='0901100103')
```

4.2.3.2　相关子查询

在相关子查询中，子查询的执行依赖于父查询。多数情况下是子查询的 WHERE 子句中引用了父查询表中的字段。相关子查询的执行过程与无关子查询不同，无关子查询中的子查询只执行一次，而相关子查询中的子查询需要重复执行。具体过程如下：

① 从外层父查询中取出一个元组，将元组相关的列值传给内层子查询。

② 执行内层子查询，得到子查询操作的值。

③ 外层父查询根据子查询返回的结果或结果集得到满足条件的行。

④ 然后外层父查询取出下一个元组重复做步骤(①～③)，直到外层的元组全部处理完毕。

(1) 带有比较运算符的子查询

带有比较运算符的子查询常常用于比较测试，它是将一个表达式的值与子查询返回的单个值进行比较。如果比较运算的结果为 TRUE，则比较测试返回 TRUE。

【例 4-55】　查询选修课程门数超过 6 门的学生学号(sno)、姓名(sname)、班级(sclass)。

```
SELECT sno,sname,sclass
FROM  student
WHERE  (SELECT count(* )
FROM grade
        WHERE sno=student.sno> 6)
```

查询结果如图 4-53 所示。

结果　消息

	Sno	Cno	SCgrade
1	0901100103	150104	89
2	0901100103	150205	56
3	0901100103	150204	89
4	0901100104	150205	74
5	0901100104	140102	77
6	0901100104	150109	77

图 4-52　成绩高于学号“0901100103”的学生某科成绩的学生信息

结果　消息

	sno	sname	sclass
1	0907250209	张汶康	电子092
2	0908010426	刘毅祥	材料094

图 4-53　选修课程门数超过 6 门的学生信息

该语句的执行过程是这样的：先从父查询中取出一条记录，将学号代入到子查询中，如“0901100103”。在子查询中计算学号为“0901100103”的学生选修课程的门数，返回值为 3，将返回值 3 代入到父查询中，查询条件为 FALSE，则不显示该条学生记录相关信息。然后继续执行父查询，判断下一条记录为“0907250209”学生选修课程的门数，返回值为 7，将返回值代入到父查询中，查询条件为 TRUE，则显示该条学生记录相关信息，依此方法，顺序执行，直到 student 表的每一条记录都处理完毕。

(2) 带有 EXISTS 的子查询

使用查询进行存在性测试时，通过 EXISTS 或 NOT EXISTS 检查子查询所返回的结果是否存在。使用 EXISTS 时，如果在子查询的结果集中至少包含一个元组，则存在性测试返回 TRUE；如果该结果集为空，则存在性测试返回 FALSE。对于 NOT EXISTS，存在性测试的结果取反。

带有存在性测试 EXISTS 的子查询不返回任何数据,而是判断子查询是否存在数据,故只产生逻辑值 TRUE 或 FALSE。因此,由 EXISTS 引出的子查询,才能在其列项上使用星号(*)代替所有列名。

【例 4-56】 查询所有选修了课程号为“150207”课程的学生姓名(sname)。

```
SELECT sname
FROM student
WHERE EXISTS (SELECT *
              FROM grade
              WHERE student.sno=grade.sno AND cno='150207')
```

	sname
1	张志影
2	赵朋
3	张楠
4	赵召东
5	张玉福
6	刘俊

图 4-54 选修了课程号为“150207”课程的学生姓名

查询结果如图 4-54 所示。

习 题

一、填空题

1. T-SQL 删除数据可以使用 DELETE 语句或(　　　　)语句。
2. T-SQL 的 SELECT 语句中,查询“空”值用(　　　　)来表示。
3. T-SQL 支持查询结果的并、交、差运算,运算符分别是(　　　　)、(　　　　)、(　　　　)。
4. SQL Server 的统计函数又称聚合函数,可以对一组值执行计算,并且返回单个值。常用的统计函数有 5 个,分别是(　　　　)、(　　　　)、(　　　　)、SUM、MAX。
5. 在上题的 5 个统计函数中,除了(　　　　)函数之外,其他的统计函数都忽略空值。
6. 连接查询根据连接方式的不同,可分为内连接查询、外连接查询和(　　　　)查询。
7. 在嵌套查询中,子查询的 SELECT 语句不能使用(　　　　)子句。

二、选择题

1. 下面哪条语句不属于 T-SQL 的数据操纵(　　　　)。

   A. INSERT　　B. UPDATE　　C. DELETE　　D. ALTER

2. T-SQL 的 SELECT 语句中,去掉重复记录的子句是(　　　　)。

   A. WHERE　　B. FROM　　C. DISTINCT　　D. INTO

3. 在删除 student 表中的数据时,DELETE FROM student 等同于下面(　　　　)。

   A. TRUNCATE TABLE student

   B. DELETE FROM student WHERE ALL

   C. DELETE WHERE student FROM ALL

   D. TRUNCATE TABLE

4. 下列有关通配符%的含义,其表述正确的是(　　　　)。

A. “%”代表一个字符　　　　B. “%”代表一个汉字

C. “%”代表多个字符　　　　D. “%”代表零个或多个字符

5. T-SQL 的 SELECT 查询语句中，当在排序结果的末尾处有并列项时，应使用下面哪个子句可以包含并列项。(　　　　)

A. TOP n PERCENT　　　　B. WITH TIES

C. DISTINCT　　　　D. ORDER BY

6. 要在查询结果集中将输出字段 GRADE 所在列的标题显示为“成绩”，应在 T-SQL 的 SELECT 查询语句中使用下面(　　　　)子句完成。

A. GRADE TITLE '成绩'　　　　B. 成绩 AS GRADE

C. 成绩＝GRADE　　　　D. GRADE LIST 成绩

7. 当要进行条件分组查询时，(　　　　)。

A. 必须使用 ORDER BY 子句

B. 必须使用 HAVING 子句

C. 只要使用 GROUP BY 子句就可以

D. 应先使用 WHERE 子句，再接着使用 HAVING 子句

8. 下面哪个关键词不属于外连接查询(　　　　)。

A. UP　　　　B. RIGHT

C. FULL　　　　D. LEFT

9. 嵌套查询的含义是(　　　　)。

A. WHERE 子句中嵌入了复杂条件

B. SELECT 语句的 WHERE 子句中嵌入了另一个 SELECT 语句

C. WHERE 子句中嵌入了聚合函数

D. WHERE 子句中涉及表的更名查询

10. 在 T-SQL 的查询语句中，实现关系投影操作的短语为(　　　　)。

A. SELECT　　　　B. FROM

C. JOIN　　　　D. WHERE

三、操作题

教学管理数据库 jxk 有以下 3 个表：

student(sno，sname，ssex，sbirthday，sclass，sentergrade)

grade(sno，cno，score)

course(cno，cname，credit)

试用 T-SQL 命令完成下面各题的相应操作。

1. INSERT、DELETE 和 UPDATE 练习

① 在教学数据库 jxk 中，向 course 表中插入一行数据(150209，离散数学，2.5)。

② 在教学数据库 jxk 中，向课程表 course 中插入两行数据，课程号(cno)分别是：“16005”，“16006”；课程名称(cname)分别为：“光纤原理”，“结构力学”。

③ 将课程表 course 中课程名称为“离散数学”课程的学分修改为 3 学分。

④ 将学生表 student 表中姓名(sname)为“李华”的学生记录删除。

2. 简单查询

① 查询 student 表中"地理 091"班所有学生的信息。

② 查询 student 表中所有学生的学号(sno),姓名(sname)与年龄。

③ 查询 student 表中所有学生隶属的班级(sclass)。

④ 查询 student 表中入学成绩(sentergrade)前 3 名学生信息,要求带并列项。

⑤ 查询 student 表中所有"王"姓同学且名字只有两个汉字的学生的姓名(sname)、性别(ssex)和班级(sclass)。

⑥ 查询 student 表中每个班级的学生人数,要求显示班级(sclass),人数。

⑦ 查询 grade 表中每门课程的成绩(score)平均分及修课人数。

⑧ 查询 student 表中,班级人数超过 20(包含 20)人的班级人数及入学成绩平均分。

⑨ 查询 student 表中所有学生的学号(sno),姓名(sname),班级(sclass)及入学成绩(sentergrade)信息,要求查询结果按入学成绩降序排序,入学成绩相同按学号升序排序,并将查询结果保存到表 temp1 中。

3. 连接查询

① 查询"李华"修的所有课程的成绩,要求显示该生的学号(sno),姓名(sname),班级(sclass),课程号(cno)和成绩(score),并按成绩降序排列。

② 查询选修了"大学英语"课程的所有学生的成绩。要求显示姓名(sname),班级(sclass),课程名称(cname)和成绩(score)。

③ 查询每个学生的学号(sno),姓名(sname),课程号(cno)及成绩(score),要求含未选课程的学生信息。

4. 嵌套查询

① 查询与"李冰"同一个班级的学生的学号(sno),姓名(sname)和班级(sclass)。

② 查询"测试 098"班所有学生的成绩信息。

③ 查询没有成绩的学生的学号(sno),姓名(sname),班级(sclass)。

④ 查询入学成绩(sentergrade)高于"测试 098"班所有学生的学生信息。

⑤ 查询 grade 表中成绩(score)高于学号为"0901100120"的学生某科成绩的学生的学号(sno),课程号(cno),成绩(scgrade)。

第 5 章　T-SQL 语言

T-SQL 语言是微软公司在关系型数据库管理系统 Microsoft SQL Server 中的 ISO SQL 的实现，又称 Transact-SQL 语言。SQL(Structure Query Language)结构化查询语言是国际标准化组织(International Organization for Standardization，ISO)采纳的标准数据库语言。通过使用 T-SQL 语言，用户几乎可以完成 SQL Server 数据库中的各种操作。

5.1　T-SQL 语言概述

T-SQL(Transact-Structure Query Language)是微软公司在 Microsoft SQL Server 系统中使用的语言，是对 SQL 语言的一种扩展形式。T-SQL 在 SQL 语言里加入了程序流程控制结构、局部变量等其他一些内容，利用这些内容用户可以编写出复杂的查询语句，让程序设计更具灵活性。T-SQL 侧重于处理数据库中的数据，如变量声明、程序流程控制、功能函数等。T-SQL 不仅可以完成数据查询，而且还提供了数据库管理功能。

T-SQL 对使用 SQL Server 非常重要。与 SQL Server 通信的所有应用程序，例如将其数据存储于 SQL Server 数据库中的各种应用程序、从 SQL Server 数据库提取数据的 Web 页、由开发系统等使用的数据库应用程序接口创建的应用程序等，都通过向服务器发送 T-SQL 语句来进行通信，而这与应用程序的用户界面无关。

T-SQL 语言主要包括以下内容。

(1) 变量声明语句：用于声明 T-SQL 语言所要用到的变量，可以一次声明一个变量，也可以一次声明多个变量。

(2) 数据定义语言(Data Definition Language，DDL)：用于建立与管理数据库及数据库对象(如表、视图、索引、存储过程等)，包括 CREATE、ALTER、DROP 语句。

(3) 数据操纵语言(Data Manipulation Language，DML)：用来操纵数据库中数据的命令，包括 SELECT、INSERT、UPDATE、DELETE 等。

(4) 数据控制语言(Data Control Language，DCL)：用来控制数据库组件的存取许可、存取权限等的命令，包括 GRANT、REVOKE 等。

(5) 流程控制语句：用于设计应用程序流程，包括 IF、CASE、WHILE 等。

(6) 内嵌函数和其他命令：嵌于命令中使用的标准函数和说明变量的命令等。

5.2 T-SQL 语法要素

5.2.1 标识符

T-SQL 标识符是指由程序员定义,SQL Server 可识别的有意义的字符序列。通常用它们来表示服务器名、数据库名、表名及其他各类数据库对象名、变量名等。

(1) 标识符的分类

① 常规标识符:严格遵守标识符的格式规则。

② 限定标识符:可以不符合标识符的格式规则,但需要使用双引号(" ")或方括号([ ])将标识符限定起来。但在引用限定标识符时也需要使用双引号(" ")或方括号([ ])。

(2) 常规标识符格式规则

① 常规标识符的第一个字符必须是:大、小写英文字母(A～Z 或 a～z)、下划线、@、#。其中,@、#在 T-SQL 中有专门的含义。

② 后续字符可以是 Unicode 标准中定义的字母、十进制数字或是特殊字符@、#、下划线或$。

③ 标识符不能是 SQL Server 保留字。

④ 标识符不能包含空格或其他特殊字符。

(3) 限定标识符的限定

不符合规则的标识符必须用限定符双引号(" ")或方括号([ ])括起来,故将其称为限定标识符。常规标识符既可以限定,也可以不限定。如标识符 companyProduct 可以限定也可以不限定,限定后的标识符为[companyProduct];但是,标识符 this product info 必须进行限定,限定后的标识符为[this product info]或"this product info"。

有两种情况下使用限定标识符:

① 对象名称中包含了 SQL Server 保留字,如[where]。

② 标识符命名不符合常规标识符命名规则。

需要特别说明的是:

- 以@开头的标识符代表局部变量。
- 以@@开头的标识符代表全局变量。
- 以#开头的标识符代表临时表或存储过程。
- 以##开头的标识符代表一个全局临时对象。

5.2.2 常量与变量

5.2.2.1 常量

常量是表示一个特定数据值的符号,又称字面量。常量的格式取决于它所表示的值的数据类型,常量的值在程序运行过程中不会改变。常量的类型及示例如表 5-1 所示。

表 5-1　　常量类型示例

类　型	说　明	举　例
整型常量	没有小数点和指数 E	－67,100,30
实型常量	decimal 或 numeric 带小数点的常数，float 或 real 带指数 E 的常数	32.5，－60.12，＋78E3
字符串常量	ASCII 字符串用单引号括起来，一个字符用一个字节存储	'9','string','中国'
	Unicode 字符串带有前缀 N，N 必须是大写字母	N'宽容'
日期型常量	单引号(' ')括起，日期间可用分隔符为：斜线(/)、连字符(－)、英文句点(.)。其中举例栏最后一个示例仅限于 ymd 格式且年月日均为数字	'12/26/16','12.26.2016' '2016－12－26','20161226'
货币型常量	精确数值型数据，前缀 $	$ 3000
二进制常量	用加前缀 0x 的十六进制形式表示	0x2E,0x56

5.2.2.2　变量

变量是可以赋值的对象和实体。变量是指在程序的运行过程中随时可以发生变化的量，用于在程序中临时存储数据，变量中的数据随着程序的运行而变化。变量有变量名和数据类型两个属性，变量名用于标识该变量，变量的数据类型确定该变量存放的数据值的类型。

在 T-SQL 中，变量分为局部变量和全局变量。局部变量在一个批处理中声明、赋值和使用，在该批处理结束时失效；全局变量是由系统提供且预先声明的变量。

(1) 局部变量

局部变量是用户定义的变量。局部变量的使用范围是定义它的批处理、存储过程和触发器，用于存储从表中查询的数据或当作程序执行过程中的暂存变量。局部变量必须用 DECLARE 语句声明后才可以使用，声明局部变量的语法格式如下：

```
DECLARE @variable_name Datatype[,…n]
```

［语法说明］：

① @variable_name：局部变量名称，第一个字符必须是@且符合常规标识符命名规则。

② Datatype：是该变量的数据类型，可以是系统数据类型或用户自定义数据类型。对于不是系统默认长度的数据类型则需指明长度。

③ [,…n]：在一个 DECLARE 语句中可声明多个变量，变量之间用逗号隔开。

局部变量被声明后，它的初始值为 NULL，且该变量的作用域从声明变量的地方开始到声明变量的批处理结尾。用户可以在与定义它的 DECLARE 语句同一个批处理中用 SET 语句或 SELECT 语句为其赋值。一条 SET 语句只能给一个变量赋值，而一条 SELECT 语句可以通过选择列表中当前所引用值方式同时给多个变量赋值。

使用 SELECT 语句给局部变量赋值的语法格式如下：

```
SELECT @variable_name=expression[,…n]
[FROM <table_name> WHERE <condition>]
```

需要说明的是:这里 SELECT 语句的作用是为了给变量赋值,而不是从表中查询出数据,且 FROM 子句和 WHERE 子句可省略。若使用 FROM 子句和 WHERE 子句,则从表中查询所需的数据并赋给变量,但变量赋值也只能在 SELECT 查询语句的 SELECT 子句的位置,在其他子句部分出现变量就是引用变量。

使用 SET 语句给局部变量赋值的语法格式如下:

```
SET @variable_name=expression
```

输出局部变量可以使用 PRINT 语句或 SELECT 语句。PRINT 语句一次只能输出一个变量,SELECT 语句可以同时输出多个变量,并显示于一行。

【例 5-1】 定义两个整型的局部变量@x,@y,分别赋值,并输出两个变量的和。

```
DECLARE @x int ,@y int
SET @x=5
SET @y=10
PRINT @x
PRINT @y
PRINT @x+@y
```

运行结果如图 5-1 所示。

【例 5-2】 从 student 表中将"赵刚"的姓名和籍贯信息分别存入变量@name 和@native,并输出。

```
DECLARE @name char(10),@native char(20)
SELECT @name=student.sname,@native=student.sregions
FROM student
WHERE student.sname='赵刚'
SELECT @name,@native
```

运行结果如图 5-2 所示。

注意:如果查询的结果返回多个值,仅将最后一个值赋给变量。

【例 5-3】 将查询到的 student 表中籍贯为"辽宁"的人数赋值给变量 n 并输出。

```
DECLARE @n int
SET @n=(SELECT count(* )FROM student WHERE sregions='辽宁')
SELECT @n
```

运行结果如图 5-3 所示。

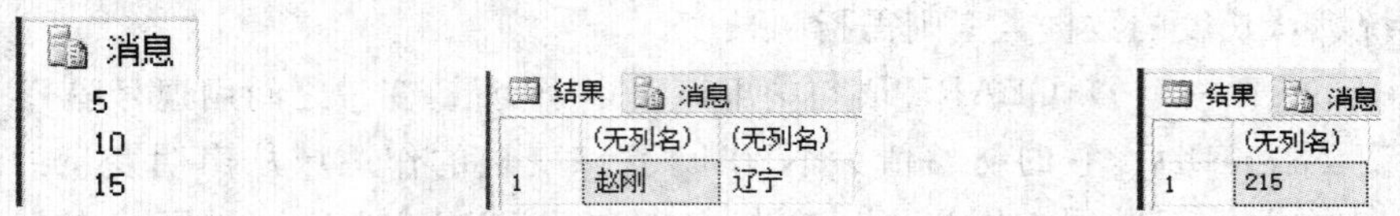

图 5-1 两个变量的和　　图 5-2 赵刚的姓名和籍贯信息　　图 5-3 籍贯为"辽宁"的人数

(2) 全局变量

在 SQL Server 中有 33 个全局变量,是 SQL Server 系统内部使用的变量。全局变量的名称都是以@@开头,其作用范围不仅限于某一程序,任何程序都可调用。全局变量不是由用户的程序定义的,它们是由系统事先定义好,提供给用户使用,用户不能定义、变动。局部变量的名称不能与全局变量的名称相同,否则会在应用程序中出现不可预测的结果。常用的全局变量如表 5-2 所示。

表 5-2　　　　常用的全局变量

常用全局变量	说　明
@@error	上一条 T-SQL 语句报告的错误号
@@rowcount	上一条 T-SQL 语句处理的行数
@@servername	本地服务器的名称
@@version	当前 SQL Server 软件的版本
@@cpu_busy	SQL Server 自上次启动后的工作时间

【例 5-4】 显示当前 SQL Server 软件的版本。

```
PRINT @@version
```

5.2.3　运算符与表达式

运算符是指用来表示各种运算的符号。表达式是由运算符和括号将常量、变量、函数连接起来的有意义的式子,单个的常量、变量和函数都可以看作是最简单的表达式。

5.2.3.1　运算符的分类

在 SQL Server 系统中,可以使用的运算符可以分为以下几类。如表 5-3 所示。

表 5-3　　　　SQL Server 中的运算符

运算符类型	运 算 符
算术运算符	＋(加)、－(减)、*(乘)、/(除)、%(求余)
比较运算符	＝(等于)、＞(大于)、＜(小于)、＞＝(大于等于)、＜＝(小于等于)、＜＞或!＝(不等于)、!＞(不大于)、!＜(不小于)
逻辑运算符	AND(与)、OR(或)、NOT(非)
赋值运算符	＝(赋值)
字符串连接运算符	＋(连接)
位运算符	&(位与)、|(位或)、^(按位异或)
一元运算符	＋(正)、－(负)、～(按位取反)

(1) 算术运算符

算术运算符用于对两个表达式进行算术运算。其中,加运算符(＋)和减运算符(－)分别可以将一个以天为单位的数字加到日期中和从日期中减去以天为单位的数字;在利用除法运算符(/)进行相除运算时,如果除数和被除数都是整数,则结果是整数,小数部分将被截断;求余运算符(%),返回两数相除后的余数。

【例 5-5】 计算 12.0/5.0,12/5,12.0/5,12/15,12%5 的结果并输出。

示例及运行结果如图 5-4 所示。

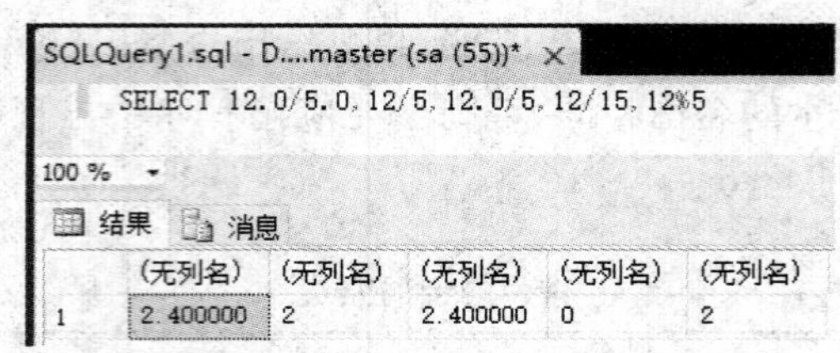

图 5-4　除法和取模运算示例

(2) 比较运算符

比较运算符用于对两个表达式的值进行比较,运算结果为 TRUE 或 FALSE。除了 text,ntext,image 数据类型的表达式外,其他所有表达式之间都可以使用比较运算符。

(3) 逻辑运算符

逻辑运算符用于对某些条件进行测试,它通常与比较运算符一起构成更为复杂的表达式,运算结果是 TRUE 或 FALSE。

(4) 赋值运算符

在 T-SQL 中赋值运算符只有一个,就是等号“=”。赋值运算符有两个主要用途:

① 给变量赋值。

② 可以为表中的列改变列标题(别名)。

【例 5-6】 使用赋值运算符赋值和改变列标题示例。

```
DECLARE @name char(10)
SET @name='鑫'
PRINT @name
GO
SELECT 姓名=sname
FROM student
```

改变列标题运行结果如图 5-5 所示。

(5) 字符串连接运算符

字符串连接运算符(+)用于将两个字符串连接起来。

【例 5-7】 字符串连接运算符示例。

```
USE jxk
SELECT sname+ ' '+ ssex+ ' '+ sclass
FROM student
```

运行结果如图 5-6 所示。

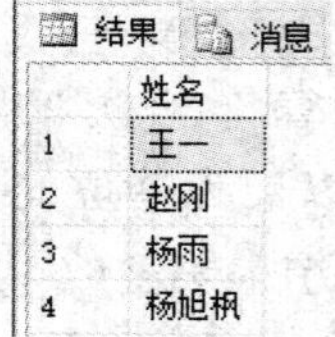

图 5-5　用赋值运算符改变列标题

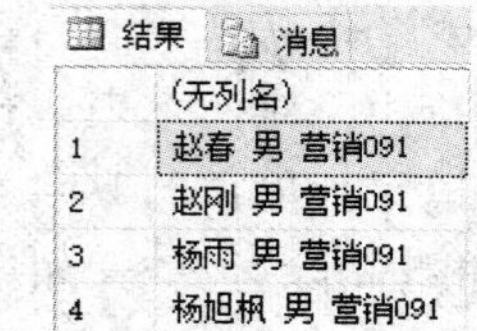

图 5-6　字符串连接运算符示例

(6) 位运算符

位运算符可以在两个表达式之间执行位操作。表达式的类型可以为整型或与整型相兼容的数据类型。

(7) 一元运算符

一元运算符表示只对一个表达式执行操作,该表达式可以是 numeric 数据类型类别中的任何一种数据类型。

5.2.3.2　运算符的优先级

当表达式中出现多个运算符时,运算符优先级决定执行运算的先后顺序。当运算符的优先级级别不同时,先对较高级别的运算符进行运算,然后再对较低级别的运算符进行运算。当运算符的级别相同时,按照他们在表达式中的位置从左到右进行运算。需要强调的是,使用括号可以改变运算符的运算顺序,运算时先计算括号中的表达式的值。运算符的优先级别如表 5-4 所示。

表 5-4　　运算符的优先级

优先级	运 算 符
1	＋(正)、－(负)、～(按位取反)
2	*、/、%
3	＋(加)、－(减)、＋(字符串连接)
4	＝、＞、＜、＞＝、＜＝、＜＞、!＞、!＜
5	^(按位异或)、&、|
6	NOT
7	AND
8	OR
9	＝

5.2.4　批处理、脚本和注释

5.2.4.1　批处理

批处理就是一条或多条 T-SQL 语句的集合,从应用程序一次性发送到 SQL Server,并由 SQL Server 编译成一个可执行单元,此单元称为执行计划。执行计划中的语句每次执行一条。

SQL Server 中使用 GO 语句作为批处理的结束标记,即 SQL Server 将第一个 GO 之前的语句、两个 GO 语句之间的一条或多条语句或者最后一个 GO 之后的语句分别作为一个批处理。当编译器读取到 GO 语句时,它会把 GO 语句前的所有语句当一个批处理,并将这些语句打包发送给服务器。GO 语句本身不是 T-SQL 语句的组成部分,它只是一个用于表示批处理结束的指令。如果在一个批处理中包含语法错误,如引用了一个不存在的对象等,则整个批处理就不能被成功地编译和执行;如果一个批处理中某条语句执行错误,如违反了约束,则它仅影响该语句的执行,而并不影响批处理中其他语句的执行。

使用批处理应注意的问题：

① 不能在一个批处理中引用其他批处理中定义的变量。

② 不能将注释从一个批处理开始，在另一个批处理中结束。

③ 不能在一个批处理中更改表，然后引用新列。

④ 执行存储过程时，需使用 EXECUTE 语句。如果存储过程是批处理中的第一条语句，则可省略 EXECUTE 语句。

⑤ CREATE DEFAULT、CREATE PROCEDURE、CREATE RULE、CREATE TRIGGER 和 CREATE VIEW 语句不能在批处理中与其他语句组合使用。批处理必须以 CREATE 语句开始，所有跟在该批处理后的其他语句将被解释为第一个 CREATE 语句定义的一部分。

5.2.4.2 脚本

脚本是以文件存储的一系列的 T-SQL 语句，即一系列按顺序提交的批处理。T-SQL 脚本中可以包含一个或多个批处理。

5.2.4.3 注释

注释也称为注解，是写在程序代码中的说明性文字，它们对程序的结构及功能进行文字说明。注释内容不被系统编译，也不被程序执行，注释分为行内注释和块注释两种。

(1) 行内注释

行内注释使用两个双连字符(——)分开注释与编程语句，这些注释字符可与要执行的代码处在同一行，也可另起一行。从两个双连字符开始到行尾均为注释。对于多行注释，必须在每个注释行的开始使用双连字符。

(2) 块注释

块注释在注释文本的开始处放一个注释符(/*)，输入注释，然后使用注释结束符(*/)结束注释，可以创建多行块注释。这些注释字符可以与要执行的代码处在同一行，也可另起一行。块注释可以跨越多行，但是/* */注释不能跨越批处理，整个注释必须包含在一个批处理内。

【例 5-8】 注释示例。

```
USE jxk
GO
/* 查询所有学生的学号、姓名等信息* /
SELECT sno,                    - - 学号
       sname,                  - - 姓名
       sentergrade             - - 入学成绩
FROM student                   - - 从 student 表中查询
```

5.3 常用系统函数

SQL Server 系统提供了许多内置函数，这些函数可以完成许多特殊的操作，它使用户不需要写很多代码就能够完成某些任务，大大提高了系统的易用性。SQL Server 提供的常

用函数包括统计函数、数学函数、字符串函数、日期函数、转换函数等。

5.3.1　统计函数

统计函数主要包括 COUNT()、AVG()、SUM()、MAX()、MIN()函数，在前面 4.2.1 小节已做详解，在此不再赘述。

5.3.2　数学函数

在使用数据库中的数据时，经常需要对数字数据进行数学运算，得到一个数值。在 SQL Server 系统中可以使用常见的数学函数参与各种数学运算，如求绝对值、平方、平方根等。这些常用的数学函数的名称和功能描述如表 5-5 所示。

表 5-5　　常用的数学函数

数学函数	说　明	语法及举例
ABS	函数返回给定数的绝对值	语法：ABS(number) 例如：select ABS(−6) 结果：6
CEILING	返回大于或者是等于所给数字表达式的最小整数	语法：CEILING(number) 例如：select CEILING(9.5) 结果：10
FLOOR	返回小于或者是等于所给数字表达式的最大整数	语法：FLOOR(number) 例如：select FLOOR(9.2) 结果：9
POWER	返回指定幂次数的乘方	语法：POWER(number,power) 例如：select POWER(3,2) 结果：9
ROUND	返回数字表达式并四舍五入为指定的长度或精度	语法：ROUND(number,precision) 例如：select ROUND(7.35,1) 结果：7.40
SQUARE	返回一个数的平方	语法：SQUARE(number) 例如：select SQUARE(4) 结果：16
SQRT	返回一个数的平方根	语法：SQRT(number) 例如：select SQRT(16) 结果：4

5.3.3　字符串函数

在数据库中存储的数据一般包含很多字符串数据部分，对字符串进行各种操作的函数称为字符串函数。SQL Server 提供了功能强大的字符串函数，常用的字符串函数如表 5-6

所示。

表 5-6　　　　常用的字符串函数

字符串函数	说　明	语法及举例
LEN	返回字符串长度	语法:LEN(string) 例如:select LEN('I love china') 结果:12
LEFT	从字符串左边返回指定数目的字符	语法:LEFT(string,number) 例如:select LEFT('I love china',6) 结果:I love
RIGHT	从字符串右边返回指定数目的字符	语法:RIGHT(string,number) 例如:select RITHT('I love china',5) 结果:china
SUBSTRING	从字符串中返回指定位置开始的指定数目的字符	语法:SUBSTRING(string,start,end) 例如:select SUBSTRING('I love china',3,4) 结果:love
LTRIM	消除字符串左边空格	语法:LTRIM(string) 例如:select LTRIM('□□I love china□□') 结果:I love china□□
RTRIM	消除字符串右边空格	语法:RTRIM(string) 例如:select RTRIM('□□I love china□□') 结果:□□I love china
STR	将数字数据转变为字符	语法:STR(float_ex[,长度[,小数位数]]) 例如:select STR(88.245,5,2) 结果: 88.25
CHAR	将整数转换为字符	语法:CHAR(integer_expression) 例如:select CHAR(65) 结果:A
LOWER	将字符串全部转变为小写字母	语法:LOWER(string) 例如:select LOWER('I Love China') 结果:i love china
UPPER	将字符串全部转变为大写字母	语法:UPPER(string) 例如:select UPPER('I Love China') 结果:I LOVE CHINA
CHARINDEX	返回一个指定的字符串(str1)在另一个字符串(str2)中的起始位置	语法:CHARINDEX (str1,str2,start_po) 例如:select CHARINDEX ('i','I Love China',2) 结果:10

【例 5-9】 定义一个局部变量@r 用于存储圆的半径,并输出圆的面积。

```
DECLARE @r float
SET @r=2.5
```

```
PRINT '圆的面积='+ STR(3.14* POWER(@r,2),5,2)
```

运行结果如图 5-7 所示。

【例 5-10】　在字符串“SQL Server 数据库”中分别截取子串“SQL”、“Server”、“数据库”并存储到变量 m1,m2,m3 当中并输出。

```
DECLARE @m nvarchar(20),@m1 char(10),@m2 char(10),@m3 char(10)
SET @m='SQL Server 数据库'
SELECT @m1=LEFT(@m,3), @m2=SUBSTRING(@m,5,6),@m3=RIGHT(@m,3)
SELECT @m1,@m2,@m3
```

运行结果如图 5-8 所示。

在这里需要说明的是,汉字在 SQL Server 系统中被视为占用 1 个字符位置而不是 2 个字符位置,英文字符不区分大小写。

5.3.4　日期时间函数

日期时间函数用于操作日期时间型信息。常用的日期时间函数如表 5-7 所示。

表 5-7　　常用的日期时间函数

日期时间函数	说　明	语法及举例
GETDATE	返回当前系统日期与时间	语法:GETDATE() 例如:select GETDATE() 结果:返回当前系统日期时间
YEAR	返回指定日期中的年	语法:YEAR(date) 例如:select YEAR('12/26/2016') 结果:2016
MONTH	返回指定日期中的月	语法:MONTH(date) 例如:select MONTH('12/26/2016') 结果:12
DAY	返回指定日期中的日	语法:DAY(date) 例如:select DAY('12/26/2016') 结果:26

【例 5-11】　查询 student 表中“赵刚”同学的姓名和出生的年份。

```
SELECT sname 姓名, year(sbirthday)AS 出生年份
FROM student
WHERE sname='赵刚'
```

运行结果如图 5-9 所示。

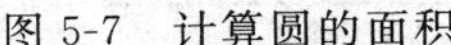
图 5-7　计算圆的面积

图 5-8　字符串截取

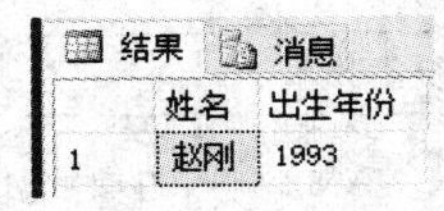

图 5-9　赵刚的出生年份

5.3.5 转换函数

在通常情况下,SQL Server 能自动完成各种数据类型之间的转换,这种转换称为隐式转换。PRINT '10'+5 的结果将输出 15,自动将字符型数据转换为数值型数据类型。如果不能完成自动转换,如 int 整型到 char 字符型类型时,那就要使用显式转换函数 CAST 或 CONVERT。

CAST 和 CONVERT 转换函数的功能相似,都是将某种数据类型显式转换为另一种数据类型,语法格式如下:

CAST(expression as data_type[(length)])

CONVERT(data_type[(length)],expression)

【例 5-12】 将数值型数据 20 转换为字符型数据输出。

```
PRINT '字符:'+ CAST(20 as char(2))
```

或

```
PRINT '字符:'+ CONVERT(CHAR(2),20)
```

运行结果如图 5-10 所示。

【例 5-13】 显示当前日期的运行结果。

```
SELECT '当前日期'+ CONVERT(varchar(8),GETDATE(),5)AS '运行结果'
```

在这里需要说明的是,当利用 CONVERT 函数完成将日期型数据转换为字符串时,可以以数字的形式为其指定输出字符串的日期样式,各样式与数字对应如下:

```
1:mm/dd/yy
5:dd- mm- yy
11:yy- mm- dd
23:yyyy- mm- dd
```

运行结果如图 5-11 所示。

图 5-10 转换函数示例

图 5-11 显示当前日期

5.3.6 系统函数

SQL Server 提供了能返回数据库和服务器的有关信息的系统函数,这些函数可以用来检索如用户名、数据库名及列名等系统数据。常用的系统函数如表 5-8 所示。

表 5-8 常用的系统函数

系统函数	说 明	语法及举例
USER_NAME	返回数据库的用户名	例如:select USER_NAME () 结果:返回数据库的用户名
HOST_NAME	返回当前用户所登录的计算机名字	例如:select HOST_NAME() 结果:返回用户所登录的计算机的名字

续表 5-8

系统函数	说　明	语法及举例
DB_NAME	返回当前数据库名	例如：select DB_NAME() 结果：返回当前数据库名
SYSTEM_USER	返回当前所登录的用户名称	例如：select SYSTEM_USER 结果：返回当前所登录的用户名

5.4　流程控制语句

T-SQL 语言的程序结构主要包括顺序结构、选择结构与循环结构。其中顺序结构是指程序按照语句排列的先后顺序一条接一条地依次执行，它是程序中最简单、最常用的基本结构。选择结构又叫分支结构，是在程序执行时，按照一定的条件选择不同的语句。循环结构又称为重复结构，是指程序在执行的过程中，某些语句被重复执行若干次，这些被重复执行的语句称为循环体。而 T-SQL 流程控制语句就是用来控制程序执行顺序和流程分支的命令，通过这些命令，可以让程序更具结构性和逻辑性，并得以完成较复杂的操作。

5.4.1　BEGIN…END 语句

BEGIN…END 语句能够将多个 T-SQL 语句组合成一个语句块，并将它们视为一个整体来处理。在选择结构和循环结构的程序语句中，当符合特定条件便执行两个或更多的 T-SQL 语句时，需要使用 BEGIN…END 语句并将它们括起来形成一个 T-SQL 语句块。其语法格式如下：

```
BEGIN
    {sql_statement|statement_block}
END
```

［语法说明］：

① BEGIN…END 要成对使用，sql_statement 是所要组成单一语句块的语句，只有当 sql_statement 语句为两个及其以上时，才使用 BEGIN…END。

② BEGIN…END 之间也可以是 statement_block，这说明在 BEGIN…END 之间可以存在由另外一对 BEGIN…END 所定义的命令语句块，即 BEGIN…END 允许嵌套。

【例 5-14】　BEGIN…END 使用。

就下面的程序代码而言，由于符合 IF 表达式的条件只需要执行一个表达式，因此不需使用 BEGIN…END 语句。

```
DECLARE @er_number int
IF(@@error<> 0)
SET @er_number=@@error
```

而下面的程序，由于符合 IF 表达式的条件，需要执行两个表达式，因此必须使用 BEGIN…END语句将这两个表达式组合成一个语句块。

```
DECLARE @er_number int
IF(@@error<> 0)
```

```
BEGIN
SET @er_number=@@error
PRINT '所发生的错误代码是:'+ CAST(@er_number AS varchar(10))
END
```

5.4.2 IF…ELSE 语句

在程序中经常需要根据条件指示 SQL Server 执行不同的操作和运算,也就是进行程序分支控制。SQL Server 中使用 IF…ELSE 语句使程序有不同的条件分支,从而实现选择结构程序设计。IF…ELSE 语句的语法格式可分成不带 ELSE 与带 ELSE 两种情况,分别叫单分支与双分支。

5.4.2.1 单分支

单分支语句语法格式如下:

```
IF <Boolean_expression>
    {sql_statement|statement_block}
```

[语法说明]:

当条件表达式 Boolean_expression 值为 TRUE 时,则执行其后的 T-SQL 语句 sql_statement 或语句块 statement_block,否则什么也不执行,然后共同执行条件语句的后续语句。

【例 5-15】 判断一个数是否为正数并输出。

```
DECLARE @x int
Set @x=5
If @x> 0
Print '@x 是正数'
Print 'end'
```

运行结果如图 5-12 所示。

【例 5-16】 编程实现:检查今天是否是本月 1 号,若是,则把 student 表中所有本月过生日的学生列出来,为他们开生日 party。

```
USE jxk
DECLARE @today int
SET @today=day(getdate())
IF @today=1
BEGIN
    Print '今天将举办生日,本月生日的学生名单如下:'
    SELECT sname,sbirthday
    FROM student
    WHERE month(sbirthday)=month(getdate())
END
```

5.4.2.2 双分支

双分支语句语法格式如下:

```
IF <Boolean_expression>
    {sql_statement1|statement_block1}
ELSE
    {sql_statement2|statement_block2}
```

[语法说明]：

当条件表达式 Boolean_expression 值为 TRUE 时，则执行其后的 T-SQL 语句 sql_statement1 或语句块 statement_block1，否则执行紧跟 ELSE 之后的语句 sql_statement2 或语句块 statement_block2，然后共同执行条件语句的后续语句。

【例 5-17】 查询 student 表中男同学的人数并输出，若没有男同学则输出"student 表中没有男同学的信息！"

```
DECLARE @n int
SELECT @n=count(* )
FROM student
WHERE ssex='男'
IF  @n> 0
BEGIN
    PRINT 'student 表中男同学人数为:'
    PRINT @n
END
ELSE
    PRINT 'student 表中没有男同学的信息!'
```

运行结果如图 5-13 所示。

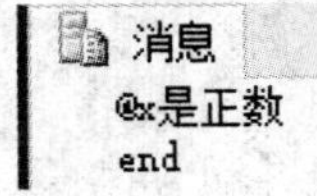

图 5-12　例 5-15 输出结果

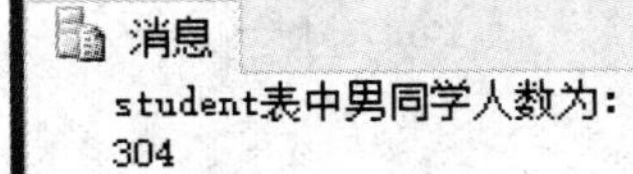

图 5-13　例 5-17 输出结果

5.4.3　CASE 语句

CASE 语句是 IF 语句的推广，用于进行多分支的选择，并将其中一个符合条件的结果表达式返回。利用 CASE 语句可以避免编写多重的 IF 嵌套结构，按照使用形式的不同，可以分为简单 CASE 语句和搜索 CASE 语句两种格式。

5.4.3.1　简单 CASE 语句

简单 CASE 语句将某个表达式与一组简单表达式进行比较以确定结果。它的一个应用是通过扩展数据值来为用户提供更明确的信息输出。其语法格式如下：

```
CASE input_expression
WHEN <when_expression1> THEN <result_expression1>
.
.
```

```
.
WHEN <when_expression n> THEN <result_expression n>
[ELSE <else_result_expression>]
END
```

[语法说明]:

首先计算 input_expression 的值,input_expression 可以是常量、字段名、函数或 SELECT 查询。再将其值按指定的顺序与 WHEN 子句的 when_expression 依次比较,若相等,则返回满足条件的第一条与之对应的 result_expression 的值。否则,如果有 ELSE 子句,则返回 ELSE 后的 else_result_expression 的值。

【例 5-18】 判断 student 表中的性别字段,分别输出“他是男同学”或“他是女同学”。

```
SELECT sname AS 姓名,性别=
CASE ssex
    WHEN '男' THEN '他是男同学'
    WHEN '女' THEN '他是女同学'
END
FROM student
```

运行结果如图 5-14 所示。

5.4.3.2 搜索 CASE 语句

搜索 CASE 语句允许根据比较值在结果集内对值进行替换。其语法格式如下:

```
CASE
WHEN <Boolean_expression1> THEN <result_expression1>
.
.
.
WHEN <Boolean_expression n> THEN <result_expression n>
[ELSE <else_result_expression>]
END
```

[语法说明]:

依书写顺序依次判断 Boolean_expression 的值,若为真,则返回其后的 result_expression 的值。若均不成立,则当指定 ELSE 子句时,返回 else_result_expression 的值;若没有指定 ELSE 子句,则返回 NULL 值。

【例 5-19】 根据相应的入学成绩,为 student 表中的学生确定不同的(ABCDE)级别。

```
SELECT sname AS 姓名,sentergrade AS 入学成绩,成绩级别=
    CASE
        WHEN sentergrade>=580 THEN 'A'
        WHEN sentergrade>=550 THEN 'B'
        WHEN sentergrade>=530 THEN 'C'
        WHEN sentergrade>=500 THEN 'D'
    ELSE 'E'
```

```
    END
FROM student
```

运行结果如图 5-15 所示。

	姓名	性别
1	王一	他是女同学
2	赵刚	他是男同学
3	杨雨	他是男同学
4	杨旭枫	他是男同学
5	李亚军	他是男同学
6	宋丽新	他是男同学
7	张禹	他是男同学

图 5-14 例 5-18 输出结果

	姓名	入学成绩	成绩级别
1	王一	582	A
2	赵刚	501	D
3	杨雨	574	B
4	杨旭枫	539	C
5	李亚军	579	B
6	宋丽新	584	A
7	张禹	549	C
8	王宇畅	554	B
9	马大文	597	A
10	王明星	583	A

图 5-15 例 5-19 输出结果

5.4.4 WHILE 语句

在程序中,如果需要重复执行其中的一部分语句,可使用 WHILE 循环语句来实现。WHILE 语句根据所指定的条件,重复执行语句或语句块,只要指定的条件为 TRUE,就重复执行该语句,直到循环条件为假。

5.4.4.1 WHILE 语句

WHILE 语句的语法格式如下:

```
WHILE Boolean_expression
  BEGIN
  {sql_statement|statement_block}
  END
```

[*语法说明*]:

执行 WHILE 语句时,先判断条件表达式 Boolean_expression 的值,当条件表达式的值为 TRUE,便重复执行称为循环体的 T-SQL 语句 sql_statement 或语句块 statement_block,直到该条件表达式的值为 FALSE 时结束循环,并转去执行 WHILE 语句的后续语句。

【例 5-20】 计算 1～100 之间所有奇数的和。

```
DECLARE @n tinyint,@s int
SET @n=1
SET @s=0
WHILE @n<=100
  BEGIN
    IF @n% 2<> 0
       SET @s=@s+@n
    SET @n=@n+1
```

```
  END
PRINT @s
```

运行结果为 2500。

5.4.4.2 BREAK 与 CONTINUE 语句

循环结构 WHILE 语句还可以用 BREAK 语句或 CONTINUE 语句来控制 WHILE 循环中语句的执行。因此,BREAK 或 CONTINUE 语句作为 WHILE 循环语句的子句出现,其语法格式如下:

```
WHILE Boolean_expression
  BEGIN
  {sql_statement|statement_block}
  [BREAK]
  [CONTINUE]
  {sql_statement|statement_block}
  END
```

[语法说明]:

① BREAK 在循环语句中用于退出本层循环,转而执行该循环语句之后的后续语句。当程序中有多层循环嵌套时,使用 BREAK 语句只能退出其所在的这一层循环。

② CONTINUE 在循环语句中用于结束本次循环,终止 CONTINUE 子句后续的 T-SQL 命令或语句块的执行,回到 WHILE 循环语句的第一行,重新转到下一次循环条件的判断。

【例 5-21】 对 student 表执行如下操作,若所有学生的入学成绩平均分少于 500 分,就将入学成绩提高 10%,并在最高入学成绩超过 600 分的情况下跳出循环。

```
USE jxk
WHILE(SELECT AVG(sentergrade)FROM student)<500
BEGIN
UPDATE student SET sentergrade=sentergrade* 1.1
SELECT MAX(sentergrade)FROM student
IF (SELECT MAX(sentergrade)FROM student)> 600
  BREAK
ELSE
  CONTINUE
END
PRINT '最高入学成绩超过 600 分!'
```

5.5 游　标

SQL 语句提供了对记录集合的各种操作,但若需要对记录集中的单个记录进行判断,然后再执行的操作,有时就不能实现,使用游标就可以解决这个问题。

5.5.1　游标的概念

(1) 游标的定义

在数据库中，游标是一个十分重要的概念。游标提供了一种可以直接对记录集合中的单个记录进行访问的机制，以实现每次处理一行数据，这是对结果集处理的一种扩展。

实际上游标是一种能从包括多条数据记录的结果集中每次提取一条记录的机制。游标总与一条 T-SQL 的 SELECT 语句相关联。因为游标由结果集(可以是零条、一条或由相关的 SELECT 语句检索出的多条记录)和结果集中指向特定记录的游标位置组成。当决定对结果集进行处理时必须声明一个指向该结果集的游标。

关系数据库的实质是面向集合的，在 SQL Server 中并没有一种描述表中单一记录的表达形式，除非使用 WHERE 子句来限制只有一条记录被选中。因此就必须借助于游标来进行面向单条记录的数据处理。

(2) 游标的组成

游标可以看作是由数据记录集和指针两部分内容组成的。

① 记录集。游标内 SELECT 语句的执行结果集。

② 游标位置。游标指针当前的位置。

游标指针的示意图如图 5-16 所示。

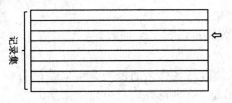

图 5-16　游标指针示意图

5.5.2　游标的创建和使用

5.5.2.1　游标的创建

游标的创建分 5 个步骤。

(1) 定义游标

使用游标时，如同使用变量一样必须事先定义，定义游标的语法格式是：

```
DECLARE cursor_name [SCROLL] CURSOR
FOR select_statement
[FOR {READ ONLY|UPDATE[OF column_name[,…n]]}]
```

[语法说明]：

① cursor_name：为定义的游标名称。

② SCROLL：指定游标可以自由滚动，若不指定，游标只能逐行向下一行(NEXT)滚动。

③ select_statement：游标查询语句，用于产生游标记录集。该查询语句中不能包含有 INTO 语句。

④ READ ONLY:定义游标为只读类型,不能修改记录集中的数据。

⑤ UPDATE[OF column_names]:定义游标为修改类型。如果指定具体的列,只能对指出的列进行修改,否则可以修改所有的列。

【例 5-22】 声明一个游标变量 ln_cursor,用于读取 student 表中籍贯为“辽宁”的所有学生的信息。

```
DECLARE ln_cursor CURSOR
FOR SELECT *
    FROM student
    WHERE sregions='辽宁'
    ORDER BY sno
```

执行上面的语句,就定义了一个游标,并对游标处理结果集进行了筛选和排序。

(2) 打开游标

定义游标后,虽然在游标中指定了得到记录集的 SELECT 语句,但该语句并没有被执行。也就是说,定义游标并没有形成记录集合,这些工作要在打开游标的操作中实现。打开游标的语法格式为:

```
OPEN {{[GLOBAL]cursor_name}
     |cursor_variable_name}
```

[*语法说明*]:

① GLOBAL:指定游标为全局游标。全局游标在该连接执行的任何存储过程或批处理中,都可以引用该游标名称。

② cursor_name:已声明的游标名称。如果一个全局游标与一个局部游标同名,则要使用 GLOBAL 表明其为全局游标,否则表明其为局部游标。

③ cursor_variable_name:为游标变量的名称,该名称可以引用一个游标。当打开一个游标时,SQL Server 首先检查声明游标的语法是否正确,如果游标声明中有变量,则将变量值带入。

④ 利用 OPEN 语句打开游标后,游标位于查询结果集的第一行,并且可以使用全局变量@@cursor_rows 获得最后打开的游标中符合条件的行数。

【例 5-23】 打开上例中定义的游标。

```
OPEN ln_cursor
DECLARE @cur_rowcount int
SELECT @cur_rowcount=@@cursor_rows
PRINT @cur_rowcount
```

执行该语句,实际上是执行定义游标内的 SELECT 语句,形成游标记录集填充游标,并把游标的指针定位在第 1 条记录前。

(3) 读取游标

打开游标后,因为游标的指针指向第一条记录前的位置,所以要对数据修改时,必须要移动游标使它指向相应的记录,这项工作是在推进游标。换言之,读取游标主要是改变指针在记录中的位置,其语法格式如下:

```
FETCH
```

```
[[NEXT|PRIOR|FIRST|LAST|ABSOLUTE {n|@nvar}|RELATIVE {n|@nvar}]
FROM]
{{[GLOBAL]cursor_name}|cursor_variable_name}
[INTO @variable_name[,…n]]
```

[语法说明]：

① NEXT：返回结果集中当前行的下一行，并将当前行向后移一行。如果 FETCH NEXT 是对游标的第一次读取操作，则返回结果集的第一行。NEXT 是默认的游标读取选项。

② PRIOR：返回结果集中当前行的前一行，并将当前行向前移一行。如果 FETCH PRIOR 为对游标的第一次读取操作，则没有行返回且游标置于第一行之前。

③ FIRST：读取结果集中的第一行并将其设为当前行。

④ LAST：读取结果集中的最后一行并将其设为当前行。

⑤ ABSOLUTE n|@nvar：将游标指针移动到第 n 或@nvar 条记录上，并返回该记录。如果 n 或@nvar 为正，则从前向后数，否则从后向前数；如果 n 或@nvar 为 0，则读取当前行。其中 n 必须为整型常量，@nvar 必须为 smallint、tinyint 或 int 类型的变量。

⑥ RELATIVE n|@nvar：将游标从当前位置向后或向前移动 n 或@nvar 行，并返回该行的记录。如果 n 或@nvar 为正，则向后移动，否则向前移动。其中 n 必须为整型常量，@nvar 必须为 smallint、tinyint 或 int 类型的变量。

⑦ INTO @variable_name[,…n]：允许读取的数据存放在多个变量中。在变量行中的每个变量必须与结果集中相应的属性列对应（顺序、数据类型等）。

@@fetch_status 全局变量返回上次执行 FETCH 命令的状态。每次用 FETCH 从游标中读取数据时，都应检查该变量，以确定上次 FETCH 操作是否成功，来决定如何进行下一步处理。@@fetch_status 返回值如下：

0：表示 FETCH 语句成功。

－1：表示 FETCH 语句失败或此行不在结果集中。

－2：表示被读取的行不存在。

（4）关闭游标

在打开游标以后，SQL Server 服务器会专门为游标开辟一定的内存空间存放游标操作的数据结果集，同时游标的使用也会根据具体情况对某些数据进行封锁。所以，在不使用游标的时候，一定要关闭游标，以通知服务器释放游标结果集所占用的内存空间。关闭游标的语法格式如下：

```
CLOSE cursor_name
```

关闭游标后，可以再次打开游标，在一个批处理中，也可以多次打开和关闭游标。

（5）释放游标

当对游标的操作结束后，应当删除掉该游标，以释放所占用资源。其语法格式如下。

```
DEALLOCATE cursor_name
```

5.5.2.2 游标的使用

通过游标与流程控制语句的结合，可以方便对结果集的单条记录进行处理。

【例 5-24】 使用游标，完成对“赵刚”同学选修课程的所有成绩记录的逐条访问，要求显示姓名(sname)、课程号(cno)和成绩(scgrade)。

```
DECLARE zg_cursor SCROLL CURSOR
FOR SELECT sname,cno,scgrade
    FROM student JOIN grade ON student.sno=grade.sno
    WHERE sname='赵刚'
FOR READ ONLY                                    /* 以上定义游标对象* /
OPEN zg_cursor                                   /* 打开游标* /
FETCH NEXT FROM  zg_cursor               /* 推进游标到结果集第一条记录* /
WHILE @@FETCH_STATUS=0
BEGIN
FETCH NEXT FROM  zg_cursor                       /* 读取游标下一条记录* /
END
CLOSE zg_cursor                                  /* 关闭游标* /
DEALLOCATE zg_cursor                             /* 释放游标* /
GO
```

运行结果如图 5-17 所示。

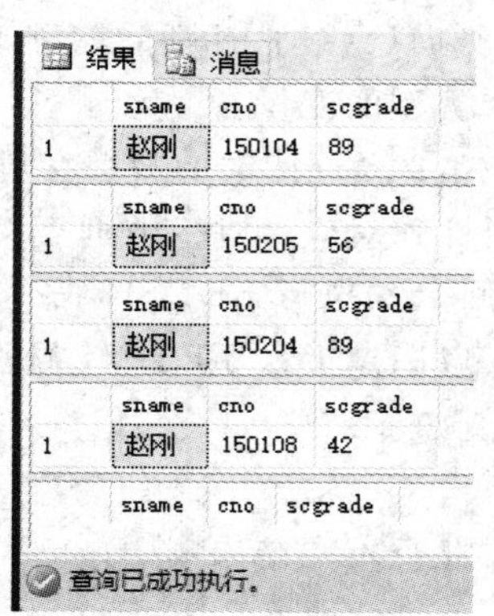

图 5-17　赵刚的成绩

从图中可看出,这个简单的示例,其输出不同于以往查询语句的输出情形,原因就在于查询语句的输出是面向集合的,一次以相同的方式批量处理多条记录;而游标是面向单条记录的,一次处理结果集中的一条记录。在本例中,就是一次处理一条记录,故显示方式上每一条记录上面都有姓名、课程号及成绩列名。但在实际应用中,每次的处理方式也可以不同。

【例 5-25】 对上述游标对象进行改进,通过变量存储处理游标记录。

```
DECLARE @name varchar(10),@id_kc char(6)
DECLARE @cj int
DECLARE zg_cursor SCROLL CURSOR
FOR SELECT sname,cno,scgrade
    FROM student JOIN grade ON student.sno=grade.sno
    WHERE sname='赵刚'
```

```
FOR READ ONLY                                          /* 以上定义游标对象* /
OPEN zg_cursor                                             /* 打开游标* /
PRINT '赵刚修的所有课程成绩'
PRINT '----------------------'
FETCH NEXT FROM zg_cursor                      /* 推进游标到结果集第一条记录* /
INTO @name,@id_kc,@cj                    /* 将记录各字段内容保存到对应变量中* /
WHILE @@FETCH_STATUS=0
BEGIN
  PRINT(@name+ ''+ @id_kc+ ''+ str(@cj))                   /* 输出变量内容* /
FETCH NEXT FROM zg_cursor                            /* 读取游标下一条记录* /
INTO @name,@id_kc,@cj
END
CLOSE zg_cursor                                            /* 关闭游标* /
DEALLOCATE zg_cursor                                       /* 释放游标* /
GO
```

运行结果如图 5-18 所示。

```
消息
赵刚修的所有课程成绩
--------------------
赵刚 150104        89
赵刚 150205        56
赵刚 150204        89
赵刚 150108        42
```

图 5-18　改进后的游标示例

在本示例中,首先定义了 3 个局部变量@name,@id_kc,@cj,用于在读取游标时,将游标指针指向的当前记录所对应的内容分别存入上述 3 个变量中。通过对此变量的操作,方便对于记录集中某单条记录中数据的处理。在本例中,这个处理是较简单的,仅仅将变量中内容显示在标准输出上。实际应用中,用户可根据需要进行相应的数据处理。

5.5.2.3　游标使用中应注意的问题

(1) 有关游标的信息可通过全局变量@@fetch_status 和@@rowcount 来查看。其中@@fetch_status 用来存储 FETCH 语句执行状态的信息,可使用 SELECT @@fetch_status 来完成上述查看任务。@@rowcount 记载到最近一次 FETCH 操作为止,游标从记录集中共返回的行数,可使用 SELECT @@rowcount 来进行查看。

(2) 游标的使用会在几个方面影响系统的性能。

① 导致页锁和表锁的增加。

② 导致网络通信量的增加。

③ 服务器处理相应指令的额外开销。

5.5.3　利用游标修改和删除表数据

通常情况下,使用游标从数据库的表中检索出数据,以实现对数据的处理。但在某些情况下,还需要修改或删除当前数据行。SQL Server 中的 UPDATE 语句和 DELETE 语句可以通过游标来修改或删除表中的当前数据行。

修改当前数据行的语句格式如下:

```
UPDATE <table_name>
SET <column_name>=<expression> |DEFAULT|NULL[,…n]
```

```
WHERE CURRENT OF[GLOBAL]<cursor_name> |<cursor_variable_name>
```

删除当前数据行的语句格式如下：

```
DELETE FROM <table_name>
WHERE CURRENT OF[GLOBAL]<cursor_name> |<cursor_variable_name>
```

[语法说明]：

CURRENT OF <cursor_name>|<cursor_variable_name>:表示当前游标或游标变量指针所指的当前行数据。CURRENT OF 只能在 UPDATE 和 DELETE 语句中使用。

【例 5-26】 声明一个游标 s_cur,用于读取 student 表中女同学的信息,并将第 3 个女同学的入学成绩修改为 600 分。

```
USE jxk
GO
DECLARE s_cur SCROLL CURSOR
FOR SELECT *
    FROM student
    WHERE ssex='女'
OPEN s_cur
FETCH ABSOLUTE 3 FROM s_cur
UPDATE student
SET sentergrade=600
WHERE CURRENT OF s_cur
CLOSE s_cur
DEALLOCATE s_cur
GO
```

运行结果如图 5-19 所示。

结果 消息

	Sno	Sname	Ssex	Sclass	Sbirthday	Snation	Sregions	Sentergrade
1	0901100212	赵兴美	女	营销092	1993-07-05 00:00:00.000	汉族	辽宁	550

图 5-19 把第 3 名同学的记录抽取出来做修改

为了验证修改结果,紧接着对 student 表做了一个查询,查询所有女生的信息,如图5-20所示,看第 3 名女生的入学成绩已经变成 600 分,表明利用游标完成了对表数据的修改。

```
SELECT *
FROM student
WHERE ssex='女'
```

100 %

结果 消息

	Sno	Sname	Ssex	Sclass	Sbirthday	Snation	Sregions	Sentergrade
1	0901100101	王一	女	营销091	1993-06-15 00:00:00.000	汉族	辽宁	560
2	0901100209	张楠	女	营销092	1993-07-03 00:00:00.000	维吾尔族	辽宁	544
3	0901100212	赵兴美	女	营销092	1993-07-05 00:00:00.000	汉族	辽宁	600

图 5-20 查询 student 表中所有女生信息

5.6 事　　务

5.6.1 事务概念

事务是数据库的一个操作系列。它包含了一组数据库操作命令，所有命令作为一个整体一起向系统提交或撤销，操作请求要么都执行，要么都不执行，因此事务是一个不可分割的工作逻辑单元。遇到错误时，可以回滚事务，取消事务内做的所有改变，从而保证数据库中数据的一致性和可恢复性。

例如甲乙两人通过 ATM 系统转账。甲有 1000 元，乙有 1000 元。甲将把 500 元从甲的账户划到乙的账户，最终的结果是甲的账户有 500 元，乙的账户有 1500 元。但在交易时，当甲从账户上取走 500 元后，软件出现故障，没有来得及去给乙存钱，也就是甲的账户少了 500，而乙并没有增加，这就导致了数据的不一致性。而通过事务，就可以解决这个问题。

事务的基本特性主要是确保在事务执行之后数据库仍然是稳定的状态。事务的基本特性主要包括以下几个：

① 原子性(Atomicity)：事务处理语句是一个整体，不可分割。

② 一致性(Consistency)：事务处理前后，数据库前后状态要一致。

③ 隔离性(Isolation)：多个事务并发处理互不干扰。

④ 持续性(Durability)：事务处理完成后，数据库的变化将不会再改变。

5.6.2 事务处理

默认情况下每一条 T-SQL 语句都是一个事务，运行时自动提交或回滚。也可以使用 BEGIN TRANSACTION 语句开始一个事务，使用 COMMIT TRANSACTION 语句提交事务，使用 ROLLBACK TRANSACTION 语句回滚事务，即恢复到事务开始时的状态。

【例 5-27】 使用 T-SQL 语句将 student 表中“赵刚”同学的学号改为“0901100106”，性别改为“女”。

```
UPDATE student SET sno='0901100106',ssex='女'
WHERE sname='赵刚'
```

运行结果如图 5-21 所示。由于修改后的学号“0901100106”与“杨旭枫”同学的学号相同，违反了主键约束，所以语句终止，即使性别的修改并不违反约束，但作为同一事务也不会被修改。

```
消息
消息 2627，级别 14，状态 1，第 1 行
违反了 PRIMARY KEY 约束“PK_xsxx”。不能在对象“dbo.student”中插入重复键。重复键值为 (0901100106)。
语句已终止。
```

图 5-21　学生信息修改

【例 5-28】 启动事务 TRAN1，删除 student 表中学号为“0901100106”的学生信息，并同时从 grade 表中删除其各科成绩；若出错，则显示“删除数据失败!”。

```
DECLARE @n int
```

```
SET @n=0
BEGIN TRANSACTION TRAN1
DELETE FROM student WHERE sno='0901100106'
SET @n=@@error+ @n
DELETE FROM grade WHERE sno='0901100106'
SET @n=@@error+ @n
IF @n=0
   COMMIT TRANSACTION
ELSE
  BEGIN
    PRINT '删除数据失败!'
    ROLLBACK TRANSACTION
END
```

运行结果如图 5-22 所示。由于删除 student 表中学号为“0901100106”的学生信息违反了外键约束,事务回滚,grade 表中的删除操作恢复到未删除时的状态,即两条删除语句均不执行。

```
消息
消息 547,级别 16,状态 0,第 5 行
DELETE 语句与 REFERENCE 约束"FK_grade_student"冲突。该冲突发生于数据库"jxk",表"dbo.grade", column 'Sno'。
语句已终止。

(2 行受影响)
删除数据失败!
```

图 5-22　删除数据的信息

习　　题

一、填空题

1. SQL 的中文名称是(　　　　)。
2. 标识符 I am a student 若要变成合法的标识符必须进行限定,限定后的标识符为(　　)。
3. 变量分为(　　　　)和全局变量。
4. 注释分为(　　　　)和块注释两种。
5. 写出执行完下面语句的结果:
   ① SELECT ROUND(8.35,1),POWER(4,2)(　　　　　)
   ② SELECT SUBSTRING('I love china',3,4)(　　　　　)
   ③ SELECT RTRIM('□□I love china□□')(　　　　)
   ④ SELECT CHARINDEX ('i','I Love China',2)(　　　　　)
6. 下列 T-SQL 语句的运行结果是(　　　　)

```
DECLARE @d DATETIME
SET @d='2016-10-20'
SELECT @d+10,@d-10
```

7. (　　　　)在循环语句中用于退出本层循环,(　　　　)在循环语句中用于结束本次循环。

8. 游标提供了一种可以直接对记录集合中的(　　　　)进行访问的机制,以实现每次处理一行或多行数据,这是对结果集处理的一种扩展。

9. 游标的创建分5个步骤,分别是(　　　　)、(　　　　)、(　　　　)(　　　　)和(　　　　)。

10. 事务具有4个特性,分别是(　　　　)、一致性、隔离性和(　　　　)。

二、选择题

1. 下面哪个标识符是SQL Server合法的标识符(　　　　)。
   A. 1stu　　B. stu□name　　C. $stu　　D. @stu_1_2

2. 以@@开头的标识符代表(　　　　)。
   A. 全局变量　　B. 局部变量
   C. 临时表或存储过程　　D. 全局临时对象

3. 在一个批处理中声明、赋值和使用,在该批处理结束时失效的变量是(　　　　)。
   A. 全局变量　　B. 存储变量
   C. 局部变量　　D. 数据变量

4. 下面哪个字符代表块注释(　　　　)。
   A. 两个双连字符(——)　　B. 以/*开始,以*/结束
   C. 以**开始,以//结束　　D. 两个##字符

5. ()可以用于数据类型转换。
   A. DECLARE　　B. SET
   C. CASE　　D. CAST

6. 有如下程序:

```
DECLARE @n int,@s int
SET @n=5
IF @n=5
SET @s=0
SET @s=1
PRINT @s
```

该程序的执行结果是(　　　　)。
   A. 5　　B. 1
   C. 0　　D. 程序出错

7. 游标总与一条T-SQL的(　　　　)相关联。
   A. SELECT　　B. UPDATE
   C. DELETE　　D. CREATE

8. 在 SQL Server 中能够实现面向单条记录数据处理的是(　　　　)。

A. 不带 WHERE 子句的 SELECT

B. 带 GROUP BY 子句的 SELECT

C. 游标

D. CREATE

9. 释放游标的语句是(　　　　)。

A. DEALLOCATE cursor_name　　B. RELEASE cursor_name

C. DELETE cursor_name　　D. TRUNCATE cursor_name

10. 提交事务的语句是(　　　　)。

A. BEGIN TRANSACTION　　B. COMMIT TRANSACTION

C. ROLLBACK TRANSACTION　　D. SUBMIT TRANSACTION

三、程序题

下面编程所涉及的表都从属于教学管理数据库 jxk,各表结构如下:

student(sno,sname,ssex,sbirthday,sclass,sentergrade,snation)

grade(sno,cno,score)

course(cno,cname,credit)

1. 编程实现,求 1～100 之间的偶数之和,并输出。

2. 编程实现,查询 student 表中籍贯(snation)为"北京"的学生人数并输出,若没有则输出"不存在北京籍学生!"

3. 下面程序的功能是计算 1～10 之间所有所有整数的平方和,并输出结果,请将程序补充完整。

解答:

```
DECLARE @n tinyint,@s int
SET @n=1
SET @s=0
WHILE @n<=10
  BEGIN
(        )
(          )
  END
PRINT @s
```

4. 写出下面程序的执行结果。(　　)

```
Declare @n tinyint
Set @n=1
While @n<50
   Begin
      Break
      Continue
```

```
    Set @n=@n+1
  End
Print @n
```

5. 编程实现：使用 CASE 语句显示每名学生大学英语成绩级别，其中“优秀”级别 90 分以上；“良好”级别在 80～89 之间；“中等”级别在 70～79 之间；“及格”级别在 60～69 之间；“不及格”级别在 60 分以下。

6. 使用游标，完成对“李明”同学修的所有成绩的记录的逐条访问，要求显示姓名(sname)、课程名称(cname)和成绩(score)。

7. 声明一个游标 s_cur，用于读取 student 表中籍贯(snation)为“辽宁”同学的信息，并将第 2 个同学的班级(sclass)修改为“测绘 096”。

第6章　视图与索引

视图是由一个查询生成的虚拟的表,视图中的数据来源于数据表和其他视图,既方便用户操作,也可以保障数据库的安全。索引就像书的目录一样,可以加速访问数据库表中的特定信息,提高用户的检索速度。视图与索引是非常重要的数据库管理工具。

6.1　视　　图

6.1.1　视图的概述

6.1.1.1　视图的定义

视图是一个定制的虚拟表,它是从一个已经存在或多个相关的数据表或视图根据需要组织起来的查看数据的一个窗口,通过它可以查看表中感兴趣的内容。视图之所以叫虚拟表,是因为视图中不保存任何记录,即视图中的数据没有物理表现形式。由于视图来源于数据表,所以视图和真实的数据表一样可以创建、更新与删除。

6.1.1.2　视图的分类

SQL Server 2014 中视图分为三类:标准视图,索引视图,分区视图。

(1) 标准视图

标准视图组合了一个或多个数据表及视图中的数据,在数据库中仅保存其定义,在使用视图时系统才会根据视图的定义生成记录。

(2) 索引视图

索引视图是被具体化的视图,即经过计算并存储,它包含经过计算的物理数据。索引视图在数据库中不仅保存其定义,生成的记录也被保存,还可以创建一个唯一的聚集索引。索引视图可以显著提高某些查询的性能。索引视图尤其适合聚合多行数据的查询,不适合经常更新的基本数据集。

(3) 分区视图

分区视图将一个或多个数据库中的一组表中的记录抽取且合并。使用分区视图,可以连接一台或者多台服务器成员表中的分区数据,这样数据看上去像来自同一个表。分区视图可以将大量的记录按地域分开存储,提高数据安全性和能优化处理性能。

6.1.1.3　视图的特点

视图是一种虚拟表,是从一个或几个基本表(或视图)提取出的表;视图只存放视图的定义,不会出现数据冗余;基本表中的数据发生变化,从视图中查询出的数据也随之改变。

(1) 视图的优点

① 简化性。看到的就是需要的,视图可以简化用户的数据操作,将经常查询的数据定义为视图,使用户不必每次都重复执行复杂的查询命令,只要直接打开视图即可。

② 安全性。视图可以作为一种安全机制。用户只能通过视图查看和修改数据,数据库中的其他数据用户是无法看到的。必须有访问权限的用户才能访问视图,这样就提高了数据的安全性。

③ 逻辑数据独立性。视图屏蔽了真实表结构的变化,展现给用户的是相同的外部模式数据。

(2) 视图的缺点

① 操作限制。视图在增加、修改、删除数据时,因为数据完整性约束条件限制,在操作上会产生更多限制。

② 性能降低。SQL Server 需要把视图的查询转换为对基本表的查询,需要花费一定的时间。

6.1.2　创建视图

视图是基于已有数据表中的数据,用一条 SELECT 查询语句创建的,视图可以建立在一个或多个数据表上。本章将重点介绍使用"对象资源管理器"和使用 T-SQL 语句二种方式创建和使用标准视图。

6.1.2.1　使用"对象资源管理器"创建视图

SQL Server 提供图形化界面的视图设计方式,即便用户没有太多查询的知识即可实现查询操作。需要说明的是,在创建视图之前,数据库中必须已经存在至少一个数据基本表。

【例 6-1】　依据教学管理数据库 jxk,从学生表 student 和成绩表 grade 中抽取数据组成可以显示学号、姓名、性别、班级、课程号和成绩等字段的视图,按"课程号"升序排序,相同的课程号再按"成绩"升序排序,保存 s_cj。

步骤如下:

① 在"对象资源管理器"中,展开"jxk"数据库。

② 右击"视图"结点,在弹出的快捷菜单中选择"新建视图"命令,如图 6-1 所示。

③ 在弹出的"添加表"对话框中,选择"表"选项卡中的"student"和"grade"表,如图 6-2 所示。接着单击"添加"按钮,再单击"关闭"按钮(按住"ctrl"键可选择多个表;按住"shift"键可选中一段范围内的表)。

④ "视图设计器"窗口中包含了 4 块区域,自上而下分别是"关系图"窗格,可以添加或删除表;"条件"窗格,可以选择数据显示条件和表格显示方式;"SQL"窗格,可以输入 SQL 命令语句;"结果"窗格,用来显示 SQL 命令执行结果。

在"关系图"窗格中选择 student 表的 sno、sname、ssex、sclass,选择 grade 表的 cno、scgrade 等 6 个字段,如图 6-3 所示。

⑤ 在 "条件"窗格中可以选择数据显示条件和表格显示方式。在"条件"窗格中,将 sno 列修改别名为"学号";将 cno 列的排序类型设置为升序,排序顺序为 1,再将 scgrade 列的排序类型设置为升序,排序顺序为 2。如图 6-4 所示。

注意:视图既可以用 SQL 语句创建,也可以直接在"条件"窗格中进行查询操作。在"条件"窗格中进行的操作在执行完毕之后,会以 SQL 语句的形式同时显示在"SQL"窗格中,如图 6-5 所示。所以,即使不了解 SQL 语句的用户也可以很容易创建视图。

图 6-1 选择"新建视图"命令

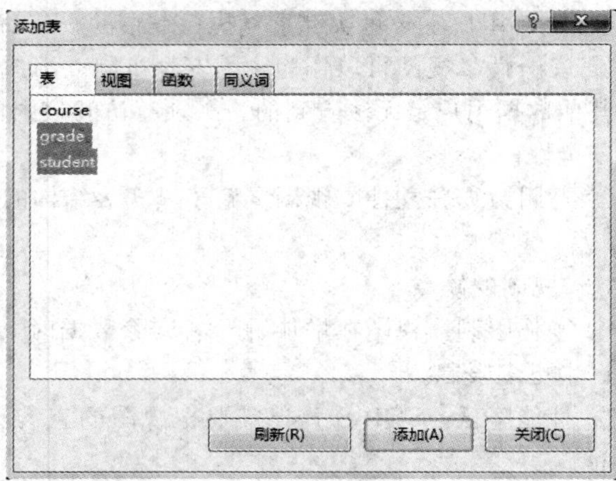

图 6-2 "添加表"对话框

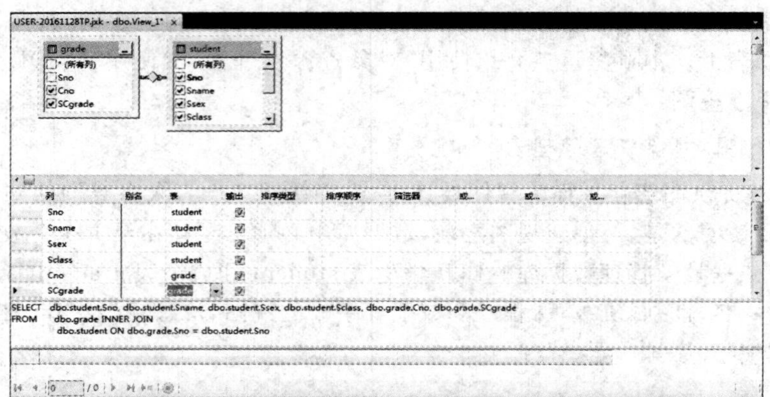

图 6-3 "视图设计器"窗口

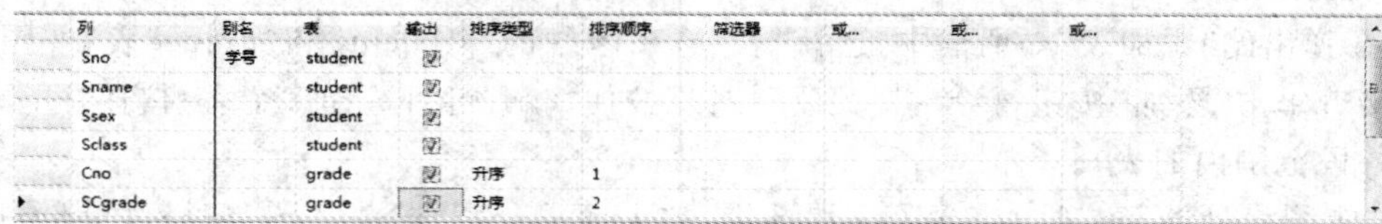

列	别名	表	输出	排序类型	排序顺序	筛选器	或...	或...	或...
Sno	学号	student	☑						
Sname		student	☑						
Ssex		student	☑						
Sclass		student	☑						
Cno		grade	☑	升序	1				
SCgrade		grade	☑	升序	2				

图 6-4 "条件"窗格设置

列	别名	表	输出	排序类型	排序顺序	筛选器	或...	或...	或...
Sno	学号	student	☑						
Sname		student	☑						
Ssex		student	☑						
Sclass		student	☑						
Cno		grade	☑	升序	1				
SCgrade		grade	☑	升序	2				

```
SELECT   TOP (100) PERCENT dbo.student.Sno AS 学号, dbo.student.Sname, dbo.student.Ssex, dbo.student.Sclass,
         dbo.grade.Cno, dbo.grade.SCgrade
FROM     dbo.grade INNER JOIN
         dbo.student ON dbo.grade.Sno = dbo.student.Sno
ORDER BY dbo.grade.Cno, dbo.grade.SCgrade
```

图 6-5 "SQL"窗格

⑥ 条件设置完毕后，单击常用工具栏“执行”按钮，或者右击 SQL 窗格，在弹出的快捷菜单中选择“执行 SQL”命令，可以在“结果”窗格查看视图显示的数据，并且可以通过单击窗格最下端的蓝色箭头，控制选中的记录，如图 6-6 所示。

学号	Sname	Ssex	Sclass	Cno	SCgrade
0907100525	李帅章	男	机械095	140101	61
0907230124	吴玮琦	男	工业091	140101	61
0907100214	王美旭	男	机械092	140101	63
0901110120	赵盛楠	男	金融091	140101	63
0901100422	刘腾康	男	营销094	140101	64
0908010131	张术贵	男	材料091	140101	64
0908010319	李双双	女	材料093	140101	65
0907230225	宋昕欣	男	工业092	140101	65
0907100522	杨永伟	男	机械095	140101	65
0907100301	白武一	男	机械093	140101	66
0901100107	李亚军	男	营销091	140101	66
0907250214	刘梦欣	男	电子092	140101	66

2　/845　单元格是只读的。

图 6-6　“结果”窗格

⑦ 单击常用工具栏中的“保存”按钮，在出现的“选择名称”对话框中输入视图名“s_cj”，单击“确定”按钮，如图 6-7 所示。这时会弹出一个警告对话框，这是由于在“条件”窗格选择排序的操作引起的，如图 6-8 所示，单击“确定”按钮。

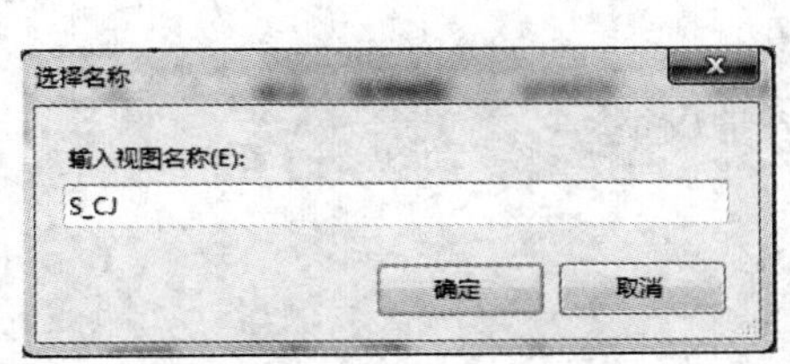

图 6-7　“保存”视图

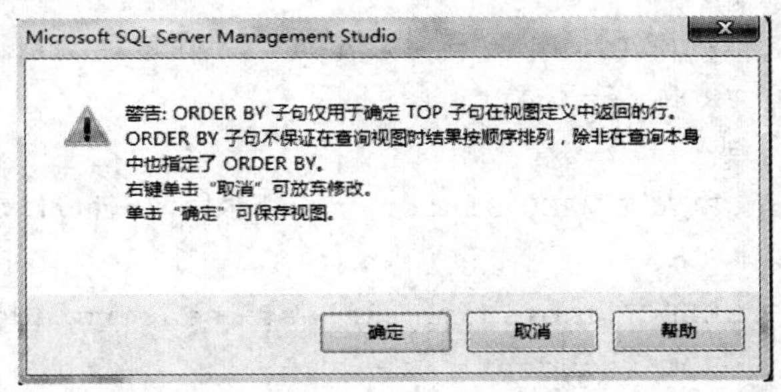

图 6-8　警告对话框

视图创建完成后，可以查看其结构及内容，方法是：在“对象资源管理器”中，展开“jxk”数据库和视图结点，右击“dbo. s_cj”视图，在弹出的快捷菜单中选择“设计”命令，可以查看和修改视图结构，如图 6-9 所示。

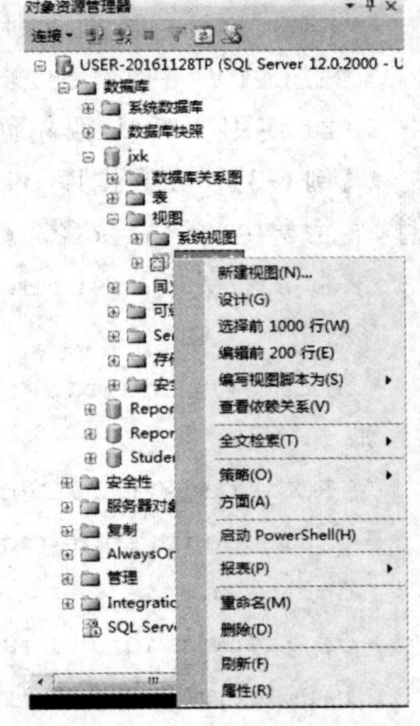

图 6-9　查看视图

6.1.2.2　使用 T-SQL 语句创建视图

创建视图使用 CREATE VIEW 语句，其基本语法格式如下：

```
CREATE VIEW [<database_name> .][<owner> .]<view_name> [(column_list)]
 [WITH <ENCRYPTION|SCHEMABINDING>]
 AS select_statement
 [WITH CHECK OPTION]
```

［语法说明］：

① view_name：要创建的视图名。

② column_list：视图中各个列的名称。

③ ENCRYPTION:对视图的定义进行加密。使用 ENCRYPTION 选项后,任何用户,包括定义视图的用户都将看不见视图的定义。

④ SCHEMABINDING:将视图与基本表或视图相关联。使用 SCEMABINDING 时,SELECT 查询语句必须包含所引用的表、视图或用户定义函数的两部分名称(所有者、对象)。

⑤ AS:指定视图要执行的操作。

⑥ select_statement:视图定义的 SELECT 语句。

⑦ WITH CHECK OPTION:强制针对视图执行的所有数据修改都必须符合由 SELECT 查询语句设置的准则。

(1) 使用 T-SQL 语句创建基于一个表的视图

【例 6-2】 在 jxk 数据库中,创建一个名为 sinfor_view 的视图,要求视图中包含 student 表中的 4 个字段:sno,sname,sclass,sentergrade,并指定别名分别为学号,姓名,班级和入学成绩。

```
CREATE VIEW Sinfor_view
AS
SELECT sno as 学号,sname as 姓名,sclass as 班级,sentergrade as 入学成绩
FROM  student
```

或

```
CREATE VIEW Sinfor_view(学号,姓名,班级,入学成绩)
AS
SELECT sno,sname ,sclass ,sentergrade
FROM  student
```

在查询窗口运行该命令后,单击工具栏中的“刷新”按钮,就可以在 jxk 数据库中看到 sinfor_view,如图 6-10 所示。

此时可以通过下面查询语句查看 sinfor_view 视图信息,结果如图 6-11 所示。

```
SELECT *  FROM sinfor_view
```

(2) 使用 T-SQL 语句创建基于多个表的视图

【例 6-3】 在数据库 jxk 中,创建视图 sscore_view,查询学生所修的每门课程的成绩信息,显示学生的学号、姓名、班级、课程名称和成绩。

```
CREATE VIEW sscore_view
AS
SELECT student.sno 学号,sname 姓名,sclass 班级,sname 课程名称,scgrade 成绩
FROM student JOIN grade
ON student.sno=grade.sno
JOIN  course
ON grade.sno=course.sno
```

执行上述命令后即可利用下面的查询语句查看视图结果,如图 6-12 所示。

```
SELECT *  FROM sscore_view
```

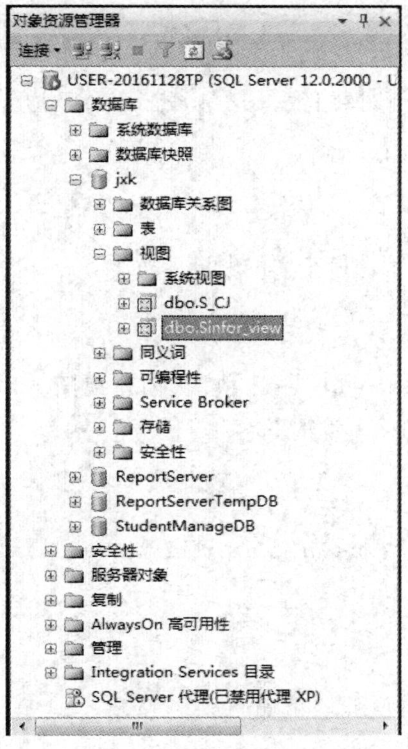

图 6-10 查看视图

结果 消息

	学号	姓名	班级	入学成绩
1	0901100101	赵春	营销091	582
2	0901100103	赵刚	营销091	501
3	0901100104	杨雨	营销091	574
4	0901100106	杨旭枫	营销091	539
5	0901100107	李亚军	营销091	579
6	0901100109	宋丽新	营销091	584
7	0901100110	张禹	营销091	549
8	0901100114	王宇畅	营销091	554
9	0901100115	马大文	营销091	598
10	0901100118	王明星	营销091	583
11	0901100124	张海蛟	营销091	595
12	0901100126	李孝松	营销091	560
13	0901100128	张志影	营销091	569
14	0901100201	王振煊	营销092	551
15	0901100204	赵朋	营销092	538
16	0901100206	吴佳	营销092	529
17	0901100207	赵国平	营销092	515
18	0901100208	白翰博	营销092	561

图 6-11 单表视图

结果 消息

	学号	姓名	班级	课程名称	成绩
1	0901100103	赵刚	营销091	计算机信息技术应用基础	89
2	0901100103	赵刚	营销091	数据库与程序设计	89
3	0901100103	赵刚	营销091	计算机硬件	89
4	0901100103	赵刚	营销091	C语言程序设计基础	89
5	0901100104	杨雨	营销091	数据库与程序设计	74
6	0901100104	杨雨	营销091	大学物理	77
7	0901100104	杨雨	营销091	多媒体技术	77
8	0901100104	杨雨	营销091	计算机硬件	74
9	0901100104	杨雨	营销091	高等数学	92
10	0901100106	杨旭枫	营销091	数据库与程序设计	85
11	0901100106	杨旭枫	营销091	高等数学	78
12	0901100107	李亚军	营销091	高等数学	66
13	0901100107	李亚军	营销091	计算机信息技术应用基础	87
14	0901100109	宋丽新	营销091	大学物理	79
15	0901100109	宋丽新	营销091	计算机硬件	91
16	0901100109	宋丽新	营销091	多媒体技术	90

图 6-12 多表视图

(3) 使用 T-SQL 语句创建利用聚合函数统计记录值的视图

【例 6-4】 在数据库 jxk 中,创建视图 scredit_view,查看每名学生所修课程门数,要求显示学生学号、修课门数及所修课程平均分。

```
CREATE VIEW scredit_view
AS
SELECT student.sno as 学号,count(*)as 修课门数,avg(scgrade)平均分
FROM student JOIN grade
ON student.sno=grade.sno
GROUP BY student.sno
```

执行上述命令后即可利用下面的查询语句查看视图结果,如图 6-13 所示。

```
SELECT *  FROM scredit_view
```

(4) 使用 T-SQL 语句创建基于视图的视图

【例 6-5】 在数据库 jxk 中,基于 student 表和 scredit_view 视图,创建视图 noselect_view,查询没有选修过课程的学生信息,包括学号、姓名、班级。

```
CREATE VIEW noselect_view
AS
SELECT student.sno as 学号,sname as 姓名,sclass as 班级
FROM student LEFT JOIN scredit_view
ON student.sno=SCredit_view.学号
WHERE scredit_view.学号 IS NULL
```

执行上述命令后即可利用下面的查询语句查看视图结果,如图 6-14 所示。

```
SELECT *  FROM noselect_view
```

学号	修课门数	平均分
0901100103	4	69
0901100104	5	78
0901100106	2	64
0901100107	2	76
0901100109	4	80
0901100110	5	69
0901100114	1	85
0901100115	6	75
0901100118	1	93

1 /289 单元格是只读的。

图 6-13 统计视图

结果 消息

	学号	姓名	班级
1	0901100101	赵春	营销091
2	0901110106	张宇琪	金融091
3	0901110122	赵有义	金融091
4	0904060118	赵亦淳	地理091
5	0907100110	赵宇飞	机械091
6	0907100217	赵晨星	机械092
7	0907100220	李微迪	机械092
8	0907100227	吴君阳	机械092
9	0907100425	张春晓	机械094

图 6-14 基于表和视图的视图

6.1.2.3 创建视图时应注意的问题

① 视图的名字应是合法的标识符,每个视图名不可重复,且视图名不能与表名重复。

② 定义视图的查询语句中若没有 TOP 就不能使用 ORDER BY 子句。

③ 不能基于临时表创建视图,也不能创建临时视图。

④ 当出现下列情况时必须指定视图中每个列的名字:视图中的任意一列来自于一个算术表达式、函数或常数;视图中的两列或更多列的名称相同。

6.1.3 使用视图

视图虽是虚拟表,但可以像使用基本表一样,进行插入、更新和删除记录的操作。当用户修改视图中的数据时,其实更改的是其对应的基本表的数据。

使用视图修改记录时要注意以下限制条件：

① 不能修改基于多个表创建的视图。

② 不能修改含有计算字段的视图，包括基于算术表达式或聚合函数的字段创建的视图。

③ 没有基本表主键的视图不能插入记录，但是可以执行 UPDATE 和 DELETE 操作。

④ 在视图中进行插入、更新和删除操作时要遵守基本表的完整性约束条件。

6.1.3.1　通过视图向基本表插入数据

【例 6-6】　创建 scourse_view 视图，并通过该视图向 course 基本表中插入一条新记录。

```
USE jxk
GO
CREATE VIEW scourse_view(课程号，课程名)
AS
SELECT cno，cname FROM  course
GO
INSERT INTO scourse_view VALUES('150207','大学英语')
```

执行上述命令后，可通过下面查询语句查看 course 表中记录插入情况，如图 6-15 所示。

```
SELECT *  FROM course
```

结果　消息

	Cno	Cname	Ccredit
1	140101	高等数学	5
2	140102	大学物理	5
3	140103	NULL	3
4	150101	信息检索与应用	3
5	150102	计算机网络技术	2
6	150104	计算机信息技术应用基础	2
7	150106	Visual Basic语言程序设计	2
8	150108	C语言程序设计基础	5
9	150109	多媒体技术	2
10	150204	计算机硬件	2
11	150205	数据库与程序设计	3
12	150207	大学英语	NULL

图 6-15　通过视图插入记录

可以看到，通过 INSERT 语句向视图中插入记录，实际上是在基本表中插入一条记录，视图中不包含的基本表字段自动填充为 NULL。

6.1.3.2　通过视图更新基本表中的数据

【例 6-7】　通过修改 scourse_view 视图中的课程号为"150109"记录的"课程名"值，将基本表中的相应课程名改为"多媒体技术及应用"。

```
UPDATE scourse_view SET 课程名='多媒体技术及应用' WHERE 课程号='150109'
```

执行完该命令后，course 表中相应记录被修改，如图 6-16 所示。

6.1.3.3　通过视图删除基本表中的数据

【例 6-8】　在 scourse_view 视图中删除课程名为 NULL 的记录。再查看 course 表的

数据删除情况。

```
DELETE FROM scourse_view WHERE 课程名 IS  NULL
```

执行完该命令后，course 表中相应记录被删除，如图 6-17 所示。

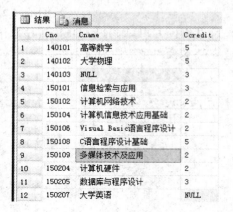

	Cno	Cname	Ccredit
1	140101	高等数学	5
2	140102	大学物理	5
3	140103	NULL	3
4	150101	信息检索与应用	3
5	150102	计算机网络技术	2
6	150104	计算机信息技术应用基础	2
7	150106	Visual Basic语言程序设计	2
8	150108	C语言程序设计基础	5
9	150109	多媒体技术及应用	2
10	150204	计算机硬件	2
11	150205	数据库与程序设计	3
12	150207	大学英语	NULL

图 6-16　视图更新数据

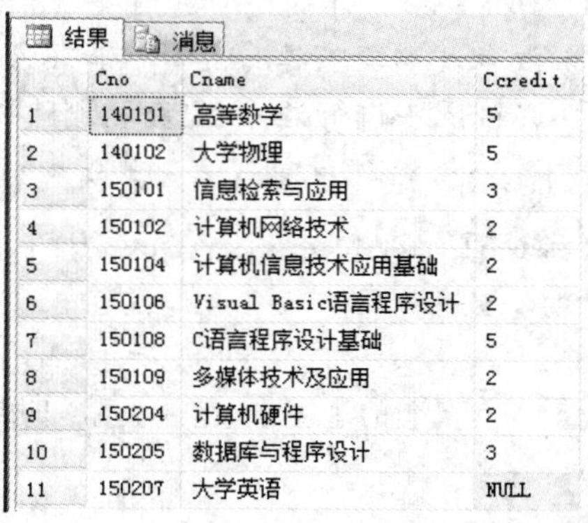

	Cno	Cname	Ccredit
1	140101	高等数学	5
2	140102	大学物理	5
3	150101	信息检索与应用	3
4	150102	计算机网络技术	2
5	150104	计算机信息技术应用基础	2
6	150106	Visual Basic语言程序设计	2
7	150108	C语言程序设计基础	5
8	150109	多媒体技术及应用	2
9	150204	计算机硬件	2
10	150205	数据库与程序设计	3
11	150207	大学英语	NULL

图 6-17　视图删除数据

6.1.4　修改视图

SQL Server 2014 提供两种修改视图的方法：用“对象资源管理器”修改视图；用 T-SQL 命令修改视图。

6.1.4.1　使用“对象资源管理器”修改视图

通过“对象资源管理器”(对加密存储的视图不能在“对象资源管理器”界面修改)对已有视图进行修改的步骤如下：

① 在“对象资源管理器”中，展开数据库，如“jxk”。

② 展开“视图”结点，右击需要修改的视图，在弹出的快捷菜单上选择“设计”命令，如图 6-18 所示。

③ 在出现的窗口中对视图定义进行修改，然后单击标准工具栏中的“保存”按钮来保存已修改完的视图。如图 6-19 所示。

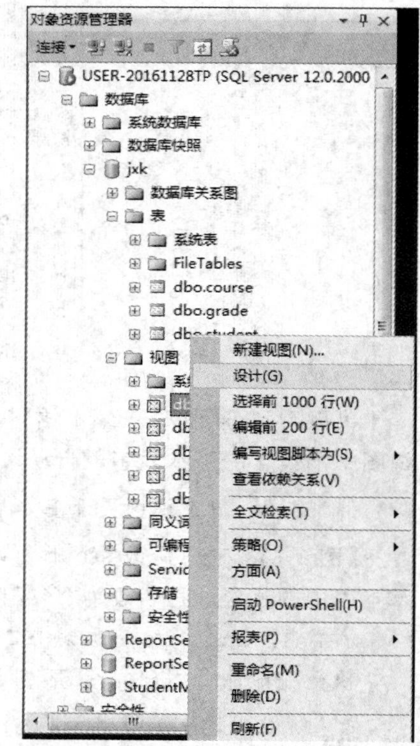

图 6-18　选择“设计”命令

6.1.4.2　使用 T-SQL 语句修改视图

使用 ALTER VIEW 语句修改视图，其语法格式如下：

```
ALTER VIEW [<database_name> .] [<owner
> .] view_name [(Column_name [,…n])]
[WITH {ENCRYPTION|SCHEMABINDING}[,…n]]
AS select_statement
[WITH CHECK OPTION]
```

以上各参数含义同 CREATE VIEW 语句，在此不

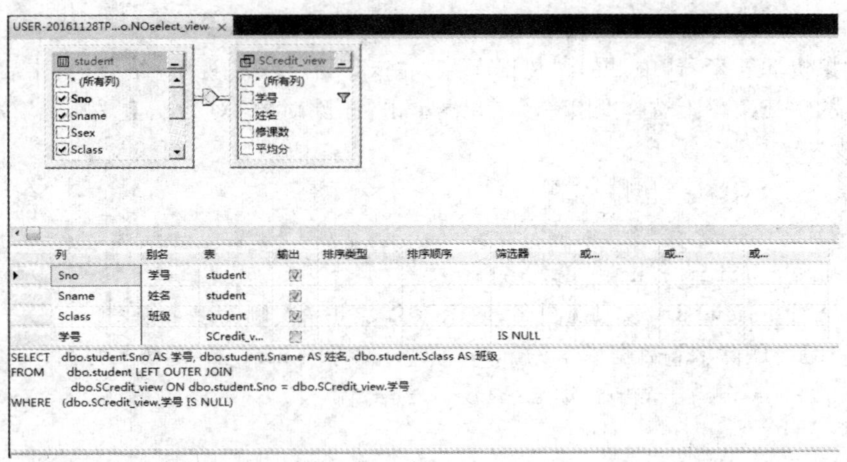

图 6-19　“修改视图”窗口

再赘述。

【例 6-9】　修改 sinfor_view 视图，在视图中增加显示字段 sregions。

```
ALTER VIEW sinfor_view
AS
SELECT sno,sname,sclass,sentergrade,sregions
FROM student
GO
SELECT *  FROM sinfor_view
```

执行上述语句后，在 sinfor_view 视图中新增一个 sregions 字段，如图 6-20 所示。

结果　消息

	Sno	Sname	Sclass	Sentergrade	Sregions
1	0901100101	赵春	营销091	582	辽宁
2	0901100103	赵刚	营销091	501	辽宁
3	0901100104	杨雨	营销091	574	辽宁
4	0901100106	杨旭枫	营销091	539	黑龙江
5	0901100107	李亚军	营销091	579	内蒙古
6	0901100109	宋丽新	营销091	584	辽宁
7	0901100110	张禹	营销091	549	辽宁
8	0901100114	王宇畅	营销091	554	辽宁
9	0901100115	马大文	营销091	598	辽宁
10	0901100118	王明星	营销091	583	辽宁
11	0901100124	张海蛟	营销091	595	内蒙古
12	0901100126	李孝松	营销091	560	辽宁
13	0901100128	张志影	营销091	569	辽宁
14	0901100201	王振煊	营销092	551	吉林
15	0901100204	赵朋	营销092	538	北京
16	0901100206	吴佳	营销092	529	河北

图 6-20　“修改”视图

6.1.5　删除视图

当视图不再使用时，可以通过“对象资源管理器”或 T-SQL 语句来删除。

(1) 使用“对象资源管理器”删除视图

在“对象资源管理器”中,展开“数据库”,如“jxk”,再展开“视图”结点,右击要删除的视图,在弹出的快捷菜单上选择“删除”命令,再单击“删除对象”对话框上 “确定”按钮即可删除指定的视图。

(2) 通过 T-SQL 语句删除视图

语法格式为:

```
DROP VIEW <view_name> [,…n]
```

[语法说明]:view_name 为视图名,使用该命令可一次删除多个视图。

【例 6-10】 删除 jxk 数据库中的 noselect_view 和 sinfor_view 两个视图。

```
DROP VIEW noselect_view,sinfor_view
```

6.2 索　　引

6.2.1 索引概述

为了加快对表中数据的检索,数据库管理系统通常使用索引技术。SQL Server 中的索引类似于图书的目录,表中的数据类似于书的内容。我们在看书的时候,总是通过书的目录来查找书的内容。在 SQL Server 中索引被定义成是数据表中数据和相应的存储位置的列表,利用索引可以提高在表或视图中查找数据的速度。

6.2.1.1 索引的特点

① 加快数据检索的速度。

② 通过创建唯一索引,可以保证数据表中记录的唯一性。

③ 在使用 ORDER BY 和 GROUP BY 子句进行数据查询时,可以减少排序和分组的时间。

④ 可以加速表与表之间的连接,实现了表与表之间的参照完整性。

⑤ 创建索引时耗费时间,并且数据量越大耗费的时间越长。

⑥ 索引要占用物理空间,索引数量越多占用的空间就越大。

⑦ 当对表中数据进行添加、删除或更新时,索引也要进行动态维护,这就增加了数据维护的时间。

6.2.1.2 创建索引的指导原则

索引是针对表建立的,它是由除存放表的数据页面以外的索引页面构成。每个索引页面中的行都含有逻辑指针,以加速检索物理数据。因此,对表中的列是否创建索引以及创建什么样的索引,对于查询的响应速度都会有很大的影响。因此,在创建索引时,应该考虑以下指导原则:

① 在经常需要搜索的列上创建索引。

② 在主键上创建索引。

③ 在经常用于连接的列上创建索引,即在外键上创建索引。

④ 在经常需要根据范围进行搜索的列上创建索引,因为索引已经排序,其指定的范围

是连续的。

⑤ 在经常需要排序的列上创建索引，因为索引已经排序，这样就加快了排序查询时间。

⑥ 在经常用在 WHERE 子句中的列上创建索引。

不适合创建索引的列的指导原则：

① 对于那些在查询中很少使用和参考的列不应该创建索引。

② 对于那些只有很少值的列也不应该增加索引。

③ 当 UPDATE、INSERT、DELETE 等性能远远大小 SELECT 性能时，不应该创建索引。

6.2.1.3　索引的分类

SQL Server 中索引分为聚集索引和非聚集索引两种基本类型。

(1) 聚集索引(Clustered index)

索引中键值的逻辑顺序与表中相应行的物理顺序相同，这样的索引称为聚集索引。一个表只能有一个聚集索引。若表中设置某列为主键后，系统会自动创建一个以该键为索引关键字的聚集索引。

(2) 非聚集索引(Nonclustered index)

非聚集索引不改变表中数据的物理存储顺序，索引与数据分开存储，索引中包含指向数据存储位置的指针。在创建索引时可指定索引键为升序或是降序存储。一个数据表中可以有多个非聚集索引。

按索引键值是否唯一可将索引分为唯一索引和非唯一索引。

① 唯一索引：索引关键字的键值没有重复值的索引。

② 非唯一索引：键值有重复值的索引。

此外，根据多列组合创建的索引称为组合索引。还有主键索引等。

如果一个数据表中既要创建聚集索引，又要创建非聚集索引时，应该先创建聚集索引，然后再创建非聚集索引，因为创建聚集索引时将改变数据记录的物理存放顺序。

6.2.2　创建索引

SQL Server 创建索引的方法有两种：使用“对象资源管理器”创建索引；使用 T-SQL 语句创建索引。

此外，SQL Server 会在创建数据表的同时根据数据表的字段设置自动创建两种索引：主键索引和唯一键索引。

6.2.2.1　系统自动创建的索引

在创建数据表时，指定为 PRIMARY KEY 和 UNIQUE 的字段，系统会自动创建相应的索引，主键索引自动创建为聚集索引，唯一键索引创建为唯一索引。

(1) 主键索引

如果在创建数据表时设置了主键，SQL Server 会自动创建一个主键索引(或聚集索引)。这就表示，存在主键的数据表在数据库中是按照主键值顺序进行物理存储的。例如 student 表中主键是 sno，系统会自动创建该字段的聚集索引。

由于一个表中只能有一个聚集索引，如果数据表不用主键作为聚集索引，而以其他字段值作为数据存储方式,那就需在设置主键前创立聚集索引。

在“对象资源管理器”中找到“jxk”数据库中的“student”表,将其索引结点展开就会看到一个名为“PK_xsxx”的索引,索引类型显示为“聚集”,如图 6-21 所示。在“student”表上右击鼠标,弹出的快捷菜单中选择“设计”命令,在“属性”窗口顶部的下拉菜单中选择“[Pkey]PK_xsxx”命令,这时可在“属性”面板中看到主键索引的设置,如图 6-22 所示。

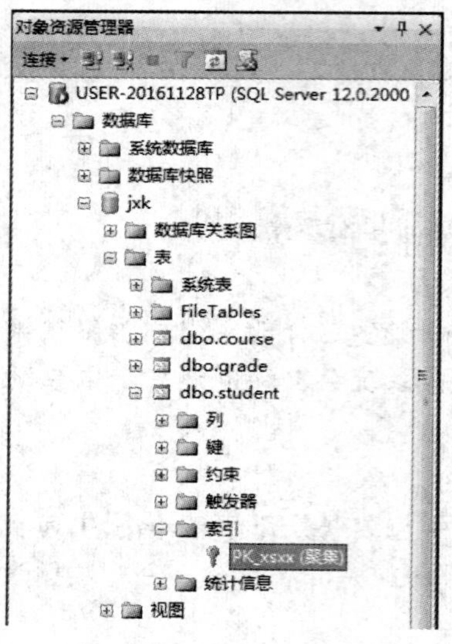

图 6-21　主键索引

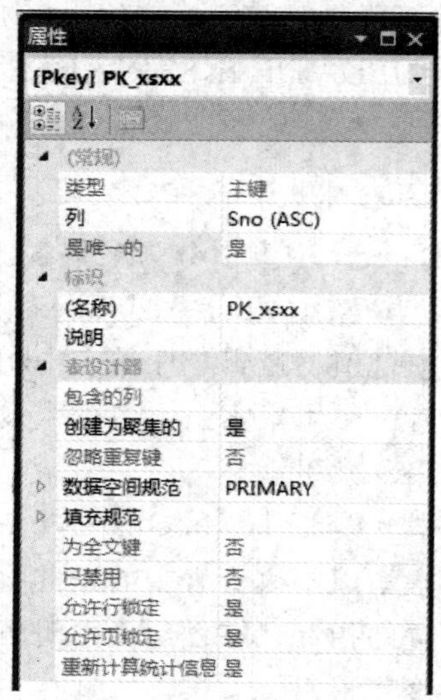

图 6-22　主键索引属性面板

SQL Server 索引对象常用的属性包括:

① 类型:创建哪种索引。

② 列:创建索引的列名。

③ 是唯一的:创建索引的键值是否唯一。

④ (名称):索引名称(可以修改)。

⑤ 说明:为索引添加备注信息。

⑥ 包含的列:索引包含的字段列表。如果是复合索引,字段中间用“,”分隔。

⑦ 创建为聚集的:设定索引是否为聚集索引。

⑧ 忽略重复键:如果索引键值是唯一的,数据表新增数据出现重复值时的处理方式。“是”表示新增重复值时,系统自动取消新增数据;“否”表示系统出现错误提示但不执行。

⑨ 数据空间规范:指定索引所在的文件组。

⑩ 填充规范:包括“填充索引”和“填充因子”两个子属性。填充因子是为索引分页指定填充比率,从而可以为插入或更新数据预留空间,减少分页次数,值的设定可以是 0～100,默认是 0,表示没有页面 100%使用,插入或更新时会因空间不足导致分页。

(2) 唯一键索引

在创建数据表时,若设置了 UNIQUE 键,SQL Server 会自动为其创建一个唯一索引。

【例 6-11】 在 jxk 数据库中,新建一个 teacher 表。设定 tname 为唯一键。

```
CREATE TABLE teacher
(tno char(6)not null  primary  key,
```

```
tname char(10)not null  unique,
tsex char(2),
tdepart char(20))
```

在“对象资源管理器”中的 teacher 表的“索引”结点下可以看到图 6-23 所示的索引。可以打开唯一索引“属性”面板查看信息，如图 6-24 所示。

图 6-23 主键索引（聚集）和唯一键索引

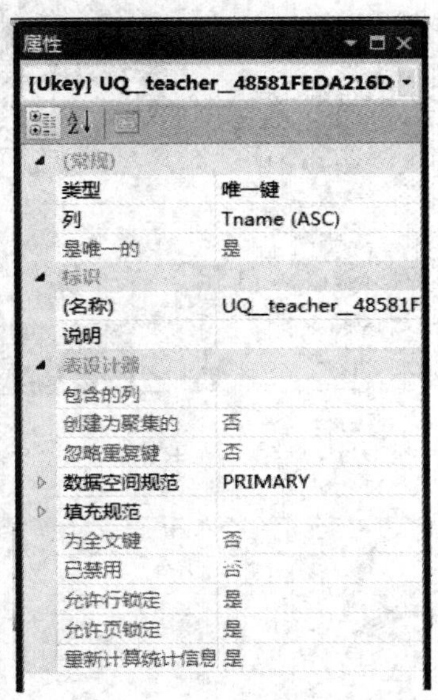

图 6-24　唯一键索引属性面板

6.2.2.2　使用“对象资源管理器”创建索引

(1) 在“对象资源管理器”中，展开需要建立索引的表，如 student 表。

(2) 右击“索引”结点，在弹出的快捷菜单中选择“新建索引”命令，如图 6-25 所示。

(3) 选择“非聚集索引”命令，在弹出的“新建索引”对话框中，如图 6-26 所示，填入索引名称如“xm_index”，索引类型为“非聚集”。若勾选“唯一”则设置为唯一索引。在“索引键列”窗格中单击“添加”按钮，在弹出的对话框中选择“sname”作为索引键值，然后单击“确定”按钮。

(4) 在“索引键列”窗格中为所选的索引键值指定“排序顺序”（升序或降序），如图 6-27 所示。若选择多列作为复合索引，可以用右侧的“上移”、“下移”按钮调整索引键列的优先级，如图 6-28 所示。

6.2.2.3　使用 T-SQL 语句创建索引

使用 CREATE INDEX 语句创建索引，其语法格式为：

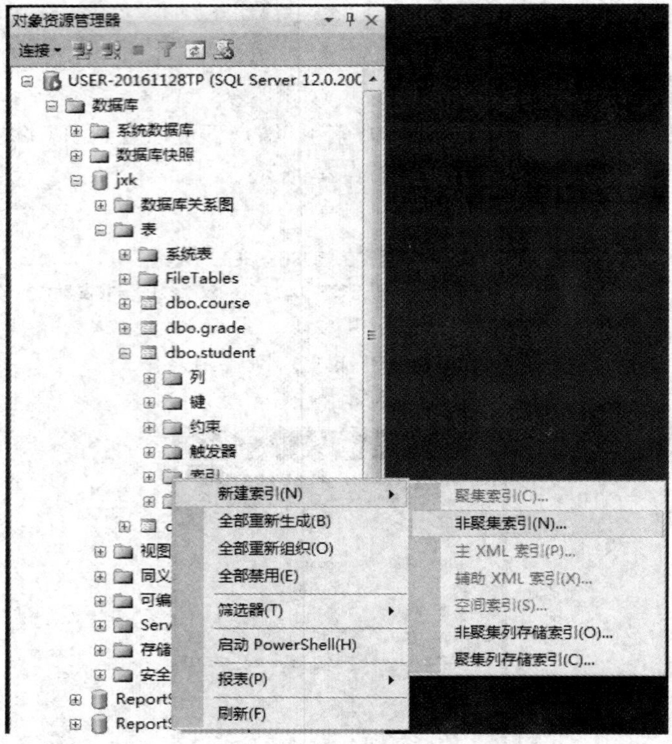

图 6-25　新建索引

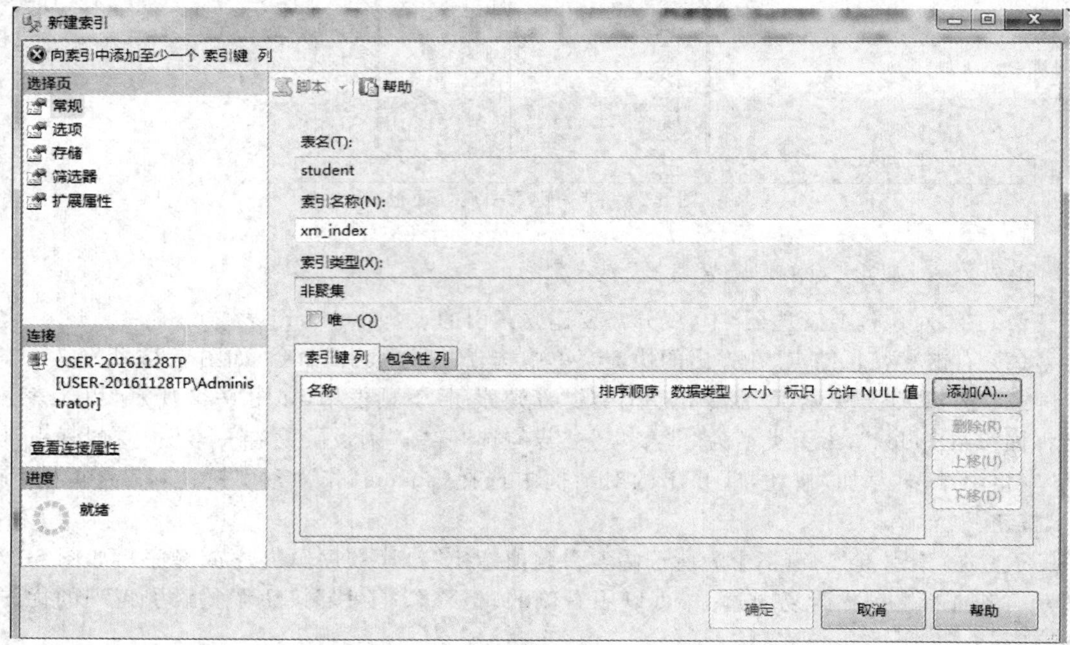

图 6-26　“新建索引”对话框

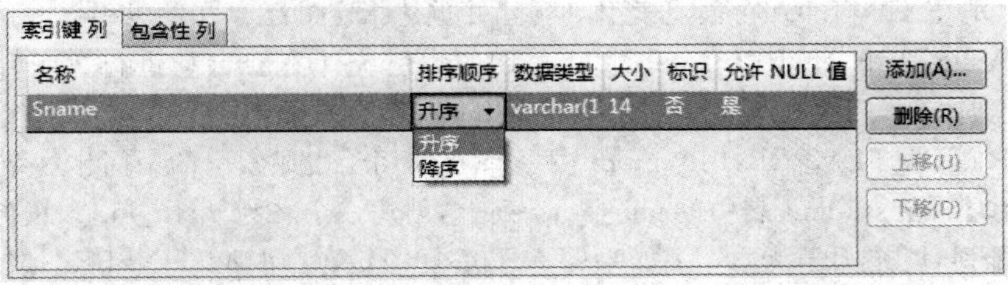

图 6-27 修改索引键排序顺序

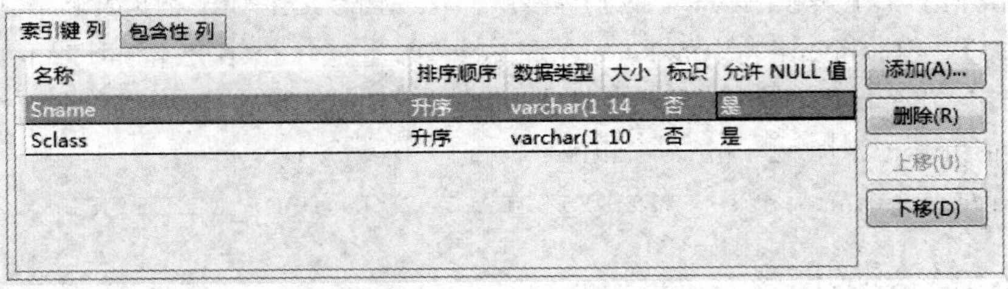

图 6-28 调整索引键顺序

```
CREATE [UNIQUE] [CLUSTERED|NONCLUSTERED] INDEX<index_name>
ON {table_name|view_name}
(column [ASC|DESC][,…n])
[WITH<index_option> [,…n]]
[ON filegroup]
<index_option> ::=
{PAD_INDEX | FILLFACTOR=fillfactor |IGNORE_DUP_KEY|DROP_EXISTING|
STATISTICS_NORECOMPUTE|SORT_IN_TEMPDB }
```

[语法说明]:

① UNIQUE:创建唯一索引,此时 SQL Server 不允许数据行中出现重复的索引值。

② CLUSTERED:创建聚集索引。若命令中没有指定 CLUSTERED,则默认使用 NONCLUSTERED 选项,创建一个非聚集索引。

③ index_name:创建的索引名称。

④ ON {table_name|view_name}:索引所属的表或视图。

⑤ column:索引所属的表或视图中的列。

⑥ ASC|DESC:索引文件按升序或降序建立,默认为 ASC(升序)。

⑦ PAD_INDEX:维护索引用的中间级中每个索引页上保留的可用空间。必须与 FILLFACTOR 共同使用。

⑧ FILLFACTOR:在 SQL Server 创建索引的过程中,各索引页的填满程度(百分比)。

⑨ IGNORE_DUP_KEY:对唯一索引的列插入重复键值时的处理方式。如果索引指定了 IGNORE_DUP_KEY,插入重复值时,SQL Server 会发出一条警告信息并忽略重复的行;否则 SQL Server 会发出警告消息并回滚整个 INSERT 语句。

⑩ DROP_EXISTING:在创建索引时删除并重建指定的已存在的索引。

⑪ STATISTICS_NORECOMPUTE:过期的索引统计不会自动进行重新计算。如要恢复自动更新统计,可执行没有 NORECOMPUTE 选项的 UPDATE STATISTICS 命令。

⑫ SORT_IN_TEMPDB:用 tempdb 数据库存储用于生成索引的中间排序结果。

【例 6-12】 在 student 表中的 sbirthday 列上,创建一个名为 birth_index 的唯一非聚集索引,降序排列,填充因子为 30%,如果输入了重复的键,将忽略该 INSERT 或 UPDATE 语句。

```
CREATE UNIQUE INDEX  birth_index
ON student (sbirthday  DESC)WITH  FILLFACTOR=30, IGNORE_DUP_KEY
```

【例 6-13】 用 student 表中的 sname 和 ssex 列,重建一个名为 name_index 的唯一非聚集组合索引,升序排序,填充因子为 10%。

```
CREATE UNIQUE INDEX name_index
ON student(sname,ssex)WITH FILLFACTOR=10,DROP_EXISTING
```

6.2.3 修改索引

修改索引包括重建索引、索引重命名、查看索引信息和索引统计信息等操作。

6.2.3.1 重建索引

使用 DBCC DBREINDEX 语句可以重建指定数据库的一个或多个索引。语法格式如下:

```
DBCC DBREINDEX([database.owner.table_name [,index_name[,FILLFACT-
ER]]])
[WITH NO_INFORMSGS]
```

[语法说明]:

① database.owner.table_name:表名。

② index_name:索引名。

③ FILLFACTER:填充因子。

④ WITH NO_INFORMSGS:屏蔽所有信息行消息(具有从 0~10 的严重级别)。

【例 6-14】 重新生成表 student 的 name_index 索引

```
DBCC DBREINDEX(student.name_index)WITH NO_INFOMSGS
```

执行上述语句后即可重建"name_index"索引

6.2.3.2 重命名索引

重命名索引有两种方式:

(1) 通过"对象资源管理器"重命名索引

在需要更改名称的索引结点上右击鼠标,弹出的快捷菜单中选择"重命名"命令,如图 6-29 所示。

(2) 利用 T-SQL 语句更改索引名称

利用系统存储过程 sp_rename 更改索引的名称,语法格式如下:

```
sp_rename [@objname=]'object_name',[@newname=]'new_name'
```

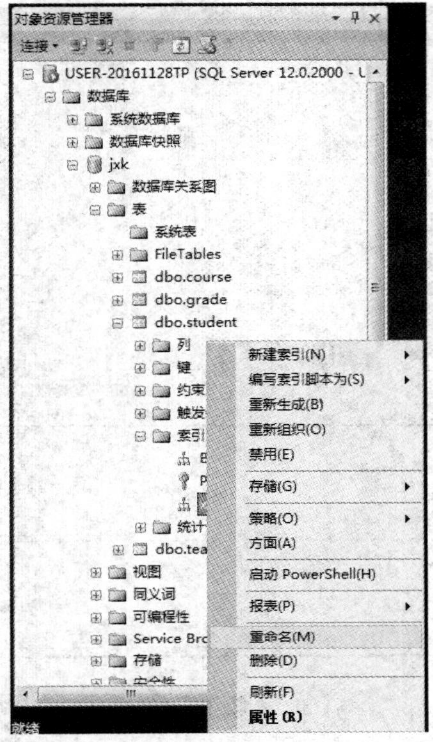

图 6-29　“重命名”索引

```
[,[@objtype=]'object_type']
```

[语法说明]:

① [@objname=]'object_name':对象的当前名称。

② [@newname=]'new_name':对象的新名称。

③ [@objtype=]'object_type':要重命名的对象类型。这里用 INDEX。

【例 6-15】 将 student 表中 xm_index 更名为 name_index。

```
EXEC sp_rename  'student.xm_index','name_index','INDEX'
```

注:该命令执行后需要在“对象资源管理器”中刷新索引文件夹,才能看到更名后的索引。

6.2.3.3　显示索引信息

(1) 在“对象资源管理器”中查看索引信息

在“对象资源管理器”中,右击需要查看的索引,在弹出的快捷菜单中选择“属性”命令。在“索引属性”对话框中可以查看并修改索引的相关信息,如图 6-30 所示。

(2) 使用系统存储过程查看索引信息

系统存储过程 sp_helpindex 可以返回某个表或视图的索引信息,语法格式为:

```
sp_helpindex [@objname=]'name'
```

【例 6-16】 使用存储过程查看 course 表的索引信息

```
EXEC sp_helpindex'course'
```

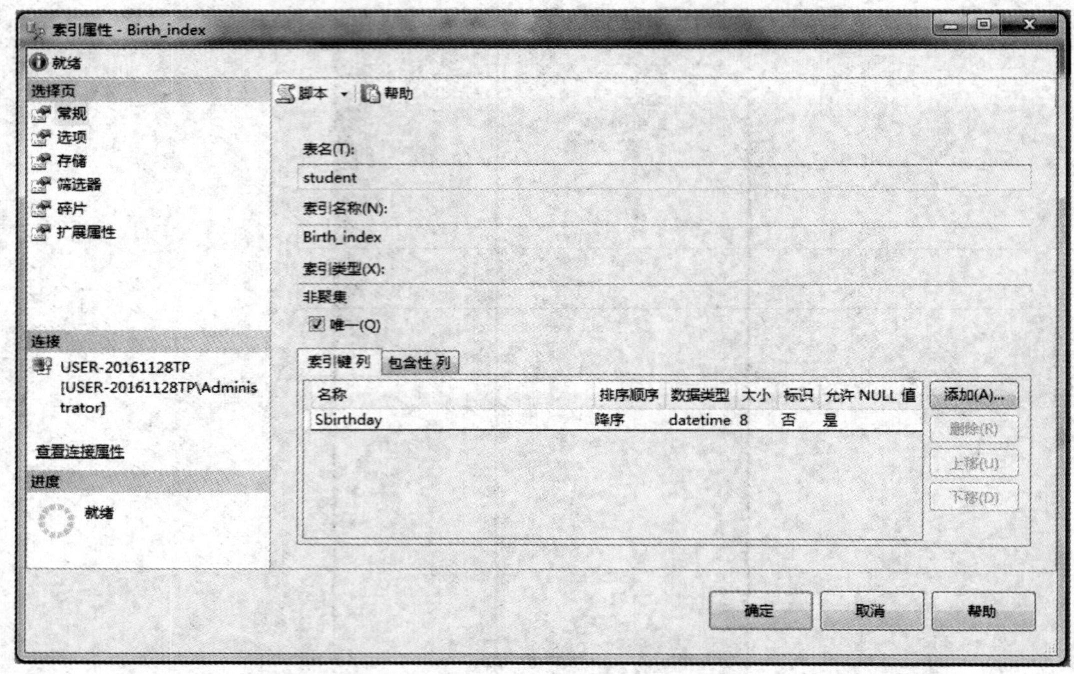

图 6-30 “索引属性”对话框

执行上述命令后结果如图 6-31 所示。

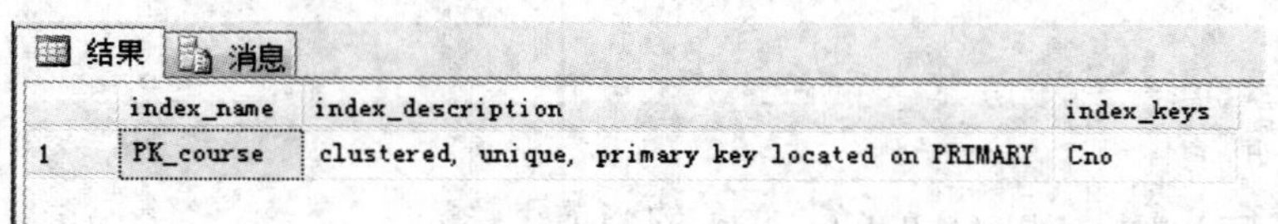

	index_name	index_description	index_keys
1	PK_course	clustered, unique, primary key located on PRIMARY	Cno

图 6-31 course 表的索引信息

6.2.3.4 查看索引的统计信息

索引统计信息可以用来分析索引性能，它是查询优化器用来分析和评估查询的基础数据，查看索引统计信息有两种方法：使用“对象资源管理器”和使用 T-SQL 命令。

(1) 在“对象资源管理器”中查看索引的统计信息

在“对象资源管理器”中展开指定的“表”和“统计信息”结点，右击要查看的索引，在弹出的快捷菜单中选择“属性”命令，会弹出“统计信息属性”对话框，如图 6-32 所示。

(2) 使用 T-SQL 命令查看索引统计信息

使用 DBCC SHOW_STATISTICS 命令来查看索引的统计信息。例如：

```
DBCC SHOW_STATISTICS('student',PK_xsxx)
```

执行该命令后，结果如图 6-33 所示。

6.2.4 删除索引

SQL Server 中删除索引有两种方法：使用“对象资源管理器”和使用 T-SQL 命令。

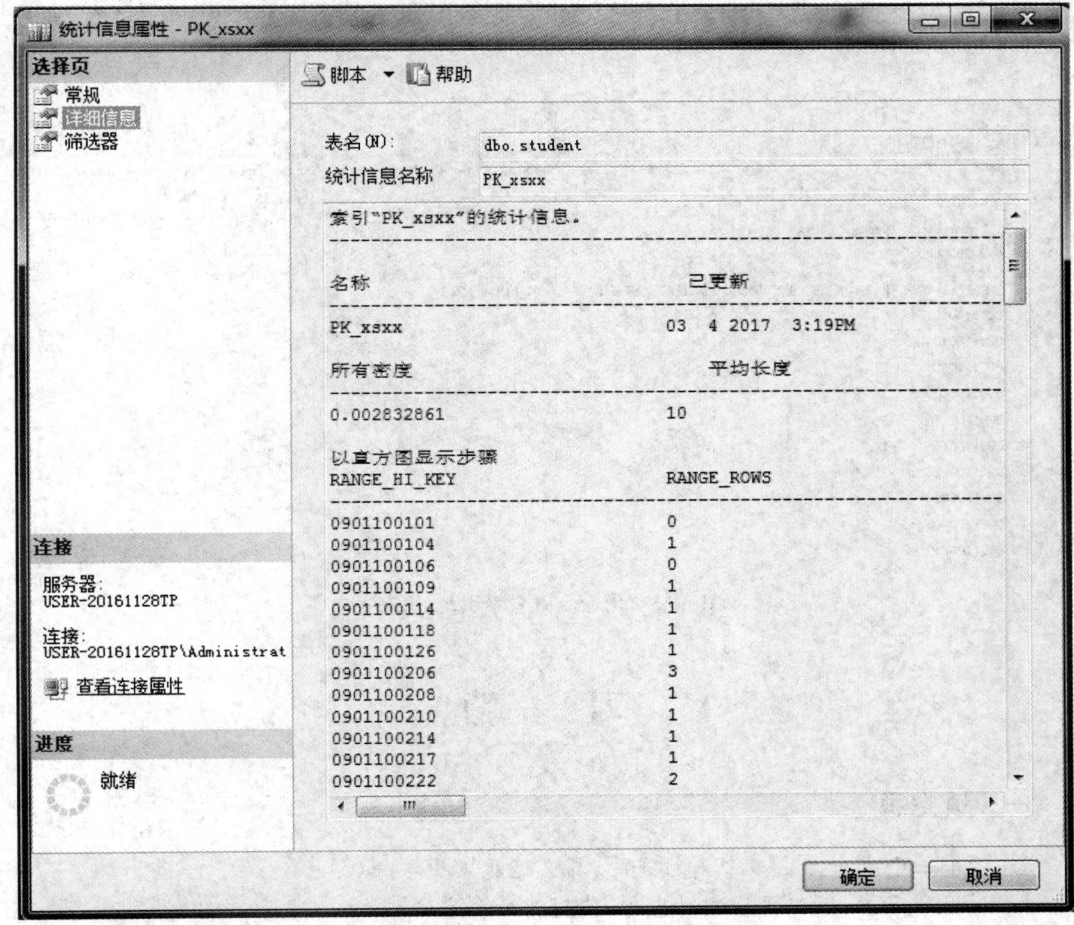

图 6-32　PK_xsxx 的索引统计信息

（1）使用“对象资源管理器”删除索引

方法：在“对象资源管理器”中找到要删除的索引结点，右击该索引结点，在弹出的快捷菜单上选择“删除”命令。

（2）使用 T-SQL 语句删除索引

使用 DROP INDEX 语句删除索引的语法格式为：

```
DROP INDEX table_index|view.index[,…n]
```

［语法说明］：

① table|view：表或视图名。

② index：要删除的索引名称。

③ [,…n]：可以同时删除多个索引。

【例 6-17】　删除在 student 表上创建的 birth_index 索引。

```
DROP INDEX student.birth_index
```

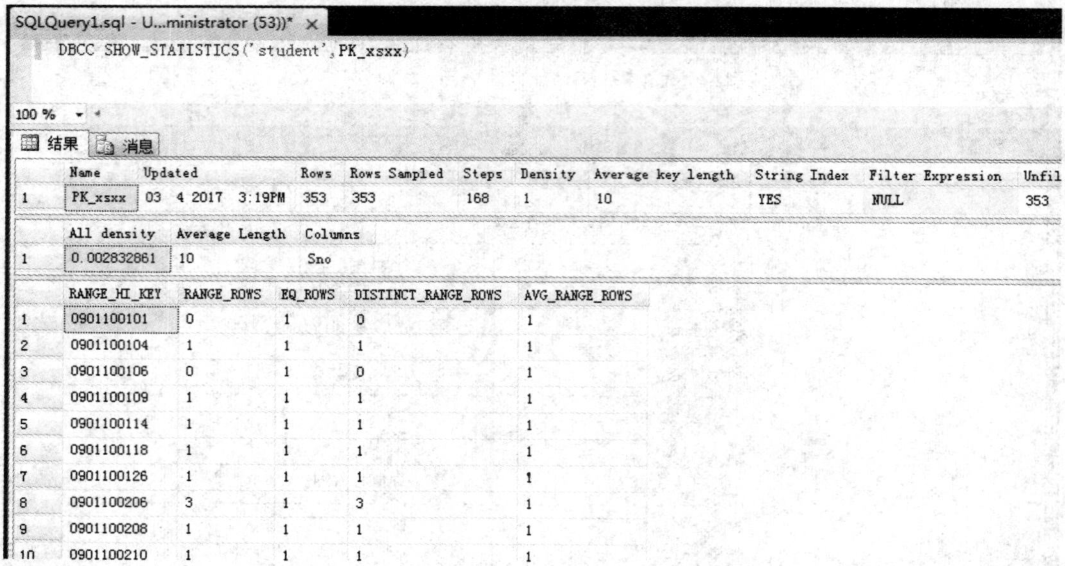

SQLQuery1.sql - U...ministrator (53))* ×

```
DBCC SHOW_STATISTICS('student',PK_xsxx)
```

100 %

结果 | 消息

	Name	Updated	Rows	Rows Sampled	Steps	Density	Average key length	String Index	Filter Expression	Unfil
1	PK_xsxx	03 4 2017 3:19PM	353	353	168	1	10	YES	NULL	353

	All density	Average Length	Columns
1	0.002832861	10	Sno

	RANGE_HI_KEY	RANGE_ROWS	EQ_ROWS	DISTINCT_RANGE_ROWS	AVG_RANGE_ROWS
1	0901100101	0	1	0	1
2	0901100104	1	1	1	1
3	0901100106	0	1	0	1
4	0901100109	1	1	1	1
5	0901100114	1	1	1	1
6	0901100118	1	1	1	1
7	0901100126	1	1	1	1
8	0901100206	3	1	3	1
9	0901100208	1	1	1	1
10	0901100210	1	1	1	1

图 6-33　用命令查看索引统计信息

习　　题

一、填空题

1. 如果一个索引是由多个列组成的,那么这种索引称为(　　　　)。

2. 利用 T-SQL 语句更改索引名称,使用的命令是(　　　　)。

3. 删除在 teacher 表中创建的 t_index 索引,使用的命令是(　　　　)。

4. 创建和修改视图有两种方法:使用“对象资源管理器”和(　　　　)。

5. 视图即可查询数据也可以修改原数据表中的数据,但是当创建视图时含有 GROUP BY 子句,视图就只能(　　　　),不能(　　　　)。

6. 索引顺序与数据表存储顺序不一致,这样的索引称为(　　　　)。

7. 在创建表时,指定为 UNIQUE 的字段,系统会自动创建相应的索引,这样的索引称为(　　　　)。

二、选择题

1. SQL Server 中的视图的类型,不包括(　　　　)。

　A. 标准视图　　B. 索引视图　　C. 分区视图　　D. 远程视图

2. (　　　　)是一个虚拟的表,其中的数据没有物理表现形式。

　A. 索引　　B. 视图　　C. 库文件　　D. 存储文件

3. 在下面关于视图的描述中,(　　　　)是不正确的。

　A. 视图的数据来源于基本表　　B. 视图可以方便用户的查询操作

　C. 有的视图数据是可以被更新的　　D. 视图与基本表是一一对应的

4. 建立索引的目的是(　　　　)。

A. 提高查询速度　　　　　　　　B. 重新排列数据行的顺序

C. 为了更好地编辑记录　　　　　D. 为了更好地计算

5. 当(　　　　)时,视图可以向基本表插入记录。

A. 视图所依赖的基本表有多个　　B. 视图所依赖的基本表只有一个

C. 视图所依赖的基本表只有两个　C. 视图所依赖的基本表最多有5个

6. 在职工表上,建立一个以姓名、工资为索引项的复合索引 xmgz_index,那么在这个索引中索引项的次序是(　　　　)。

A. 按照插入次序

B. 按照姓名顺序

C. 首先按照姓名排序,在姓名列值相同的情况下,再按照工资排序

D. 按照姓名升序,再按照姓名降序

第7章 存储过程与用户自定义函数

为了提高工作效率,减少编程人员的工作量,以及为管理人员定制独特的操作内容,可以创建T-SQL语句组,并存储在数据库中供以后使用。本章介绍存储过程与用户自定义函数的创建、管理与使用方法,可以为实现上述要求提供技术支持。

7.1 存储过程

在数据库系统中,存储过程具有很重要的作用。存储过程是SQL语句和流程控制语句的集合,它在运算时生成执行方式,对其再次运行时执行速度很快。

7.1.1 存储过程介绍

存储过程(Stored Procedure)是一组为了完成特定功能的SQL语句集,经编译后存储在数据库中,用户通过调用指定存储过程的名字并给出参数(如果该存储过程带有参数)来执行。

存储过程分为两类:系统提供的存储过程和用户自定义的存储过程。

系统存储过程主要存储在master数据库中并以"sp_"为前缀,并且系统存储过程主要是从系统表中获取信息,从而为系统管理员提供支持。通过系统存储过程,SQL Server中的许多管理性或信息性的活动(如了解数据库对象、数据库信息)都可以被顺利有效地完成。尽管这些系统存储过程被放在master数据库中,但是仍可以在其他数据库中对其进行调用,在调用时不必在存储过程名前加上数据库名。而且当创建一个新数据库时,一些系统存储过程会在新数据库中被自动创建。

用户自定义存储过程是由用户创建并能完成某一特定功能(如查询用户所需数据信息)的存储过程。

当利用SQL Server创建一个应用程序时,T-SQL是一种主要的编程语言。运用T-SQL进行编程两种方法。

① 在本地存储T-SQL程序,并创建应用程序向SQL Server发送命令来对结果进行处理。

② 把部分用T-SQL编写的程序作为存储过程存储在SQL Server中,并创建应用程序来调用存储过程,对数据结果进行处理。存储过程能够通过接收参数向调用者返回结果集,结果集的格式由调用者确定,返回状态值给调用者,指明调用是成功或是失败。针对数据库的操作语句,可以在一个存储过程中调用另一存储过程。

由于存储过程允许标准组件式编程,极大地提高了程序的可移植性、能够实现较快的执行速度、能够减少网络流量，同时存储过程可被作为一种安全机制来充分利用，基于上述优点，程序开发人员更多使用存储过程的方式。

存储过程虽然既有参数又有返回值，但是它与函数不同。存储过程的返回值只是指明执行是否成功，并且它不能像函数那样被直接调用，也就是在调用存储过程时，在存储过程名字前需要有“EXECUTE”保留字。

7.1.2　创建与使用存储过程

创建存储过程时，需要确定存储过程的三个组成部分：

① 所有的输入参数以及传给调用者的输出参数。

② 被执行的针对数据库的操作语句，包括调用其他存储过程的语句。

③ 返回给调用者的状态值，以指明调用是成功还是失败。

创建存储过程有两种方法：一是使用“对象资源管理器”，这种方法可以在自动产生的模板上，依提示信息创建；另一种是使用 T-SQL 命令 CREATE PROCEDURE，这种方法创建存储过程是一种较为快速的方法。

使用存储过程的方法是用 EXECUTE 命令调用，调用的格式为：

```
EXECUTE <procedure_name> [|@parameter] [ ,…n ]
```

［语法说明］：

① EXECUTE：调用关键字。

② procedure_name：存储过程名。

③ parameter：为存储过程的执行提供的调用参数值，或变量前加@，则此变量获取过程的返回信息。

7.1.2.1　使用“对象资源管理器”创建存储过程

如图 7-1 所示，在“对象资源管理器”下，展开“数据库”结点，展开选定的数据库，展开“可编程性”结点，选择“存储过程”结点，在“存储过程”结点上单击右键，在弹出的快捷菜单中选择“新建存储过程”，则显示编辑存储过程的模板，依照模板的提示要求进行设计。

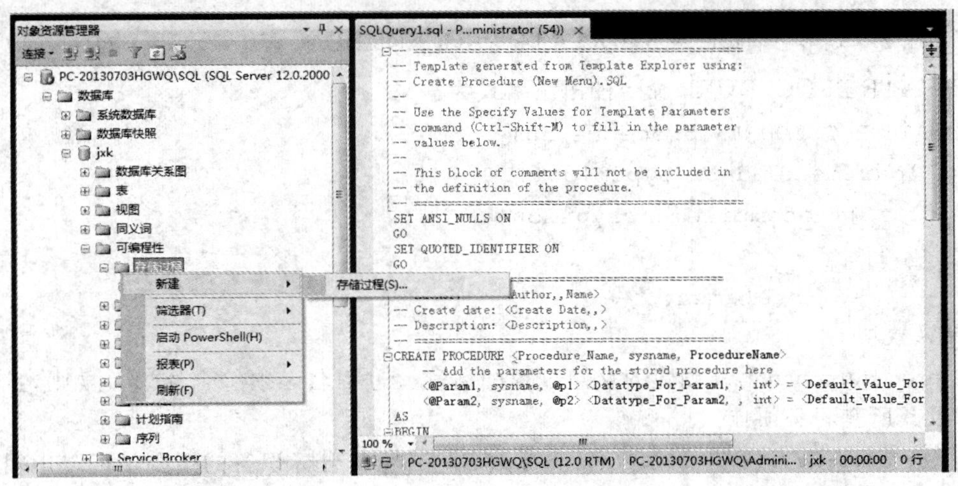

图 7-1　“新建存储过程”模板

【例 7-1】 依照模板的提示,创建不带参数的简单存储过程 printsentergrade,显示 student 表中赵春的 sname 和 sentergrade,如图 7-2 所示。

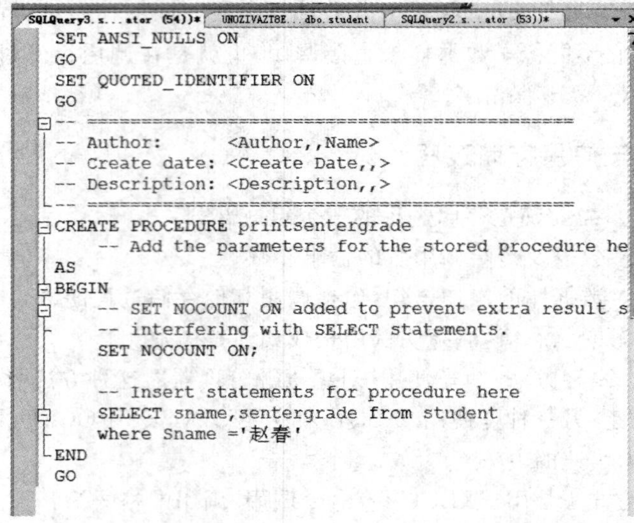

图 7-2 利用模板建立存储过程 printsentergrade

执行该存储过程命令及结果如图 7-3 所示。

```
USE jxk
EXECUTE printsentergrade
```

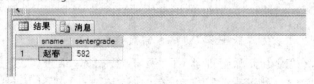

图 7-3 存储过程 printsentergrade 执行与结果

7.1.2.2 使用 T-SQL 命令 CREATE PROCEDURE 创建

CREATE PROCEDURE 命令的语法格式为:

```
CREATE PROCEDURE <procedue_name>
   [@parameter data_type][OUTPUT]
   [with]{recompile|encryption}
AS
       sql_statement
```

[语法说明]:

① procedure_name:新创建的存储过程的名称。过程名必须符合标识符规则,且对于数据库及其所有者必须唯一。

② @parameter:过程中的参数名称,参数名称必须符合标识符的规则。可以声明一个或多个参数。用户必须在执行过程时提供每个所声明参数的值。

③ data_type:参数的数据类型。所有数据类型均可以用作存储过程的参数。不过,

cursor 数据类型只能用 OUTPUT 参数。

④ OUTPUT:表明参数是返回参数,该选项的值可以返回给 EXECUTE。

⑤ [with]{recompile|encryption} recompile:过程将在运行时重新编译;encryption 选项,所创建的存储过程的内容会被加密。

⑥ sql_statement:可执行的 T-SQL 语句。

【例 7-2】 创建不带参数简单的存储过程 prsimple,显示 student 表中的 sno,sname,sentergrade。

```
CREATE PROCEDURE prsimple
AS
SELECT sno, sname, sentergrade FROM student
```

执行该存储过程及结果如图 7-4 所示。

```
USE jxk
EXECUTE prsimple
```

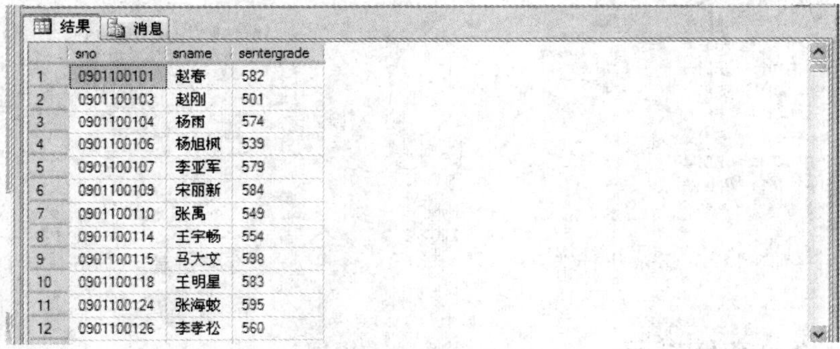

	sno	sname	sentergrade
1	0901100101	赵春	582
2	0901100103	赵刚	501
3	0901100104	杨雨	574
4	0901100106	杨旭枫	539
5	0901100107	李亚军	579
6	0901100109	宋丽新	584
7	0901100110	张禹	549
8	0901100114	王宇畅	554
9	0901100115	马大文	598
10	0901100118	王明星	583
11	0901100124	张海蛟	595
12	0901100126	李孝松	560

图 7-4　存储过程 prsimple 执行结果

【例 7-3】 创建带参数的简单存储过程 prinpa,显示 student 表中 sentergrade 值大于某一值的 sno,sname,sentergrade。

```
CREATE PROCEDURE prinpa
@score int
AS
SELECT sno, sname, sentergrade FROM student
WHERE sentergrade> @score
```

调用该存储过程,显示 student 中 sentergrade 值大于 500 的信息,执行结果如图 7-5 所示。

```
USE jxk
EXECUTE prinpa 500
```

【例 7-4】 创建带参数简单的存储过程 prinoupa,显示 student 表中 sentergrade 值大于某一值的 sno,sname,sentergrade,并返回 student 表中的总人数。

```
CREATE PROCEDURE prinoupa
@score int ,
@scount int OUTPUT
```

```
AS
SELECT sno,sname,sentergrade FROM student
WHERE sentergrade> @score
SET @scount= (SELECT count(* )FROM student)
```

调用该存储过程,显示 student 中 sentergrade 值大于 500 的信息,并显示表中总人数,执行结果如图 7-6 所示。

```
USE jxk
DECLARE @count1 int
EXECUTE prinoupa 500,@count1 OUTPUT
SELECT @count1
```

结果 | 消息

	sno	sname	sentergrade
1	0901100101	赵春	582
2	0901100103	赵刚	501
3	0901100104	杨雨	574
4	0901100106	杨旭枫	539
5	0901100107	李亚军	579
6	0901100109	宋丽新	584
7	0901100110	张禹	549
8	0901100114	王宇畅	554
9	0901100115	马大文	598
10	0901100118	王明星	583
11	0901100124	张海蛟	595
12	0901100126	李孝松	560

图 7-5　存储过程 prinpa 执行结果

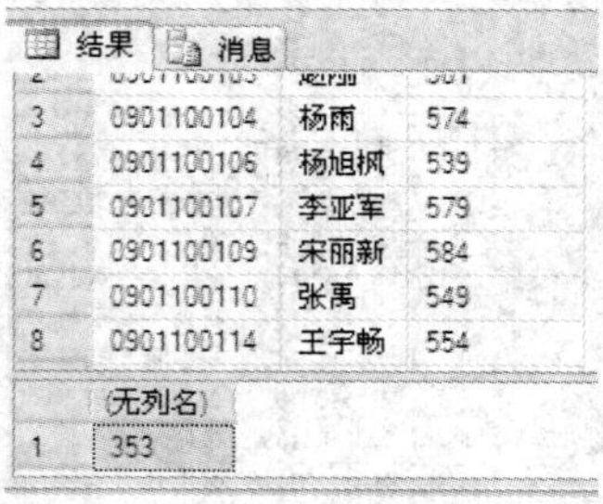

结果 | 消息

3	0901100104	杨雨	574
4	0901100106	杨旭枫	539
5	0901100107	李亚军	579
6	0901100109	宋丽新	584
7	0901100110	张禹	549
8	0901100114	王宇畅	554

	(无列名)
1	353

图 7-6　存储过程 prinoupa 执行结果

7.1.3　修改存储过程

修改存储过程同样有两种方法,即使用“对象资源管理器”和使用 T-SQL 命令 ALTER PROCEDURE。

7.1.3.1　使用“对象资源管理器”修改存储过程

使用“对象资源管理器”修改存储过程的方法是:在“对象资源管理器”下,展开“数据库”结点,再展开选定的数据库,展开“可编程性”结点,展开“存储过程”结点,在欲修改的存储过程结点上单击右键,在弹出的快捷菜单中选择“修改”,则右侧的编辑窗口中显示出将要修改的存储过程内容命令,与创建存储过程不同的是,窗口中原来的“CREATE”变成了“ALTER”。

【例 7-5】　修改例 7-1 所创建的存储过程 printsentergrade,增加显示 sno 字段,如图 7-7 所示。

7.1.3.2　使用 T-SQL 命令修改存储过程

使用 T-SQL 命令修改存储过程的语法格式同创建存储过程的语法格式基本相同,不同的是将创建时的“CREATE”命令改成 “ALTER”,并且在该命令之前指定当前数据库,如“USE jxk”。

【例 7-6】　更改例 7-4 创建的存储过程 prinoupa,存储过程的功能更改为显示 student 表中 sentergrade 值小于某一值的 sno,sname,sentergrade,并返回满足这一条件的人数。

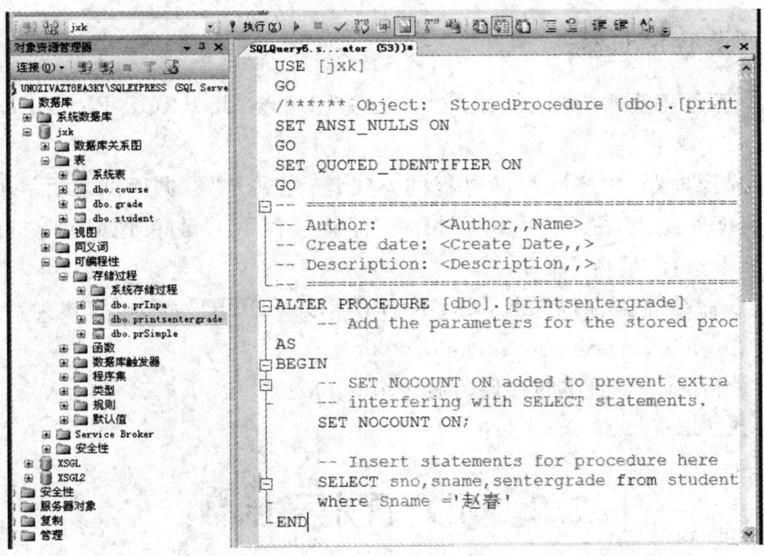

图 7-7　修改 jxk 中 printsentergrade 存储过程

```
USE jxk
GO
ALTER PROCEDURE prinoupa
@score int,
@scount int OUTPUT
AS
SELECT sno, sname, sentergrade FROM student
WHERE sentergrade <@score
SELECT @scount=count(* )FROM student
WHERE sentergrade <@score
```

调用该存储过程，显示 student 中 sentergrade 值小于 500 的信息和人数，执行结果如图 7-8 所示。

```
USE jxk
DECLARE @count1 int
EXECUTE prinoupa 500,@count1 OUTPUT
SELECT @count1 AS 人数
```

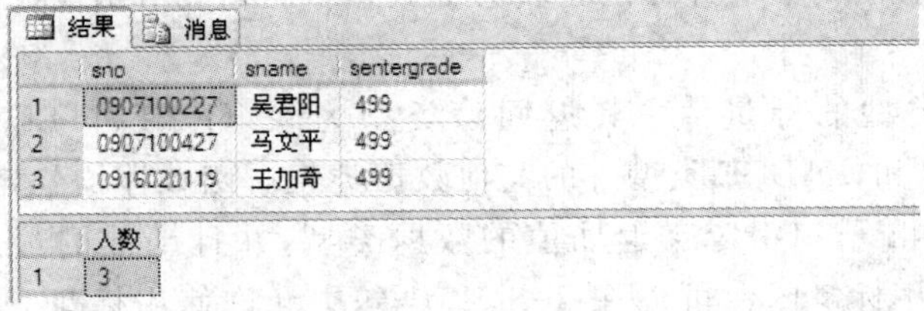

	sno	sname	sentergrade
1	0907100227	吴君阳	499
2	0907100427	马文平	499
3	0916020119	王加裔	499

	人数
1	3

图 7-8　修改后的存储过程 prinoupa 执行结果

7.1.4 删除存储过程

当存储过程不再需要时,可以使用"对象资源管理器"或 DROP PROCEDURE 语句将其删除。

在"对象资源管理器"中删除存储过程的方法是:先展开"数据库",之后展开欲删除的存储过程所属的数据库结点,展开"可编程性"和"存储过程",右键单击要删除的存储过程,在弹出的快捷菜单中选择"删除"命令。

使用 T-SQL 命令删除存储过程,用 DROP PROCEDURE 命令,格式为:

```
DROP PROCEDURE procedue_name
```

【例 7-7】 删除例 7-3 创建的存储过程 prinoupa。

```
DROP PROCEDURE prinoupa
```

7.2 用户自定义函数

函数是由一个或多个 T-SQL 语句组成的子程序,可用于封装代码以便重新使用。SQL Server 提供了丰富的系统内置函数,可以在 SQL Server Management Studio 中的"对象资源管理器"中查看,用户可以根据需要查看相应的函数,同时 SQL Serve 也允许用户创建具有自己特色的用户自定义函数。

7.2.1 用户自定义函数的概念和类型

用户自定义函数(User Defined Functions)是指在数据管理中因使用到的表达式过于复杂,系统内置函数又无法满足需要,且这些操作的次数又多,则由用户自己根据需要使用 T-SQL 语句编写的函数。它可以提供系统函数无法提供的功能,这些函数就称为用户自定义函数。

用户自定义函数不能用于执行一系列改变数据库状态的操作,但它可以像系统函数一样在查询或存储过程等的程序段中使用,也可以像存储过程一样通过 EXECUTE 命令来执行。用户自定义函数中存储了一个 T-SQL 例程,可以返回一定的值。

使用用户自定义函数可以重复使用编程代码,减少开发时间,提高工作效率。同时还可隐藏 SQL 细节,便于开发人员将精力集中到处理高级编程工作,且程序执行速度快,可减少网络流量。

在 SQL Server 中根据函数返回值形式的不同将用户自定义函数分为标量值函数和表值函数两种类型,而表值函数又分为内联表值函数和多语句表值函数。

(1) 标量值函数

返回一个确定类型的标量值。其返回值类型为除 TEXT、NTEXT、IMAGE、CURSOR、TIMESTAMP 和 TABLE 类型外的其他数据类型。函数体语句定义在 BEGIN-END 语句内,在 RETURNS 子句中定义返回值的数据类型,并且函数的最后一条语句必须为 RETURN 语句。调用标量函数可以在 T-SQL 语句中允许使用标量表达式的任何位置调用返回标量值(与标量表达式的数据类型相同)的任何函数。必须使用至少由两部分组成名称的函数来调用标量值函数,即"架构名.对象名"。

(2) 内联表值函数

以表的形式返回一个返回值，即它返回的是一个表。内联表值型函数没有由 BEGIN-END 语句括起来的函数体。其返回的表是由一个位于 RETURN 子句中的 SELECT 命令从数据库中筛选出来。可将内联表值型函数看作为一个参数化的视图。调用内联表值函数时不需指定架构名。

(3) 多语句表值函数

也称为多声明表值型函数，可以看作标量值和内联表值函数的结合体。它的返回值是一个表，但它和标量型函数一样有一个用 BEGIN-END 语句括起来的函数体，返回值的表中的数据是由函数体中的语句插入的。可以进行多次查询，对数据进行多次筛选与合并，弥补了内联表值型函数的不足。

7.2.2　创建与使用用户自定义函数

与创建存储过程相类似，创建用户自定义函数也有两种方法，即可以在产生的模板上依提示信息创建，也可以在新建查询的编辑窗口中使用 T-SQL 命令创建，命令方式创建较为快捷。

7.2.2.1　“对象资源管理器”下创建用户自定义函数

在“对象资源管理器”下，展开“数据库”结点，之后展开选定的数据库，展开“可编程性”结点并选择“函数”结点，在“函数”结点上单击右键，在弹出的快捷菜单中选择“新建”命令，在下一级菜单中选择“内联表值函数”、“多语句表值函数”和“标量值函数”之一创建相应的自定义函数，如图 7-9 所示(也可继续展开“函数”结点，在“表值函数”或“标量值函数”结点上右击，在弹出的快捷菜单中选择操作)。然后在右侧的编辑窗口中的模板指导下完成自定义函数的创建。

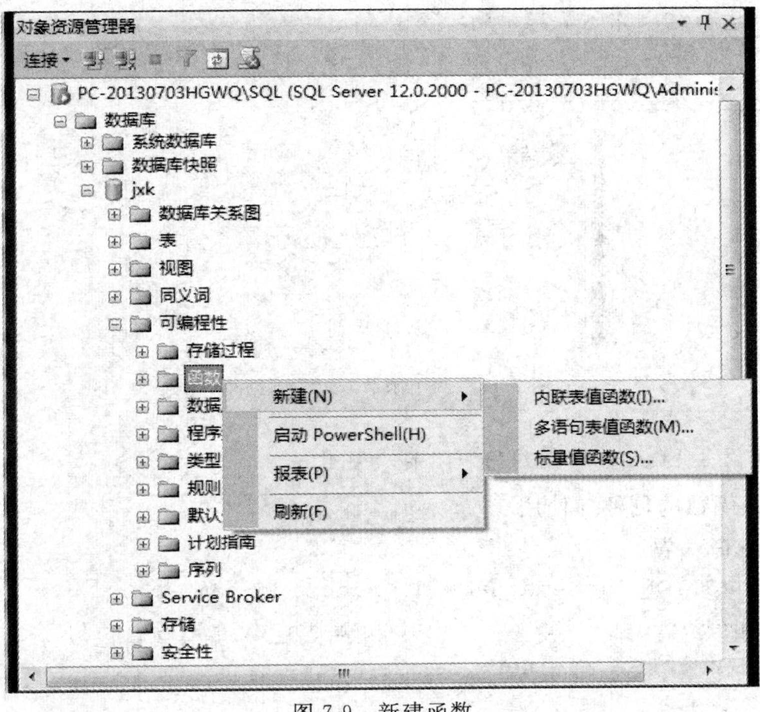

图 7-9　新建函数

【例 7-8】 使用“对象资源管理器”创建用户自定义函数 oddeven,判断一个整数的奇偶性,如图 7-10 所示。

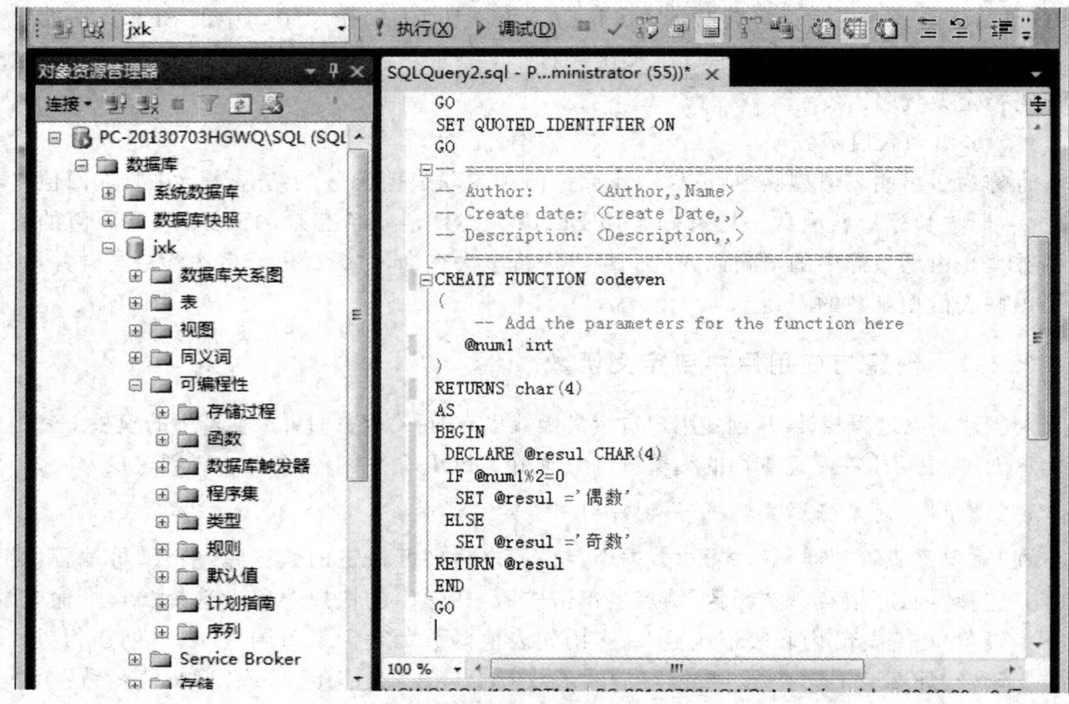

图 7-10 使用“对象资源管理器”创建用户自定义函数

调用函数,运行结果如图 7-11 所示。

```
USE jxk
SELECT dbo.oodeven(51),dbo.oodeven(52)
```

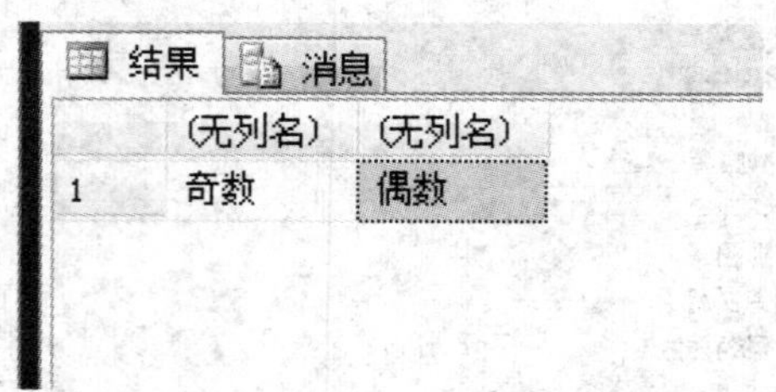

图 7-11 调用函数 oddeven 结果

7.2.2.2 用 T-SQL 命令创建用户自定义函数

(1) 标量值函数的创建与使用

命令的基本格式为:

```
CREATE FUNCTION [schema_name.] <function_name>
([{@parameter_name [AS] parameter_data_type}[ ,…n]])
  RETURNS return_data_type
   [AS]
```

```
    BEGIN
        function_body
        RETURN scalar_expression
END
```

[语法说明]:

① schema_name:自定义函数的所有者。

② function_name:自定义函数的名称。

③ @parameter_name:参数名。

④ parameter_data_type:参数的数据类型。

⑤ return_data_type:返回值的数据类型。

⑥ function_body:函数体语句内容。

⑦ scalar_expression:标量表达式

【例 7-9】 显示 50 至 100 之间的所有素数。素数即质数,指只能被 1 和本身整除的数。判定一个数是否为素数的功能用自定义函数完成,返回值为 0 表示不是素数,返回值为 1 表示该数是素数。

创建自定义函数 prime,用来判断一个数是否为素数。

```
CREATE FUNCTION prime
(@num int)
RETURNS bit
AS
BEGIN
DECLARE @i int,@j int
SET @i=2
SET @j=1
WHILE (@i<@num and @j=1)
BEGIN
IF @num% @i=0
  SET @j=0
ELSE
  SET @i=@i+ 1
END
RETURN @j
END
```

编写过程,调用此函数,运行结果如图 7-12 所示。

```
USE jxk
DECLARE @i int
SET @i=50
WHILE @i<100
BEGIN
```

```
IF dbo.prime(@i)=1
   PRINT @i
SET @i=@i+ 1
END
```

【例 7-10】 创建自定义函数 get_xh,实现的功能是:已知某学生姓名,显示他的成绩。

由于 grade 中不包括表示姓名的字段,所以用自定义函数得出某姓名对应的学号 sno,然后通过学号 sno 显示其成绩信息。

```
CREATE FUNCTION get_xh
(@name char(10))
RETURNS char(10)
AS
BEGIN
DECLARE @gxh char(10)
SET @gxh=(SELECT sno FROM student WHERE sname=@name)
RETURN @gxh
END
```

使用 SQL 命令调用 get_xh 函数显示姓名为"杨雨"的成绩信息,运行结果如图 7-13 所示。

```
SELECT * FROM grade WHERE sno=dbo.get_xh('杨雨')
```

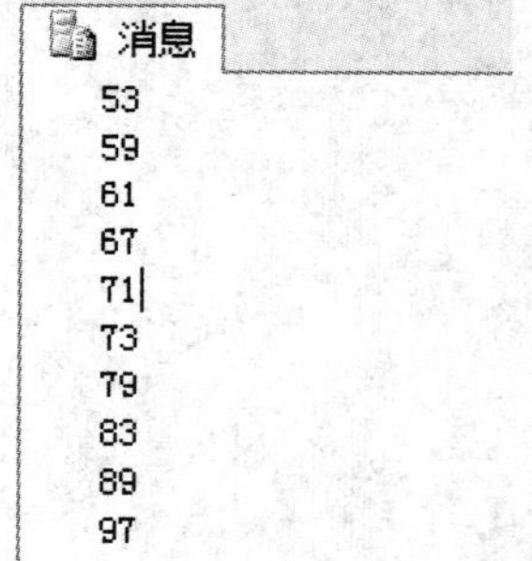

图 7-12 调用函数 prime 运行结果

结果 消息

	Sno	Cno	SCgrade
1	0901100104	150205	74
2	0901100104	140102	77
3	0901100104	150109	77
4	0901100104	150204	74
5	0901100104	140101	92

图 7-13 调用函数 get_xh 运行结果

(2) 内联表值函数的创建与使用

命令的基本格式为:

```
CREATE FUNCTION [schema_name.] <function_name>
([{@parameter_name [AS] parameter_data_type}[ ,…n]])
RETURNS TABLE
[AS]
RETURN [(] select_stmt [)]
```

[语法说明]:

① schema_name:自定义函数的所有者。

② function_name:自定义函数的名称。

③ @parameter_name：参数名。

④ parameter_data_type：参数的数据类型。

⑤ select_stmt：SELECT 查询语句。

【例 7-11】 创建自定义函数 funbyname，实现的功能是：已知某学生姓名，显示其 sno，sname，sclass，ssex。

```
CREATE FUNCTION funbyname(@name char(10))
RETURNS TABLE
AS
RETURN (SELECT sno,sname, sclass, ssex FROM student
WHERE sname=@name)
```

使用 SQL 命令调用函数显示姓名为“杨雨”的信息，命令运行结果如图 7-14 所示。

```
SELECT *  FROM funbyname('杨雨')
```

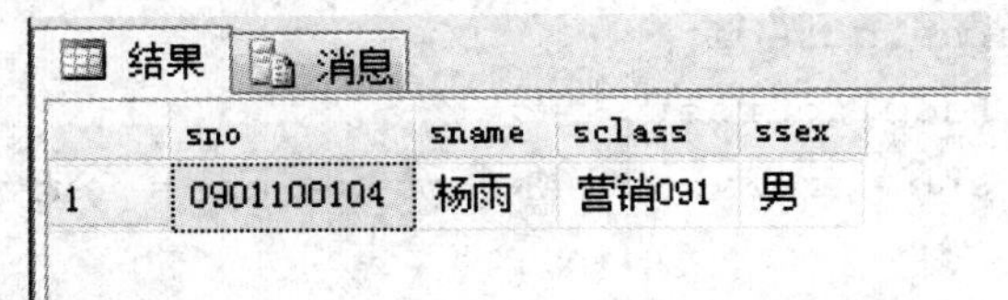

图 7-14　自定义函数 funbyname 的调用

(3) 多语句表值函数的创建与使用

命令的基本格式为：

```
CREATE FUNCTION [schema_name.] <function_name>
([{@parameter_name [AS] parameter_data_type }[ ,…n]])
RETURNS @return_variable TABLE <table_type_definition>
[AS]
BEGIN
    function_body
    RETURN
END
```

[语法说明]：

① schema_name：自定义函数的所有者。

② function_name：自定义函数的名称。

③ @parameter_name：参数名。

④ parameter_data_type：参数的数据类型。

⑤ return_variable：表变量名。

⑥ table_type_definition：表变量字段定义。

⑦ function_body：函数体语句内容。

【例 7-12】 创建自定义函数 funfullbyname，要求为：已知某学生姓名，显示其基本信息与考试的成绩信息，包括学号(sno)，姓名(sname)，班级(sclass)，成绩(scgrade)，课程名称(cname)和学分(ccredit)。

```
CREATE FUNCTION funfullbyname(@name char(10))
RETURNS @newtable TABLE(
sno char(10),
sname char(14),
sclass varchar(10),
scgrade int,
cname varchar(50),
ccredit int
)
BEGIN
INSERT @newtable
SELECT student.sno, student.sname, student.sclass, grade.scgrade,
course.cname , course.ccredit
FROM student,grade,course
WHERE student.sno=grade.sno AND grade.cno=course.cno AND sname=
@name
RETURN
END
```

使用 SQL 命令调用函数显示姓名为“杨雨”的信息,运行结果如图 7-15 所示。

```
SELECT * FROM funfullbyname ('杨雨')
```

	sno	sname	sclass	scgrade	cname	ccredit
1	0901100104	杨雨	营销091	74	数据库与程序设计	3
2	0901100104	杨雨	营销091	77	大学物理	5
3	0901100104	杨雨	营销091	77	多媒体技术	2
4	0901100104	杨雨	营销091	74	计算机硬件	2
5	0901100104	杨雨	营销091	92	高等数学	5

图 7-15 函数 funfullbyname 的调用

7.2.3 修改用户自定义函数

修改用户自定义函数,可使用“对象资源管理器”和使用 T-SQL 命令 ALTER FUNCTION。

7.2.3.1 使用“对象资源管理器”修改用户自定义函数

使用“对象资源管理器”修改用户自定义函数的过程是:在“对象资源管理器”下,展开“数据库”结点,展开选定的数据库,之后展开“可编程性”结点下的“函数”结点,展开相应的函数类型结点,在欲修改的用户自定义函数结点上单击右键,在弹出的快捷菜单中选择“修改”命令,则右侧的编辑窗口中显示出将要修改的用户自定义函数内容命令。与创建用户自定义函数不同的是,窗口中原来的“CREATE”变成了“ALTER”。

【例 7-13】 使用“对象资源管理器”修改例 7-8 用户自定义函数 oddeven，判断一个整数的奇偶性，奇数返回值为 1，偶数返回值为 0，如图 7-16 所示。

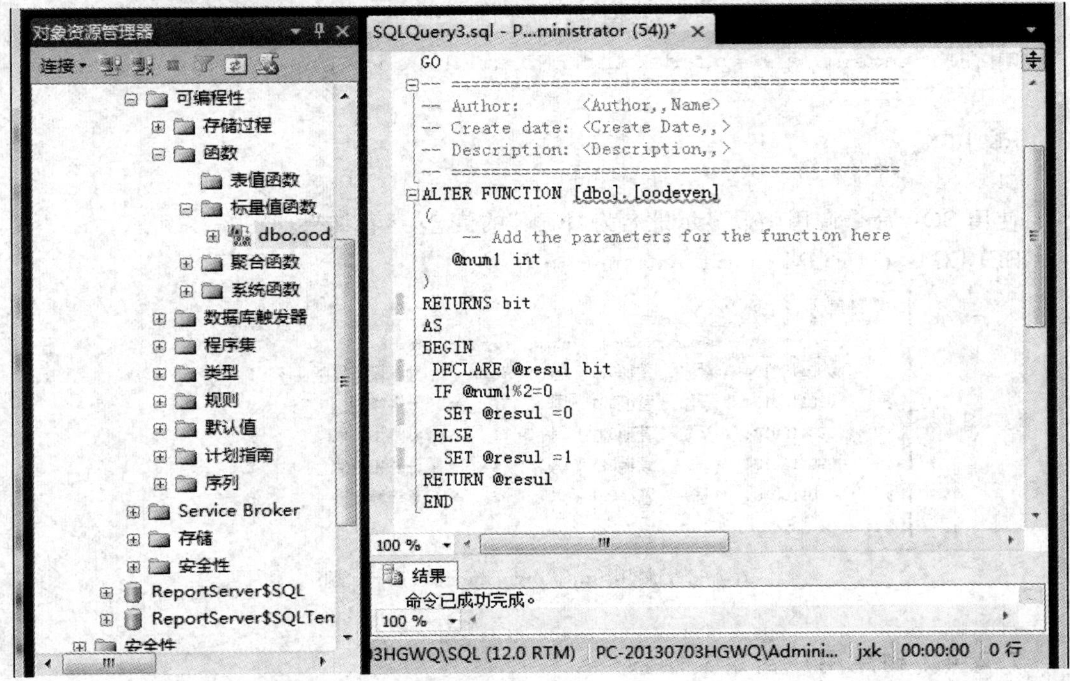

图 7-16　使用“对象资源管理器”修改自定义函数 oddeven

7.2.3.2　使用 T-SQL 命令修改用户自定义函数

使用 T-SQL 命令修改用户自定义函数，只是将创建时的 CREATE 命令改成了 ALTER 命令，并且在该命令之前指定当前数据库，如 USE jxk。

【例 7-14】 修改例 7-12 用户自定义函数 funfullbyname，在原有列上增加性别 ssex 列。

```
USE jxk
GO
ALTER FUNCTION funfullbyname (@name char(10))
RETURNS @newtable TABLE
(sno char(10),
sname char(14),
sclass varchar(10),
ssex char(2),
scgrade int,
cname varchar(50),
ccredit int
)
BEGIN
INSERT @newtable
```

```
SELECT student.sno, student.sname, student.sclass, student.ssex,
grade.scgrade, course.cname,course.ccredit
FROM  student,grade,course
WHERE student.sno=grade.sno AND grade.cno=course.cno AND sname=
@name
RETURN
END
```

使用 SQL 命令调用函数显示姓名为“杨雨”的信息,运行结果如图 7-17 所示。

SELECT * FROM funfullbyname ('杨雨')

结果　消息

	sno	sname	sclass	ssex	scgrade	cname	ccredit
1	0901100104	杨雨	营销091	男	74	数据库与程序设计	3
2	0901100104	杨雨	营销091	男	77	大学物理	5
3	0901100104	杨雨	营销091	男	77	多媒体技术	2
4	0901100104	杨雨	营销091	男	74	计算机硬件	2
5	0901100104	杨雨	营销091	男	92	高等数学	5

图 7-17　调用 funfullbyname 函数运行结果

7.2.4　删除用户自定义函数

当存储过程不再需要时,可以使用“对象资源管理器”或 DROP FUNCTION 语句将其删除。

7.2.4.1　使用“对象资源管理器”删除用户自定义函数

在“对象资源管理器”中删除用户自定义函数的过程是:先展开用户自定义函数所属的数据库以及“可编程性”,然后展开“函数”,展开相应的函数类型结点,在欲修改的用户自定义函数结点上单击右键,在弹出的快捷菜单中选择“删除”命令。

7.2.4.2　使用 T-SQL 命令删除用户自定义函数

使用 T-SQL 命令删除用户自定义函数,DROP FUNCTION 命令的格式为:

```
DROP FUNCTION <function_name>
```

【例 7-15】 删除例 7-10 创建的用户自定义函数 funfullbyname。

```
DROP FUNCTION funfullbyname
```

习　题

一、填空题

1. 创建存储过程的关键字是(　　　　)。
2. 执行存储过程用(　　　　)。
3. 删除存储过程用(　　　　)。

4. 存储过程必须先(　　　　)后使用。

二、选择题

1. 在 SQL 语言中，创建用户自定义函数的命令为(　　　　)。

A. CREATE VIEW　　　　B. CREATE INDEX

C. CREATE FUNCTION　　　　D. ALTER FUNCTION

2. 在 SQL 语言中，创建存储过程的命令为(　　　　)。

A. CREATE VIEW　　　　B. CREATE INDEX

C. CREATE PROCEDURE　　　　D. CREATE FUNCTION

3. 在 SQL SERVER 服务器上，存储过程是一组预先定义并(　　　　)的 T-SQL 语句。

A. 保存　　B. 编译　　C. 解释　　D. 编写

4. 对于下面的存储过程：

```
CREATE PROCEDURE MYP1
@p INT
AS
SELECT sname,sentergrade
FROM student
WHERE sentergrade=@p
```

如果在 student 表中查找入学成绩为 597 分的学生，正确调用存储过程的是(　　　　)。

A. EXEC MYP1 @P='597'　　　　B. EXEC MYP1 @P=597

C. EXEC MYP1 P='597'　　　　D. EXEC MYP1 P=597

三、操作题

1. 在 jxk 数据库中，创建一个名为 stu_age 的存储过程，该存储过程根据输入的学号，输出该学生的生日。

2. 在 jxk 数据库中，创建一个名为 grade_info 的存储过程，其功能是查询某门课程的所有学生成绩。显示字段为：cname，sno，sname，scgrade。

3. 在 jxk 数据库中，创建用户定义函数 c_max，根据输入的课程名称 cname，输出该门课程最高分数。

4. 在 jxk 数据库中，创建用户定义函数 sno_info，根据输入的课程代码 cno，输出选修该门课程的学生学号、姓名、性别。

第8章 触 发 器

在 SQL Server 中触发器可以实施复杂的数据完整性约束,当用户修改指定表或视图中的数据时,当触发器所保护的数据发生改变时,触发器会被激活并自动执行,从而防止对数据的不正确修改。

8.1 触发器概述

触发器是一种特殊的存储过程,在特定的事件发生时自动执行。存储过程和触发器都是 SQL 语句和流程控制语句的集合,存储过程通过调用存储过程的名字被执行,而触发器主要通过事件进行触发而被执行。

触发器可用于 SQL Server 约束、默认值和规则的完整性检查。触发器主要优点如下:

① 触发器是自动的,当对表中的数据做了任何修改(如手工输入或者应用程序采取的操作)之后立即被激活。

② 触发器可以通过数据库中的相关表进行层叠更改。

③ 触发器可以强制限制,这些限制比用 CHECK 约束所定义的更复杂。

触发器主要包括三大类,分别是:

① 数据操纵语言(Data Manipulation Language,DML)触发器,DML 触发器是我们常见的一种触发器,当数据库服务器中发生 DML 事件时会自动执行。

② 数据定义语言(Data Definition Language,DDL)触发器,DDL 触发器是一种新型的触发器,它在响应 DDL 语句时触发,一般用于在数据库中执行管理任务。

③ 登录触发器,登录触发器是指用户登录 SQL Server 实例建立会话时触发。

实际使用过程中,DML 触发器和 DDL 触发器使用较多,因此,本章重点介绍这两种触发器。

8.1.1 DML 触发器

DML 触发器是当服务器中发生数据操作语言(DML)事件时要执行的操作。DML 触发器及其 DML 事件在 INSERT、UPDATE 和 DELETE 语句上操作,DML 触发器主要用在数据被修改时强制执行业务规则、扩展 SQL Server 2014 约束、默认值和规则的完整性检查等。DML 触发器可以查询其他表,还可以包含复杂的 T-SQL 语句。

DML 触发器主要包括以下几种类型:

① AFTER 触发器:在执行了 INSERT、UPDATE 或 DELETE 语句操作之后执行 AFTER 触发器。

② INSTEAD OF 触发器:是用来取代原本的操作,在事件发生之前触发,这样它并不执行原先的 SQL 语句,而是按照触发器中的定义操作。

③ CLR 触发器:CLR 触发器可以是 AFTER 触发器或 INSTEAD OF 触发器。CLR 触发器还可以是 DDL 触发器。CLR 触发器将执行在托管代码(在". NET Framework"中创建并在 SQL Server 中上载的程序集的成员)中编写的方法,而不用执行 T-SQL 存储过程。

8.1.2 DDL 触发器

DDL 触发器是一种特殊的触发器,它在响应数据定义语言(DDL)语句时触发。DDL 触发器在 CREATE、ALTER、DROP 和其他 DDL 语句上操作,用于执行管理任务。它们应用于数据库或服务器中某一类型的所有命令。

DDL 触发器的触发事件主要是 CREATE、ALTER、DROP 以及 GRANT、DENY、REVOKE 等 DDL 型语句,而非针对表或视图的 UPDATE、INSERT 或 DELETE 语句而激发,强制影响数据库的业务规则,并且触发的时间条件只有 AFTER,没有 INSTEAD OF。DDL 触发器可用于管理任务,例如审核和控制数据库操作。

8.2 创建与使用触发器

创建一个触发器,内容主要包括触发器名称、与触发器关联的表、激活触发器的语句和条件及触发器应完成的操作等。在 SQL Server 2014 中,既可以使用 SQL Server 管理平台创建触发器,也可以使用 T-SQL 语句创建触发器。

8.2.1 创建与使用 DML 触发器

8.2.1.1 使用"对象资源管理器"创建 DML 触发器

在"对象资源管理器"中创建 DML 触发器的步骤如下:

① 打开"对象资源管理器",选择要创建触发器所在的表结点,在其展开后的子结点中选择"触发器"结点,点击鼠标右键,在弹出菜单中选择"新建触发器",系统会在右面弹出查询分析器窗口,如图 8-1 所示。

② 在查询分析器中编辑创建触发器的 SQL 代码。

③ 代码编辑完成后,点击"执行"按钮,编译成功后,在该表的触发器结点下,将会生成该触发器对象。

8.2.1.2 T-SQL 语句创建 DML 触发器

创建 DML 触发器语法格式如下:

```
CREATE TRIGGER <trigger_name>
ON{table_name|view_name}
AFTER|INSTEAD OF
{[INSERT] [,UPDATE] [,DELETE]}
AS
```

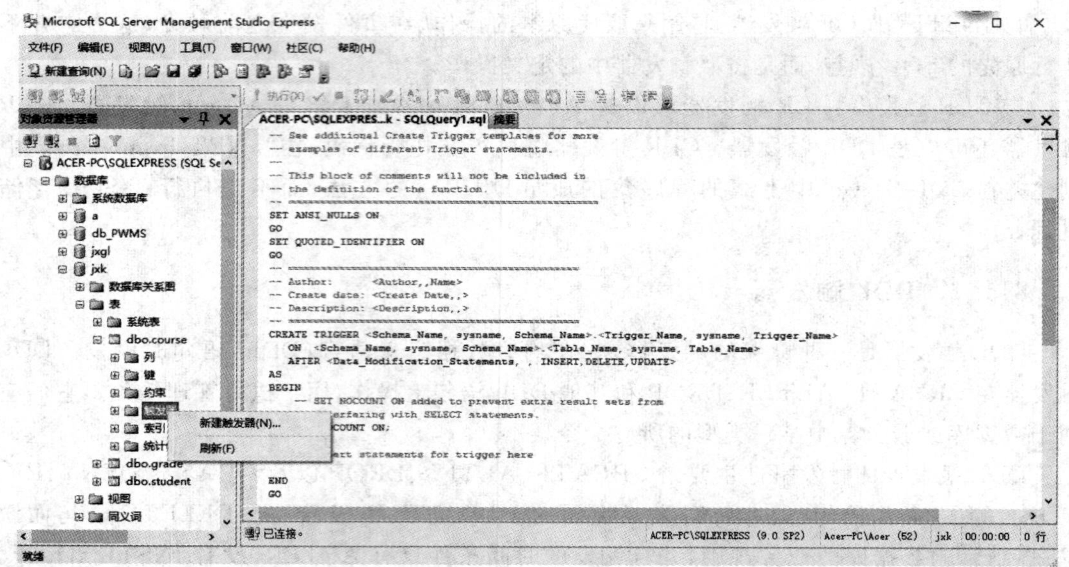

图 8-1　新建触发器窗口

```
sql_statement [,…n]
```

[语法说明]:

① trigger_name:用于指定触发器名。触发器名必须遵循标识符规则,在数据库中必须唯一。

② table_name|view_name:指在其上执行触发器的表名或视图名。

③ AFTER|INSTEAD OF:指定触发器是 AFTER 触发器还是 INSTEAD OF 触发器。

④ INSERT、UPDATE、DELETE:指定在表或视图上用于激活触发器的操作类型。必须至少指定一个选项。在触发器定义中允许使用以任意顺序组合的这些选项。如果指定的选项多于一个,需要用逗号分隔这些选项。

⑤ sql_statement [,…n]:表示激活触发器时所执行的操作,可以有一条或多条 T-SQL 语句。

【例 8-1】 为 course 表创建 DML 触发器,当向该表中插入数据时给出提示信息。

```
CREATE TRIGGER trigger_cou
ON course
AFTER INSERT
AS
RAISERROR('正在向表中插入数据',16,10)——抛出用户定义消息
```

语句执行后,在"对象资源管理器"中展开 course 表中的"触发器"结点,可以看到 trigger_cou 触发器,如图 8-2 所示。

在 course 表中插入一条数据,触发器被激活,显示结果如图 8-3 所示。

【例 8-2】 创建一个 DML 触发器 tri_del_stu,对学生表 student 创建一个 DELETE 类型的触发器。

```
CREATE TRIGGER tri_del_stu
```

图 8-2 trigger_cou 触发器

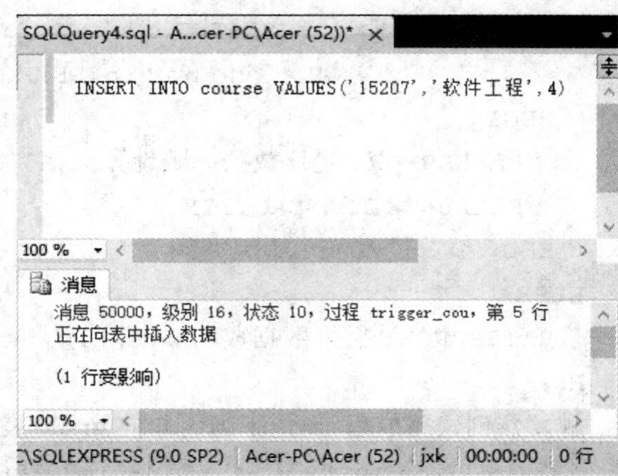

图 8-3 触发器执行系统提示信息

```
ON student AFTER DELETE
AS
DECLARE @count varchar(20)
SELECT @count=str(@@ROWCOUNT)+'个学生被删除'
SELECT @count
```

语句执行后，使用下列语句删除 student 表中的一行数据。

```
DELETE FROM student WHERE sname='李明'
```

student 表指定记录被删除后，tri_del_stu 触发器被激活，执行结果如图 8-4 所示。

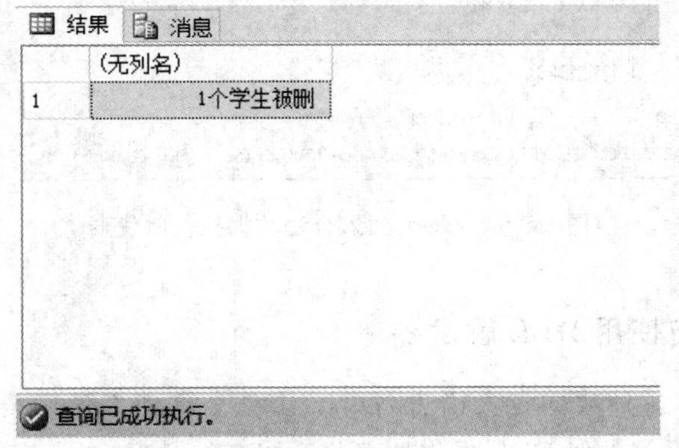

图 8-4 删除 student 表数据触发器执行结果

【例 8-3】 创建一个 DML 触发器 tri_ins_grade，当对成绩表 grade 添加一条数据时，首先判断学号 sno 和课程号 cno 在学生表 student 和课程表 course 是否存在，若不在，提示错误信息，拒绝向 grade 表插入数据。

```
CREATE TRIGGER tri_ins_grade ON grade AFTER INSERT
AS
BEGIN
IF EXISTS(SELECT *  FROM inserted a
```

```
WHERE a.sno not in(SELECT b.sno FROM student b)
               OR a.cno not in(SELECT c.cno FROM course c))
  BEGIN
    RAISERROR('违反数据一致性',16,1)
    ROLLBACK TRANSACTION
  END
ELSE
  RAISERROR('插入数据成功',16,10)
END
```

触发器创建完成后,使用下列语句向 grade 表中插入一行数据。

```
INSERT INTO grade VALUES('0901100106','140101',76)
```

执行插入语句后,tri_ins_grade 触发器被激活,对插入数据进行判断,输入数据学生学号和课程号,若在 student 表和 course 表都存在,表明是合法数据,执行结果如图 8-5 所示。

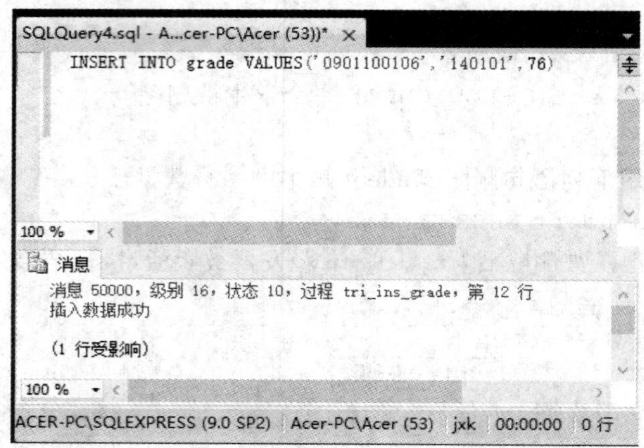

图 8-5　grade 表插入合法数据执行触发器

8.2.2　创建与使用 DLL 触发器

DDL 触发器用于各种数据定义语言(DDL)事件。这些事件主要包括 CREATE、ALTER 和 DROP 语句以及类似 DDL 操作的某些系统存储过程。

创建 DDL 触发器语法格式如下:

```
CREATE TRIGGER <trigger_name>
ON {ALL SERVER|DATABASE}
AFTER event_type
AS
sql_statement [,… n]
```

[语法说明]:

① ON ALL SERVER:指所创建的 DDL 或登录触发器的作用域是当前服务器。

② DATABASE:指所创建的 DDL 触发器的作用域是当前数据库。

③ event_type:指定触发 DDL 触发器的事件。

服务器范围内的事件主要有 CREATE_DATABASE、ALTER_DATABASE、DROP_DATABASE、CREATE_LOGIN、ALTER_LOGIN、DROP_LOGIN 等。

数据库范围内的事件主要有 CREATE_TABLE、ALTER_TABLE、DROP_TABLE、CREATE_FUNCTION、ALTER_FUNCTION、DROP_FUNCTION。

【例 8-4】 为 student 表创建 DDL 触发器,防止用户对表进行删除或修改等操作。

```
CREATE TRIGGER trigger_s
ON DATABASE
AFTER DROP_TABLE,ALTER_TABLE
AS
PRINT '只有"TRIGGER_S"触发器无效时,才可以修改或删除表'
ROLLBACK
```

语句执行后,在“对象资源管理器”中展开“jxk”数据库下的“可编程性”结点,在“数据库触发器”结点下会出现“trigger_s”触发器,如图 8-6 所示。

jxk
数据库关系图
表
视图
同义词
可编程性
存储过程
函数
数据库触发器
trigger_s

图 8-6 trigger_s 触发器

使用 DROP TABLE student 语句删除 jxk 数据库中的 student 表时,将出现图 8-7 所示的提示信息,这是因为 student 表是 grade 表中外键约束的外键表,所以不允许删除。

若 student 表与 grade 表不具有外键约束,将出现图 8-8 所示的提示信息。

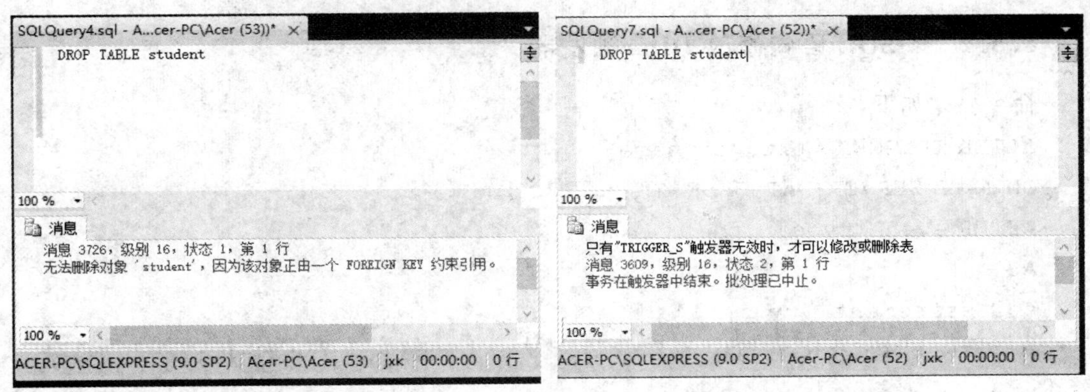

图 8-7 删除表的提示信息　　图 8-8 不存在外键约束的提示信息

8.3 修改触发器

触发器的修改既可以通过 Management Studio 的“对象资源管理器”实现,也可以通过 T-SQL 语句实现。如果采用“对象资源管理器”实现,找到要修改的触发器,点击鼠标右键,选择“修改”菜单项,即可在右面的查询分析器中显示相应的命令行。在查询分析器中进行修改,修改完成后点击“执行”即可。

8.3.1 T-SQL 语句修改 DML 触发器

命令格式如下：

```
ALTER TRIGGER <trigger_name>
ON{table_name|view_name}
AFTER|INSTEAD OF
{[INSERT] [,UPDATE] [,DELETE]}
AS
sql_statement [,… n]
```

ALTER TRIGGER 语句中的各参数含义与 CREATE TRIGGER 语句相同，在此不再赘述。

【例 8-5】 修改触发器 tri_ins_upd_stu，代码如下：

```
USE jxk
GO
ALTER TRIGGER tri_ins_upd_stu ON student AFTER INSERT,UPDATE
AS
BEGIN
PRINT('插入或更改了一条学生记录,tri_ins_upd_stu 触发器被触发')
END
GO
```

8.3.2 T-SQL 语句修改 DDL 触发器

命令格式如下：

```
ALTER TRIGGER <trigger_name>
ON {ALL SERVER|DATABASE}
AFTER event_type
AS
sql_statement [,… n]
```

ALTER TRIGGER 语句中的各参数含义与 CREATE TRIGGER 语句相同，不再赘述。

【例 8-6】 使用 ALTER TRIGGER 语句修改 DDL 触发器，防止用户修改该数据。

```
ALTER TRIGGER trigger_s
ON DATABASE
AFTER ALTER_TABLE
AS
RAISERROR('只有"TRIGGER_S"触发器无效时,才可以修改或删除表',16,10)
ROLLBACK
```

8.4 禁用或启用触发器

当不需要使用用户创建的触发器时,可以禁用触发器。当触发器被禁用后,仍存储在数据库中,当相关事件发生时,触发器不再被激活。若有需要,可以重新启用该触发器。重新启用后,当相关事件发生时,触发器可以被正常激活。

触发器的禁用与启用可以通过 T-SQL 命令实现,也可以通过"对象资源管理器"来实现。在"对象资源管理器"中选择要操作的触发器,点击鼠标右键选择"禁用"就可以禁用该触发器,点击"启用"则启用该触发器。下面介绍使用 T-SQL 命令禁用或启用触发器。

8.4.1 禁用触发器

DML 触发器和 DDL 触发器都可以通过执行 DISABLE TRIGGER 语句禁用触发器,语法格式如下:

```
DISABLE TRIGGER <trigger_name> [,… n]
ON{object_name|ALL SERVER|DATABASE}[;]
```

[语法说明]:

① trigger_name:指要禁用的触发器的名称。

② object_name:指要创建并执行的 DML 触发器 trigger_name 的表或视图的名称。

③ ALL:指禁用在 ON 子句作用域中定义的所有触发器。

④ DATABASE:指所创建或修改的 trigger_name 将在数据库范围内执行。

⑤ SERVER:指所创建或修改的 trigger_name 将在服务器范围内执行。

【例 8-7】 使用 T-SQL 命令禁用例 8-5 创建的 DDL 触发器 trigger_s。

```
DISABLE TRIGGER trigger_s on DATABASE
```

【例 8-8】 使用 T-SQL 命令禁用数据表 course 上创建的所有触发器。

```
DISABLE TRIGGER ALL on course
```

8.4.2 启用触发器

被禁用的触发器可以通过 ENABLE TRIGGER 命令启用,语法格式如下:

```
ENABLE TRIGGER <trigger_name> [,…n]
ON{object_name|ALL SERVER|DATABASE}[;]
```

该命令中的参数含义与 DISABLE TRIGGER 命令中的参数含义相同,不再赘述。

【例 8-9】 使用 T-SQL 命令启用例 8-5 创建的 DDL 触发器 trigger_s。

```
ENABLE TRIGGER trigger_s on DATABASE
```

【例 8-10】 使用 T-SQL 命令启用数据表 course 上创建的所有触发器。

```
ENABLE TRIGGER ALL on course
```

8.5 删除触发器

触发器不再使用时,可以将触发器从当前数据库中永久地删除,可以通过 T-SQL 命令

DROP TRIGGER 实现,也可以通过"对象资源管理器"来实现。在"对象资源管理器"中选择要操作的触发器,点击鼠标右键选择"删除"按钮,在随后出现的"删除对象"对话框中选择"确定"按钮即可。下面介绍使用 T-SQL 语句删除触发器。命令语法格式:

```
DROP TRIGGER  <trigger_name> [,…n] ON{ ALL SERVER|DATABASE}
```

[语法说明]:

① 删除 DDL 触发器时,需要使用 ON 关键字指定触发器的作用域是 ALL SERVER 还是 DATABASE。

② n 表示可以同时删除多个触发器。

【例 8-11】 删除 DDL 触发器 TRIGGER_S。

```
DROP TRIGGER trigger_s on DATABASE
```

【例 8-12】 使用 T-SQL 语句删除数据表 student 上创建的 tri_ins_upd_stu 触发器。

```
DROP TRIGGER tri_ins_upd_stu
```

习　题

一、填空题

1. 触发器是一种特殊的(　　　　),在特定的事件发生时自动执行。
2. 触发器主要包括(　　　　)和(　　　　)。
3. DML 触发器主要包括 3 种类型,分别是(　　　　)、(　　　　)和(　　　　)。
4. DDL 触发器在(　　　　)、(　　　　)、(　　)和其他 DDL 语句上操作,用于执行管理任务。
5. DML 触发器和 DDL 触发器都可以通过执行(　　　　)语句禁用。

二、选择题

1. 关于触发器叙述正确的是(　　　　)。
   A. 触发器是可自动执行的,但需要在一定条件下触发
   B. 触发器不属于存储过程
   C. 触发器不可以同步数据库的相关表进行级联更改
   D. SQL 不支持 DML 触发器。
2. 下列(　　　　)不是 DML 触发器。
   A. AFTER　　B. INSTEAD OF
   C. CLR　　D. UPDATE
3. 按触发事件不同将触发器分为两大类:DML 触发器和(　　　　)触发器。
   A. DDL　　B. CLR
   C. DDT　　D. URL
4. 使用 T-SQL 语句删除一个触发器时使用(　　　　)TRIGGER 命令关键字。
   A. KILL　　B. DELETE
   C. AFTER　　D. DROP

5. 删除触发器 tri_user 的正确命令是(　　　　)。

A. DELETE TRIGGER tri_user

B. TRUNCATE TRIGGER tri_user

C. DROP TRIGGER tri_user

D. REMOVE TRIGGER tri_user

三、编程题

1. 在教学管理库 jxk 中创建一个 INSERT 触发器 tr_c_insert，当在 C 表中插入一条新记录时，触发该触发器，并给出“插入了一门新课程!”的提示信息。

2. 在教学管理数据库 jxk 中创建一个触发器，要求实现以下功能：在 grade 表上创建一个插入、更新类型的触发器 tr_grade，当在 scgrade 字段中插入或修改成绩后，触发该触发器，检查分数是否在 0～100 之间。

3. 创建一个触发器 tri_del_student 用于监视教学管理数据库 jxk 中 student 表中信息的删除，当发生删除动作时，不执行删除操作并向客户端发出提示，输出“student 表中信息试图被删除”信息。

第9章 SQL Server 2014 的安全性

SQL Server 2014 的安全性管理建立在身份验证和访问许可两种机制上的。身份验证是指确定登录 SQL Server 的用户的登录帐户和密码是否正确,以此来验证其是否具有连接 SQL Server 的权限。通过身份验证后,用户获取访问数据库的权限之后,才能对服务器上的数据库进行权限许可下的各种操作。访问许可的设置是通过用户帐户来实现。

9.1 SQL Server 2014 的安全机制

SQL Server 2014 安全体系结构从顺序上可以分为认证和授权两个部分,其安全机制可以分为 5 个层级。这些层级由高到低,所有的层级之间相互联系,用户只有通过了高一层的安全验证,才能继续访问数据库中低一层的内容。下面分别阐述这 5 个层级的特点。

(1) 客户机安全机制

数据库管理系统需要运行在某一特定的操作系统平台下,客户机操作系统的安全性直接影响到 SQL Server 2014 的安全性。当用户用客户机通过网络访问 SQL Server 2014 服务器时,首先要获得客户机操作系统的使用权限。保护操作系统的安全性是操作系统管理员或网络管理员的任务。

(2) 网络传输安全机制

SQL Server 2014 对关键数据进行了加密,即使攻击者通过了防火墙和服务器上的操作系统到达了数据库,还要对数据进行破解。SQL Server 2014 提供了对数据进行备份与加密的方法。

数据加密执行所有数据库级别的加密操作,消除了应用程序开发人员创建定制的代码来加密和解密数据的过程,数据在写到磁盘时进行加密,从磁盘读的时候进行解密。对备份进行加密可以防止数据泄露或被篡改。

(3) 实例级别安全机制

SQL Server 2014 采用标准 SQL Server 登录和集成 Windows 登录。无论使用哪种登录方式,用户在登录时必须提供用户名和密码,管理和设计合理的登录方式是 SQL Server 数据库管理员的重要任务,也是 SQL Server 安全体系中重要的组成部分。

SQL Server 2014 服务器中预设了很多固定服务器的角色,用来为具有服务器管理员资格的用户分配使用权限,固定服务器角色的成员可以用于服务器级的管理权限。

(4) 数据库级别安全机制

在建立用户登录信息时,SQL Server 提示用户选择默认的数据库,并分给用户权限,以后每次用户登录服务器后，会自动转到默认数据库上。SQL Server 2014 允许用户在数据库上建立新的角色，然后为该用户授予多个权限，最后再通过角色将权限赋予 SQL Server 的用户，使其他用户获取具体数据的操作权限。

(5) 对象级别安全机制

安全性检查是数据库管理系统的最后一个安全的等级。创建数据库对象时，SQL Server 将自动把该数据库对象的用户权限赋予该对象的所有者，对象的所有者可以实现该对象的安全控制。

9.2　SQL Server 2014 的验证模式

SQL Server 2014 提供了两种对用户进行身份验证的模式，即 Windows 验证模式和混合验证模式。身份验证是指确定登录 SQL Server 的登录用户名(也称为"登录名")和密码是否正确，以此来验证是否具有连接 SQL Server 的权限。但是，通过身份验证并不代表能够访问 SQL Server 数据库中的数据。用户只有在获取访问权限之后，才能够对服务器上的数据库进行权限许可下的操作。Windows 验证模式是默认模式。

9.2.1　Windows 身份验证模式

Windows 身份验证模式是使用 Windows 操作系统的安全机制验证用户身份，只要用户能够通过 Windows 用户验证，即可连接到 SQL Server 而不再进行身份验证。这种模式只适用于能够提供有效身份验证的 Windows 操作系统。如图 9-1 所示。

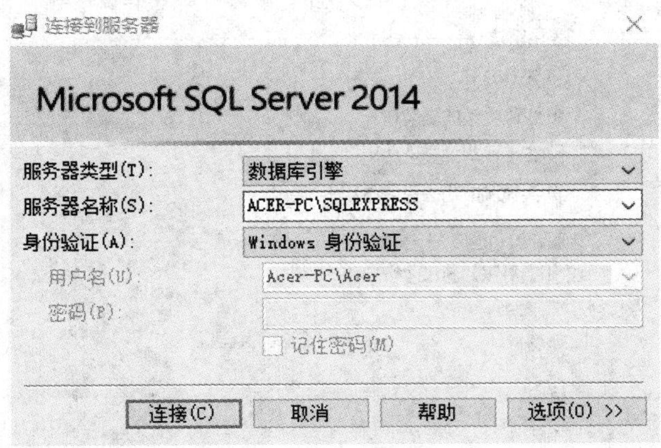

图 9-1　Windows 身份验证模式

9.2.2　混合身份验证模式

混合身份验证模式是指 SQL Server 和 Windows 混合验证模式，它允许基于 Windows 的和基于 SQL Server 的身份验证，又被称为混合模式。对于可信任的连接用户(由 Windows 验证)，系统直接采用 Windows 身份验证模式，否则 SQL Server 将通过用户名的存在性和密码的匹配性自行进行验证，即采用 SQL Server 身份验证模式。

在 SQL Server 身份验证模式下，用户在连接 SQL Server 时必须提供登录用户名和登录密码,如果验证成功,则接受用户的连接;如果用户有有效的登录,但是提供了不正确的密码,则拒绝用户的连接;当用户没有提供有效的用户名时,SQL Server 2014 检查 Windows 用户的信息。在这种情况下,SQL Server 2014 将会确定 Windows 用户是否有连接到服务器的权限。如果该用户有权限,连接被接受;否则,连接被拒绝。

下面对身份验证模式的配置进行简单介绍。

在安装 SQL Server 2014 时或在使用 SQL Server 2014 连接其他服务器时,需要指定验证模式。对于已经指定了身份验证模式的 SQL Server 2014 服务器,也可以对其身份验证模式进行修改,具体步骤如下:

① 打开"SQL Server Management Studio"窗口,设置登录的"服务类型"为"数据库引擎",并使用适合的身份验证方式与服务器建立连接。

② 在"对象资源管理器"窗口右击服务器名称,从弹出的快捷菜单中选择"属性",打开"服务器属性"窗口。

③ 选择"安全性"选项,打开"安全性"选项页,在此选项页中可以设置身份验证模式,如图 9-2 所示。

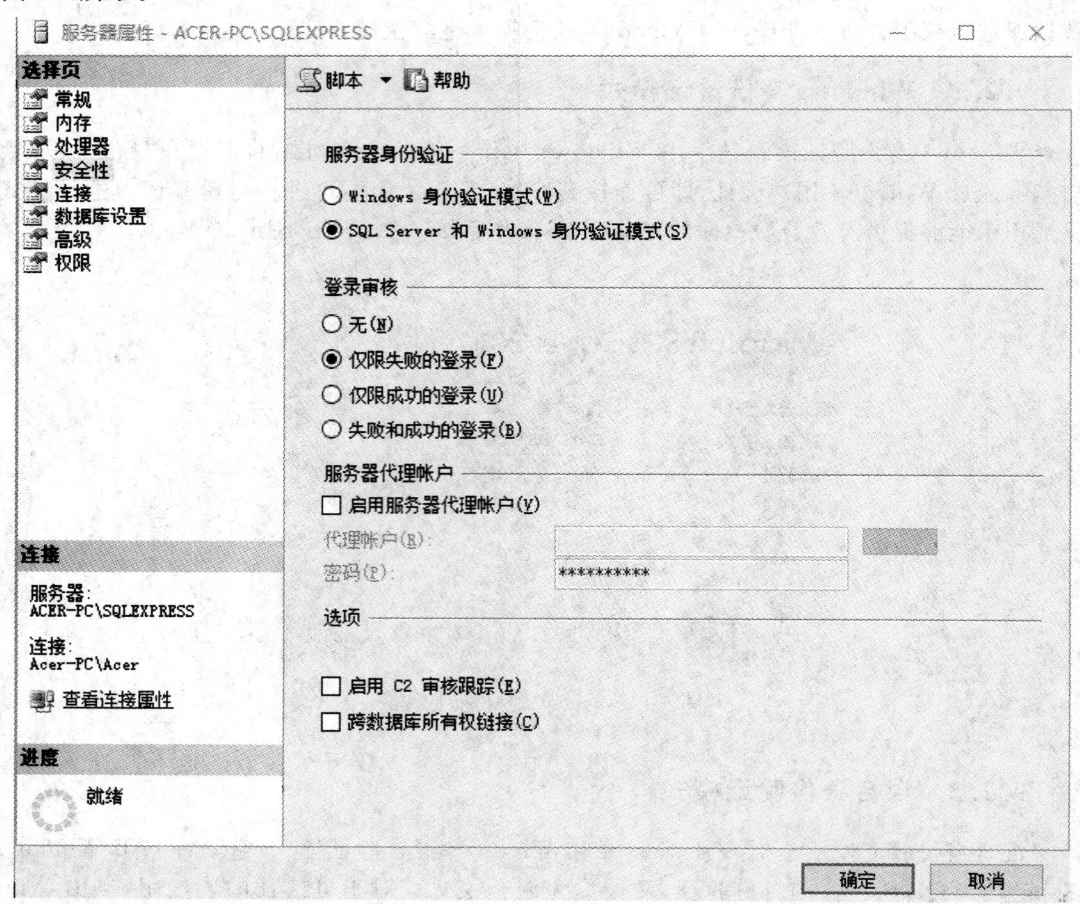

图 9-2　设置身份验证模式

9.3　登录帐户管理

除了使用系统内置的登录帐户以外，用户常常需要自己创建登录帐户。用户可以将 Windows 帐户添加到 SQL Server 中，也可以新建 SQL Server 帐户。

9.3.1　创建登录帐户

创建登录帐户可以通过“SQL Server Management Studio”图形化工具实现，也可以使用 T-SQL 语句或系统存储过程来实现。

9.3.1.1　通过 Windows 身份验证创建 SQL Server 登录帐户

下面以 Windows 7 操作系统为例进行操作。

（1）在 Windows 7 的控制面板中，单击“用户帐户”下的“添加或删除帐户”选项；在打开的页面中单击“创建一个新帐户”链接，打开如图 9-3 所示界面，填写用户的名称并选择用户类型后，单击“创建帐户”按钮即可完成创建。

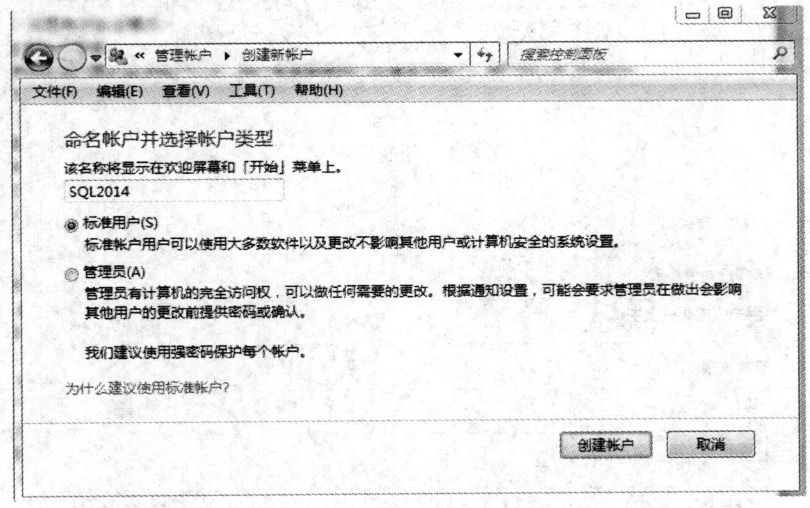

图 9-3　新建 Windows 帐号界面

（2）连接 SQL Server Management Studio，在“对象资源管理器”窗口中展开“安全性”结点，右击“登录名”结点，从弹出的快捷菜单中选择“新建登录名”命令，打开“登录名”窗口，如图 9-4 所示。

（3）在“登录名”窗口中，点选“Windows 身份验证”单选按钮，单击右侧“搜索”按钮，弹出“选择用户或组”对话框，在“输入要选择的对象名称”文本框中填入“本机计算机名\SQL2014”，也可以单击“高级”按钮进行立即查找，如图 9-5 所示。设置完毕后单击两次“确定”按钮。

（4）此时展开“对象资源管理器”窗口的“登录名”结点可以看到新的登录名。

9.3.1.2　使用 SSMS 图形化方式创建 SQL Server 登录帐户

使用 SSMS 图形化方式直接创建 SQL Server 登录帐户的步骤如下：

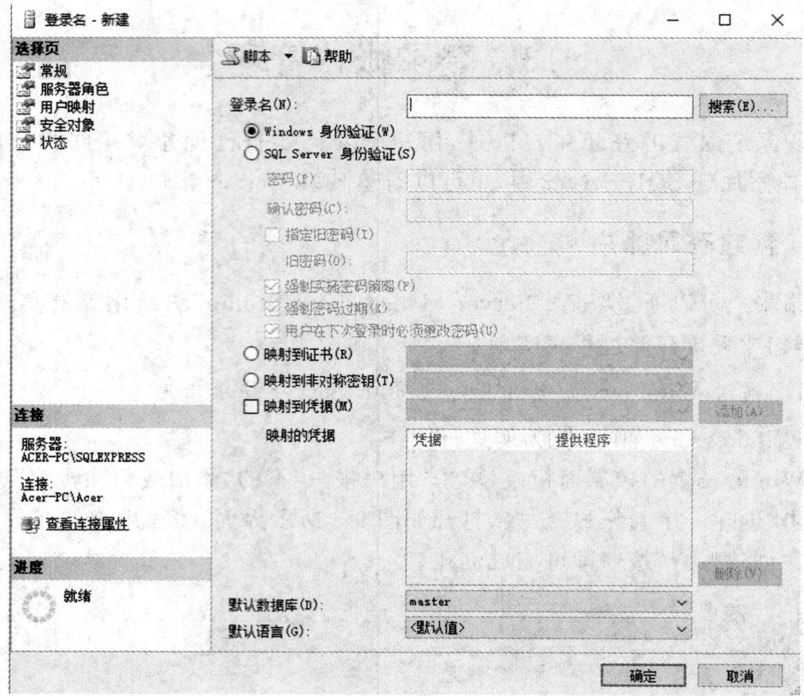

图 9-4　新建登录名

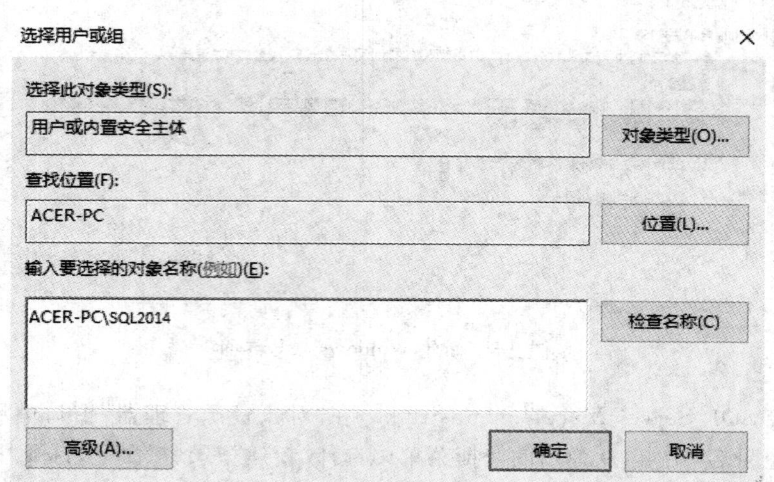

图 9-5　“选择用户或组”对话框

(1) 连接“SQL Server Management Studio”，在“对象资源管理器”窗口中展开“安全性”结点，右击“登录名”结点，从弹出的快捷菜单中选择“新建登录名”命令，打开“登录名”窗口，如图 9-4 所示。

(2) 在“登录名一新建”对话框的“常规”选项页中，设置“登录名”为“jxk_login”，选择“SQL Server 身份验证”模式，将密码设置为“123”，将“默认数据库”设置为“jxk”，“默认语言”取“＜默认值＞”等，如图 9-6 所示。

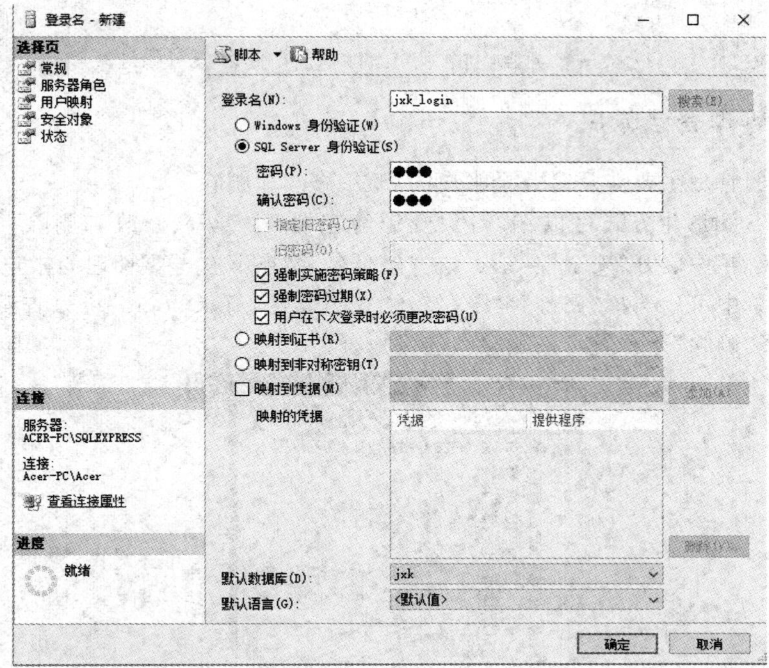

图 9-6　设置新建登录名

(3) 切换到“服务器角色”选项页，配置服务器角色，例如“sysadmin”。

(4) 切换到其他选项页进行“用户映射”、“安全对象”和状态等配置。

(5) 单击“确定”按钮完成登录帐户的创建。

用户可以查看系统创建登录帐户过程的脚本语句，方法是，右击登录帐户“jxk_login”，在弹出的快捷菜单中选择“编写登录脚本为”→“CREATE 到”→“新查询编辑器窗口”命令。

9.3.1.3　使用 T-SQL 语句创建 SQL Server 登录帐户

【例 9-1】　使用 T-SQL 语句为教学管理数据库 jxk 创建一个登录帐户 s_login。

```
GO
CREATE LOGIN [s_login]
WITH PASSWORD='123',
DEFAULT_DATABASE=[jxk],
DEFAULT_LANGUAGE=[简体中文],
CHECK_EXPIRATION=ON, -- 仅适用于 SQL Server 登录帐户，用于指定是否对此登录帐户强制实施密码过期策略，其默认值为 OFF
CHECK_POLICY=ON-- 仅适用于 SQL Server 登录帐户，用于指定应对此登录帐户强制实施运行 SQL Server 的计算机的 Windows 密码策略，其默认值为 ON
GO
EXEC sys.sp_addsrvrolemember @loginame='s_login',@rolename='sysadmin'-- 添加登录，使其成为固定服务器角色的成员
```

```
GO
ALTER LOGIN [s_login] DISABLE- - 禁用登录帐户 s_login
```

9.3.2 管理登录帐户

登录帐户的管理主要涉及对登录帐户的查看、修改和删除。

使用 SSMS 图形化方式可以在“对象资源管理器”中查看、修改和删除登录帐户。在“对象资源管理器”中展开“安全性”结点，在“登录名”结点下右击要管理的帐户，如图 9-7 所示。在弹出菜单中可以选择“属性”命令，打开“登录属性－jxk_login”可以查看或修改当前帐户信息，选择“删除”命令就可以删除当前帐户。

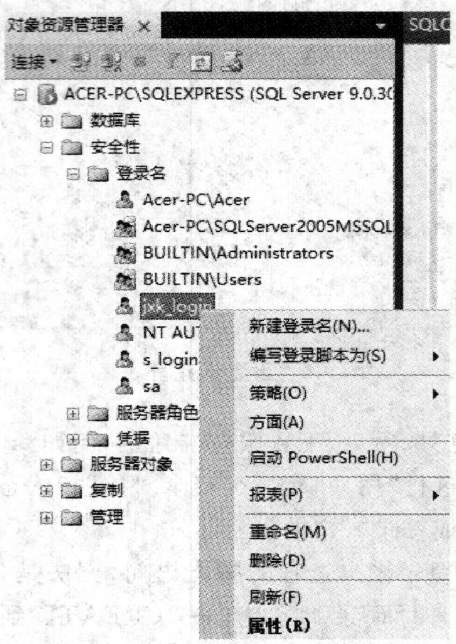

图 9-7　选择管理帐户

下面介绍使用系统存储过程对登录帐户进行查看、修改和删除。

9.3.2.1　使用系统存储过程查看登录帐户

使用系统存储过程 sp_helplogins 查看登录帐户的语句格式如下：

```
sp_helplogins [[@LoginNamePattern=] 'login']
```

login 的数据类型为“sysname”，默认值为“NULL”。如果指定该参数，则 login 必须存在。如果未指定 login，则返回有关所有登录的信息。

【例 9-2】　查看登录帐户 jxk_login 的有关信息。

```
EXEC sp_helplogins 'jxk_login'
```

9.3.2.2　使用系统存储过程修改登录帐户

登录帐户的设置可能需要进行修改，根据修改的项目不同，可以分别使用“sp_password”进行密码修改、使用 sp_defaultdb 进行默认数据库修改、使用 sp_defaultlanguage 进行默认语言修改。

【例 9-3】　修改登录帐户 jxk_login 的密码 123 为 jxk123。

```
EXEC sp_password '123','jxk123','jxk_login'
```

9.3.2.3　使用系统存储过程删除登录帐户

使用系统存储过程 sp_droplogin 可以删除 SQL Server 登录帐户，语句格式如下：

```
sp_droplogin [@loginame=] 'login'
```

【例 9-4】　删除登录帐户 jxk_login。

```
EXEC sp_droplogin 'jxk_login'
```

9.4　数据库用户管理

登录帐户创建完成后，可利用登录帐户连接 SQL Server 服务器，但不能访问具体的数据库。若要访问具体的数据库，还需要创建数据库用户，数据库用户是登录帐户在数据库中的映射，一个登录帐户可对应多个用户，但一个登录帐户在一个数据库中只能映射一次。

9.4.1　创建数据库用户

(1) 使用“对象资源管理器”方式创建数据库用户

使用“对象资源管理器”方式创建数据库用户的步骤如下：

① 在“对象资源管理器”中展开“数据库”结点，选择某一数据库（如 jxk），展开“安全性”结点。

② 右击“用户”对象，在弹出的快捷菜单中选择“新建用户”命令，打开“数据库用户一新建”对话框，在“用户名”文本框输入用户名（如 jxk_user）。单击“登录名”右边的“省略号”按钮，打开“选择登录名”对话框，单击“浏览”按钮，选择“登录名”对象（如 s_login），单击“确定”按钮，如图 9-8 所示。

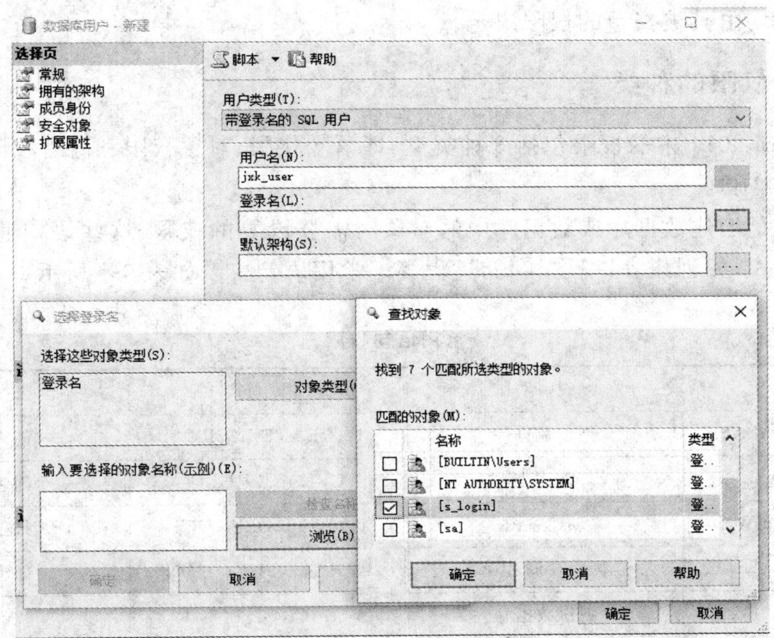

图 9-8　新建数据库用户窗口

(2) 使用 T-SQL 语句创建数据库用户

【例 9-5】 使用 T-SQL 语句创建数据库用户 jxk_user。

```
USE jxk
CREATE USER jxk_user
FOR LOGIN s_login
```

9.4.2 删除数据库用户

(1) 使用“对象资源管理器”方式删除数据库用户

① 在“对象资源管理器”中展开“数据库”结点，选择某一数据库(如 jxk)，展开“安全性”结点。

② 右击“用户”对象，在弹出的快捷菜单中选择“删除”命令，打开“删除对象”对话框，单击“确定”按钮，即可完成数据库用户的删除操作。

(2) 使用 T-SQL 语句删除数据库用户

使用 DROP USER 语句删除数据库用户，语法格式如下：

```
DROP USER <username>
```

【例 9-6】 使用 T-SQL 语句删除数据库用户 jxk_user。

```
DROP USER jxk_user
```

9.5 权限管理

权限是指用户对数据库中对象的使用及操作的权利，当用户连接到 SQL Server 服务器后，该用户要进行的任何涉及修改数据库或访问数据的活动都必须具有相应的权限，用户可以执行的操作均由其被授予的权限决定。

9.5.1 权限的种类

SQL Serve 2014 中的权限包括 3 种类型，即语句权限、对象权限和隐含权限。

(1) 语句权限

语句权限是创建数据库或数据库中的对象时需要设置的权限，这些语句通常是一些具有管理性的操作，如创建表、视图、存储过程等。常用语句权限如表 9-1 所示。

表 9-1　常用语句权限

语　句	说　明	语　句	说　明
CREATE DATABASE	创建数据库	CREATE INDEX	创建索引
CREATE TABLE	创建表	CREATE RULE	创建规则
CREATE VIEW	创建视图	CREATE DEFAULT	创建默认值
CREATE PROCEDURE	创建存储过程	CREATE FUNCTION	创建函数
BACKUP DATABASE	备份数据库	BACKUP LOG	备份日志

(2) 对象权限

对象权限是指为特定对象、特定类型的所有对象设置的权限，这些对象包括表、视图、存储过程等。常用对象权限如表 9-2 所示。

表 9-2　　**常用对象权限**

语　句	对象权限含义
CONTROL	控制权限，拥有对数据库内所有对象的控制权限
ALTER	允许用户创建、修改或删除受保护对象
INSERT	允许用户在表中插入新的行
UPDATE	允许用户修改表中数据，但不允许添加或者删除表中行
DELETE	允许用户从表中删除行
SELECT	允许用户从表中或者视图中读取数据
EXECUTE	允许用户执行拥有权限的存储过程

下面用一个例子说明对象权限的管理。

【例 9-7】　在教学管理库 jxk 中查看和设置表 student 的权限。

① 在“对象资源管理器”中依次展开“数据库”→“jxk”→ “表”。

② 右击表“student”，在快捷菜单中选择“属性”命令，在弹出的“表属性－student”对话框中打开“选项页”，查看、设置表 student 的对象权限，如图 9-9 所示。

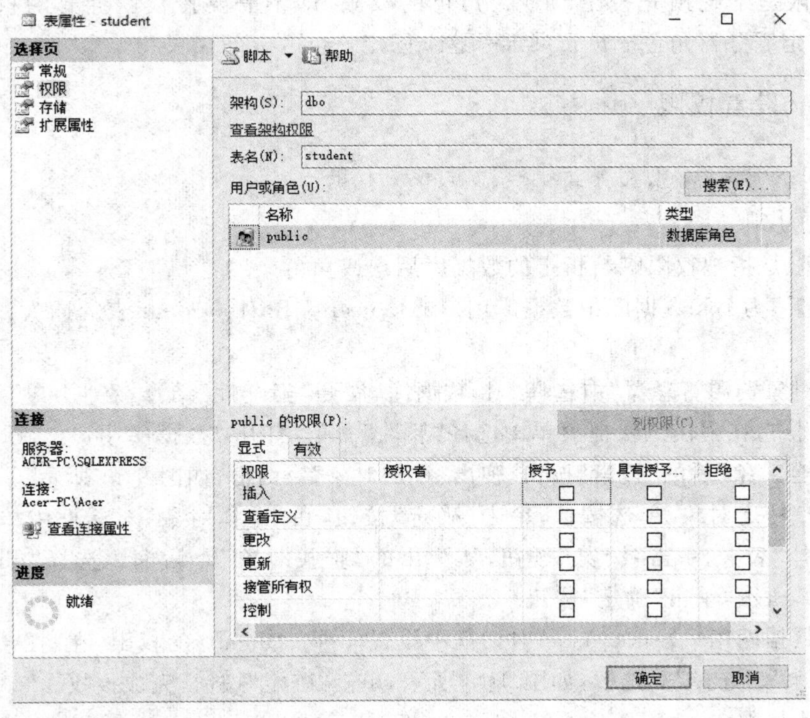

图 9-9　对象 student 表权限的查看与设置

③ 如果选择一个操作语句,然后单击“列权限”按钮,在弹出的“列权限”对话框中还可以设置表 student 中的某些列的权限,如图 9-10 所示。

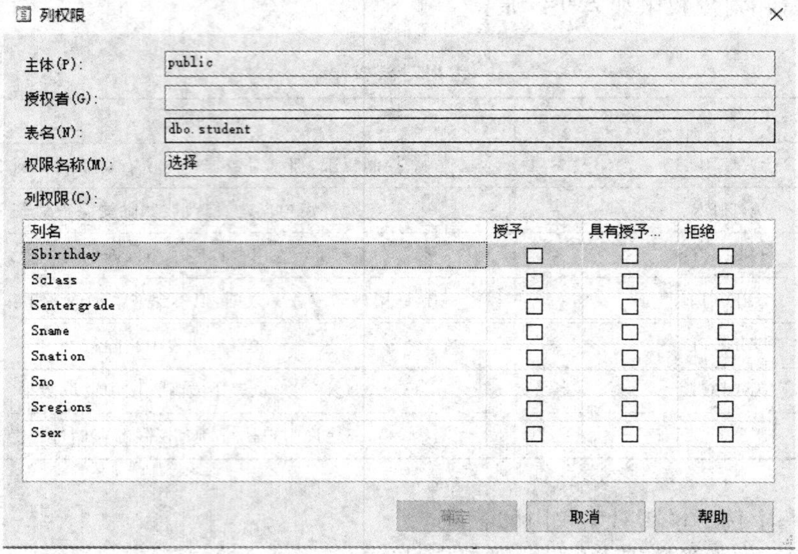

图 9-10 “列权限”对话框

(3) 隐含权限

隐含权限是系统预先授予预定义角色的权限,即不需要授权就拥有的权限。例如,sysadmin 固定服务器角色成员自动继承这个固定角色的全部权限。

9.5.2 设置权限

9.5.2.1 使用“对象资源管理器”方式设置权限

(1) 授予权限

授予权限是指把权限赋给指定的数据库用户或角色。

【例 9-8】 为 jxk 数据库中数据库用户 jxk_user 授予对 student 表的插入、删除和选择权限。

① 在“对象资源管理器”中选择 jxk 数据库,展开“安全性”结点,在“用户”结点下右击“jxk_user”用户,在弹出的快捷菜单中选择“属性”命令,打开 “数据库用户－jxk_user”对话框,单击“安全对象”后的“搜索”按钮,弹出“添加对象”对话框,如图 9-11 所示。

② 选中“特定对象”单选按钮,单击“确定”按钮,在“选择对象”对话框中单击“对象类型”按钮,选择“表”。单击“浏览”按钮,从弹出的“查找对象”对话框中选择“dbo. student”表,如图 9-12 所示,单击“确定”按钮。

③ 在“数据库用户－jxk_user”对话框中设置“dbo. student”的权限,在“授予”列下选择“插入”、“删除”、“选择”复选框,如图 9-13 所示,单击“确定”按钮,完成授权。

(2) 拒绝权限

拒绝权限是指使数据库用户或角色拒绝使用权限的操作。

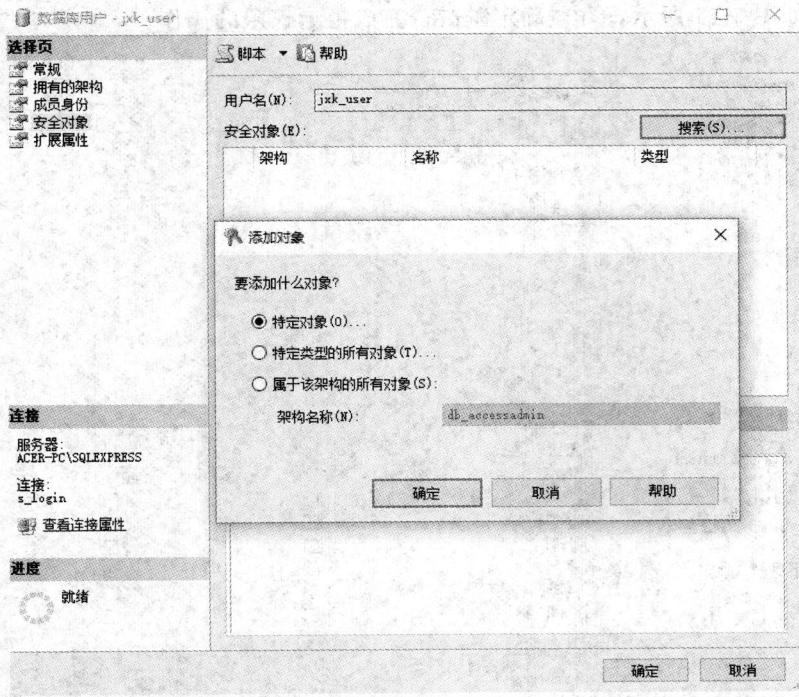

图 9-11　数据库用户窗口

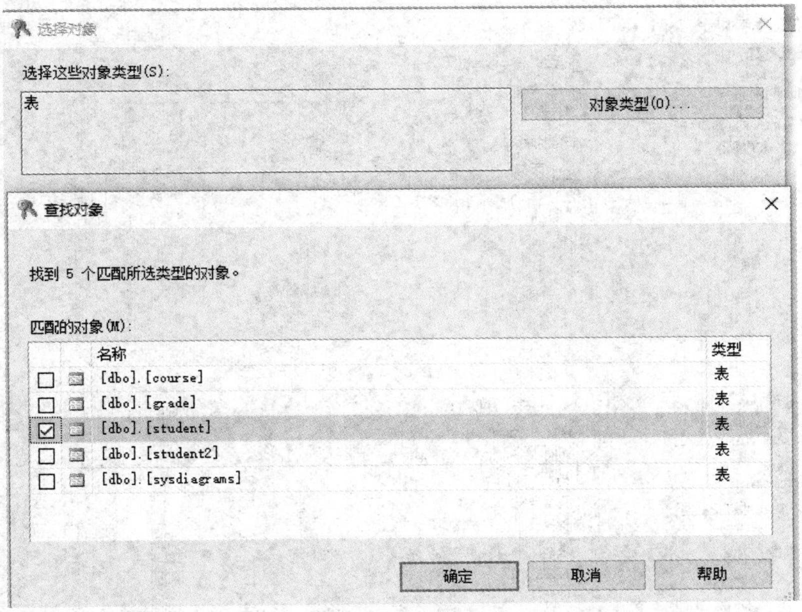

图 9-12　“查找对象”对话框

【例 9-9】 拒绝数据库用户 jxk_user 对 student 表使用更新权限。

在“数据库用户－jxk_user”对话框中设置 dbo. student 的权限，在“拒绝”列下选择“更新”复选框,如图 9-14 所示,单击“确定”按钮,完成拒绝权限的操作。

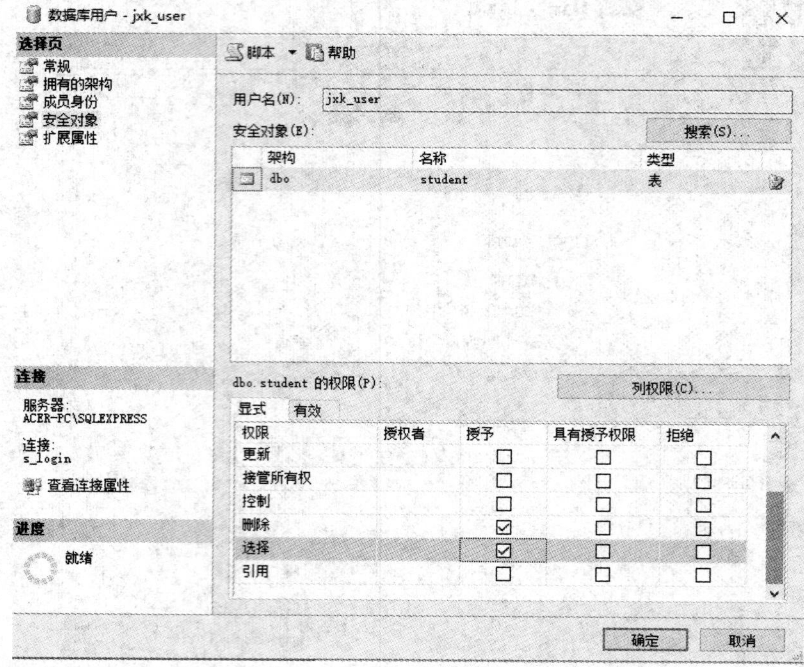

图 9-13　为 jxk_user 用户授权

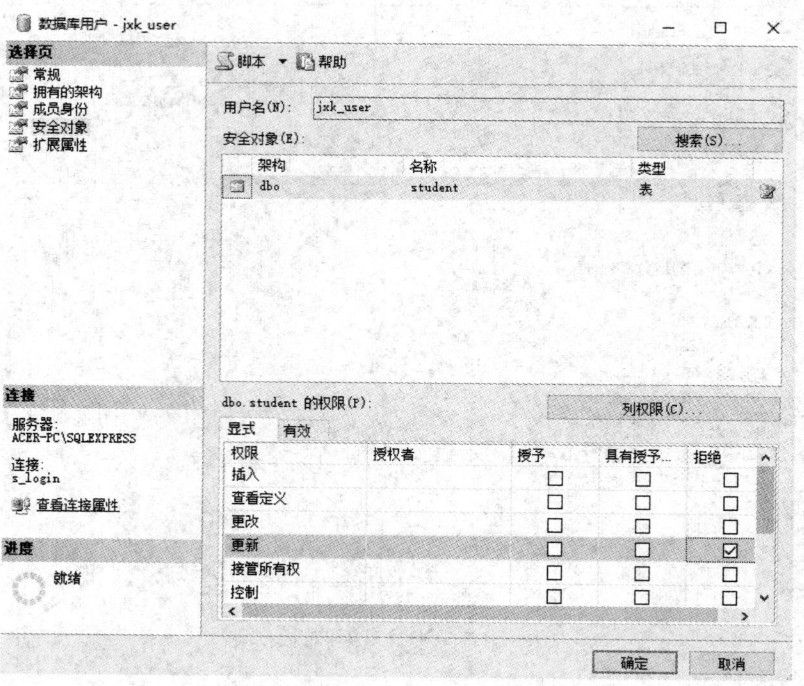

图 9-14　为 jxk_user 用户设置拒绝权限

（3）撤销权限

撤销权限就是把已经给数据库用户或角色授予或拒绝的权限撤销，使其不具备相应的权限。撤销权限的操作步骤与授予或拒绝权限的操作类似，只需把权限状态的复选框改为未选定状态即可。

9.5.2.2　使用 T-SQL 语句设置权限

（1）授予权限

使用 GRANT 语句把某些权限授予某一用户或角色，以允许该用户执行针对该对象的操作（如 SELECT、UPDATE、DELETE、EXECUTE 等）；或允许其运行某些语句（如 CREATE TABLE、CREATE DATABASE）。

GRANT 语句的完整语法非常复杂，其简化语句格式如下：

```
GRANT {[ALL|statement [...n]]}
ON {<table>|<view>}
TO security_account[...n]
[WITH GRANT OPTION]
```

该语句的含义是将指定操作对象的指定操作权限授予指定用户。发出该 GRANT 语句的可以是 DBA，也可以是该数据库的创建者，还可以是已经拥有该权限的用户。接收权限的用户可以是一个或多个具体用户，也可以是 PUBLIC，即全体用户。

［语法说明］：

① ALL：说明授予所有可以获得的权限。对于对象权限，sysadmin 和 db_owner 角色成员和数据库所有者可以使用 ALL 选项；对于语句权限，sysadmin 角色成员可以使用 ALL 选项。

注意：不推荐使用此选项，保留此选项仅用于向后兼容。

② statement：表示可以被授予权限语句。

③ ON {<table>|<view>}：当前数据库中授予权限的表名或视图名。

④ TO security_accoun：指定被授予权限的对象，可为数据库用户、角色等。

⑤ WITH GRANT OPTION：表示由 GRANT 授权的用户或登录帐户有权将当前获得的对象权限转授予其他用户或登录用户。

【例 9-10】　使用 GRANT 语句给数据库用户 jxk_user 授予 CREATE TABLE 的权限。

```
USE jxk
GO
GRANT CREATE TABLE TO jxk_user
GO
```

【例 9-11】　授予角色和用户对象权限。

```
USE jxk
GO
GRANT SELECT ON sc
TO public
GO
```

```
GRANT INSERT,UPDATE,DELETE ON sc
TO stu_1,stu_user
GO
```

通过给 public 角色授予 sc 表的 SELECT 权限,使得 public 角色中的所有成员都拥有 SELECT 权限,而数据库 jxk 的所有用户均为 public 角色的成员,所以该数据库的所有成员都拥有对 sc 表的查询权。本例授予 stu_1 和 stu_user 对 sc 表拥有 INSERT、UPDATE 和 DELETE 权限。

(2) 拒绝权限

DENY 语句拒绝用户或角色使用授予的权限。其基本的语句格式如下:

```
DENY {[ALL|statement [⋯n]]}
ON {<table>|<view>}
TO security_account[⋯n]
[CASCADE]
```

其中,CASCADE 指定授予用户拒绝权限,并撤销用户的 WITH GRANT OPTION 权限。其他参数的含义与 GRANT 相同,在此不再赘述。

【例 9-12】 利用 DENY 语句拒绝用户 jxk_user 使用 CREATE VIEW 语句。

```
USE jxk
GO
DENY CREATE VIEW TO jxk_user
GO
```

(3) 撤销权限

REVOKE 语句撤销某种权限,以停止以前授予或拒绝的权限。撤销权限是收回已授予的权限,并不是妨碍用户、组或角色从更高级别层次获取已授予的权限。其基本的语句格式如下:

```
REVOKE {[ALL|statement [⋯n]]}
ON {<table>|<view>}
FROM security_account[⋯n]
[WITH GRANT OPTION]
[CASCADE]
```

各参数的含义与 GRANT 相同,在此不再赘述。

【例 9-13】 使用 REVOKE 语句撤销 jxk_user 在 sc 表上的 INSERT、UPDATE、DELETE 权限。

```
USE jxk
GO
REVOKE INSERT,UPDATE,DELETE ON sc
FROM jxk_user
GO
```

9.6　角 色 管 理

在 SQL Server 中，角色是为了方便进行权限管理所设置的管理单位，它是一组权限的集合。将数据库用户按所享有的权限进行分类，即可定义为不同的角色。管理员可以根据用户所具有的角色进行权限管理，从而大大减少工作量。

在 SQL Server 中有两类角色，分别为固定角色和用户自定义角色。

9.6.1　固定角色

固定角色权限无法更改，每一个固定角色都拥有一定级别的服务器和数据库管理职能。根据它们对服务器或数据库的管理职能，固定角色又分为固定服务器角色和固定数据库角色。

(1) 固定服务器角色

固定服务器角色由系统预定义，用户不能自定义。服务器角色的权限作用域为服务器范围。固定服务器角色已经具备了执行指定操作的权限，将登录帐户作为成员添加到固定服务器角色中后，登录帐户就可以继承固定服务器角色的权限。表 9-3 描述了固定服务器角色的功能。

表 9-3　　固定服务器角色功能说明

固定服务器角色	说　明
bulkadmin	批量数据输入管理员角色：拥有管理批量输入大量数据操作的权限
dbcreator	数据库创建角色：拥有数据库创建的权限
diskadmin	磁盘管理员角色：拥有管理磁盘文件的权限
processadmin	进程管理员角色：拥有管理 SQL Server 系统进程的权限
public	公共数据库连接角色：默认所有用户都拥有该角色，即可以连接到数据库服务器权限
securityadmin	安全管理员角色：拥有管理和审核 SQL Server 系统登录的权限
setupadmin	安装管理员角色：拥有增加、删除连接服务器、建立数据库复制以及管理扩展存储过程的权限
sysadmin	系统管理员角色：拥有 SQL Server 系统所有权限

(2) 固定数据库角色

固定数据库角色是指角色的数据库权限已被 SQL Server 预定义，不能对其权限进行任何修改，并且这些角色存在于每个数据库中，如表 9-4 所示。

表 9-4　　固定数据库角色功能说明

固定数据库角色	说　明
db_accessadmin	为 Windows 登录帐户、Windows 组和 SQL Server 登录帐户添加或删除访问权限
db_backupoperator	备份该数据库权限
db_datareader	读取该数据库所有用户表中数据的权限,即对任何表具有 SELECT 操作权限
db_datawriter	对该数据库中的任何表可以进行增、删、改操作,但不能进行查询操作
db_owner	该数据库所有者可以执行任何数据库管理工作,该角色包含各角色的全部权限
db_denydatareader	不能读取该数据库中任何表的内容
db_denydatawriter	不能对该数据库的任何表进行增、删、改操作
public	每个数据库用户都是 public 角色成员,因此,不能将用户、组或角色指定为 public 角色成员,也不能删除 public 角色成员

9.6.2　用户自定义角色

如果为某些数据库用户设置相同的权限,但是这些权限不同于固定数据库角色所具有的权限时,可以定义新的数据库角色来满足这一要求,从而使这些用户能够在数据库中实现某些特定功能。

用户定义数据库角色可以使用户在数据库中实现某一特定功能,其优点主要体现在以下方面:

① 对一个数据库角色授予、拒绝或废除的权限适用于该角色的任何用户。

② 在同一数据库中用户可以具有多个不同的自定义角色,这种角色的组合是自由的。

③ 角色可以进行嵌套,从而使数据库实现不同级别的安全性。

9.6.2.1　创建和删除用户定义数据库角色

SQL Server 2014 中创建和删除用户定义数据库角色有两种方式,一是使用"对象资源管理器"方式;二是使用存储过程。

使用"对象资源管理器"方式创建数据库角色的步骤如下:

① 在"对象资源管理器"中依次展开"数据库"→所选数据库(如 jxk)→"安全性"→"角色"→"数据库角色"。

② 右击"数据库角色"或具体数据库角色(如 db_owner),在弹出的快捷菜单中选择"新建数据库角色"命令,弹出如图 9-15 所示的"数据库角色一新建"对话框。

③ 在"数据库角色一新建"对话框中指定角色的名称与所有者,单击"确定"按钮,则创建了新的数据库角色。

如果在某数据库角色上点击右键,在快捷菜单中选择"删除"命令,弹出"删除对象"对话框,可以在该对话框中删除数据库角色。

使用系统存储过程 sp_addrole 和 sp_droprole 可以分别创建和删除用户定义数据库角色。

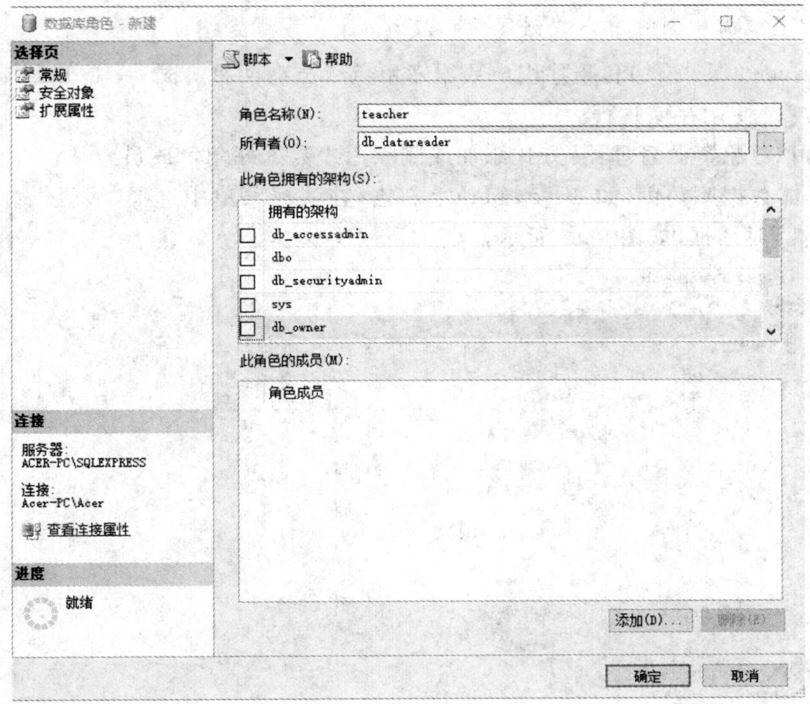

图 9-15　“数据库角色—新建”对话框中

（1）创建用户数据库角色的语句格式如下：

```
sp_addrole [@rolename=] 'role' [,[@ownername=] 'owner']
```

[语法说明]：

① [@rolename=] 'role':新角色的名称。role 的数据类型为 sysname,没有默认值。role 必须是有效标识符,并且不能已经存在于当前数据库中。

② [@ownername=] 'owner':新角色的所有者,owner 的数据类型为 sysname,默认值为 dbo。owner 必须是当前数据库中的某个用户或角色。

（2）删除用户数据库角色的语句格式如下：

```
sp_droprole [@rolename=] 'role'
```

[语法说明]：

[@rolename=] 'role':将要从当前数据库中删除的角色的名称。role 的数据类型为 sysname,没有默认值。role 必须已经存在于当前的数据库中。

【例 9-14】　使用系统存储过程为教学管理数据库 jxk 创建名为 role_temp 的用户数据库角色。

```
USE jxk
GO
EXEC sp_addrole 'role_temp'
GO
```

9.6.2.2 添加和删除用户数据库角色成员

SQL Server 2014 添加和删除用户数据库角色成员有两种方式，一是使用“对象资源管理器”方式，二是使用存储过程。

(1) 使用“对象资源管理器”方式添加或删除用户数据库角色成员

① 在具体数据库角色(如 db_owner)上右击，在快捷菜单中选择“属性”命令，弹出“数据库角色属性”对话框，如图 9-16 所示。

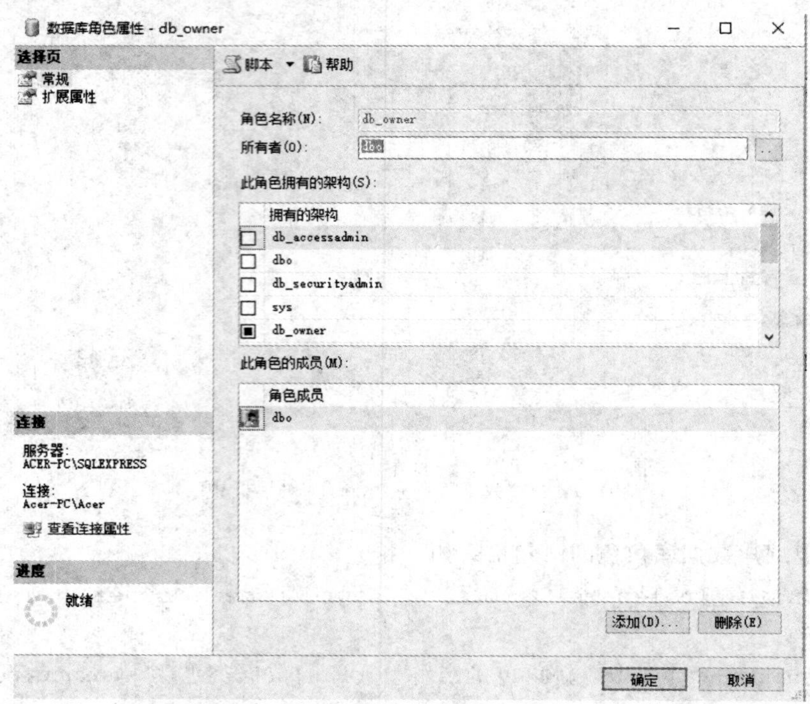

图 9-16 “数据库角色属性”对话框

② 单击选项页右下角的“角色成员”区域中的“添加”或“删除”按钮，即可完成用户数据库角色成员的添加或删除。

(2) 使用系统存储过程添加或删除用户定义数据库角色成员

使用存储过程 sp_addrolemember 和 sp_dropsrvrolemember 添加或删除用户定义数据库角色成员。

【例 9-15】 使用系统存储过程 sp_addrolemember 将用户 u_login 添加到教学管理数据库 jxk 的 role_temp 的角色中。

```
USE jxk
GO
EXEC sp_addrolemember 'role_temp','u_login'
GO
```

习　题

一、填空题

1. SQL Server 中存在三种安全对象范围，分别是(　　　　)、(　　　　)和架构。

2. SQL Server 2014 提供了两种对用户进行身份验证的模式，即(　　　　)和(　　　　)。

3. 使用系统存储过程(　　　　)删除 SQL Server 登录帐户。

4. SQL Serve 2014 中的权限包括 3 种类型，即(　　　　)、(　　　　)和隐含权限。

5. 在 SQL Server 中有两类角色，分别为(　　　　)和(　　　　)。

二、选择题

1. 关于 SQL Server 2014 的数据库角色叙述正确的是(　　　　)。
   A. 用户可以自定义固定服务器角色
   B. 每个用户能拥有一个角色
   C. 数据库角色是系统自带的，用户一般不可以自定义
   D. 角色用来简化将很多权限分配给很多用户这个复杂任务的管理

2. 在 SQL 中，授权命令关键字是(　　　　)。
   A. GRANT　　　　B. REVOKE
   C. OPTION　　　　D. PUBLIC

3. SQL Server 2014 主要有固定(　　　　)与固定数据库角色等类型。
   A. 服务器角色　　　　B. 网络角色
   C. 计算机角色　　　　D. 信息管理角色

4. 下列(　　　　)是固定服务器角色。
   A. db_accessadmin　　　　B. sysadmin
   C. db_owner　　　　D. db_dlladmin

5. 在 T-SQL 中主要使用 GRANT、(　　　　)和 DENY 语句来管理权限。
   A. REVOKE　　　　B. DROP
   C. CREATE　　　　D. ALTER

6. SQL Server 2014 中，权限分为对象权限、(　　　　)和隐式权限。
   A. 处理权限　　　　B. 操作权限
   C. 语句权限　　　　D. 控制权限

7. 在 T-SQL 中，添加服务器角色成员的语句为(　　　　)
   A. sp_dropsrvrolemember　　　　B. sp_addsrvrolemember
   C. sp_addrole　　　　D. sp_addrolemember

8. 在 T-SQL 中，创建登录名的语句关键字为(　　　　)
   A. sp_adduser　　　　B. CREATE ROLE
   C. CREATE LOGIN　　　　D. CREATE USER

第10章 数据库的备份、恢复与数据的导入、导出

由于计算机系统的各种软/硬件故障、用户的错误操作以及一些恶意破坏会影响到数据的正确性甚至造成数据丢失、服务器崩溃的严重后果,所以,备份和恢复对于保证系统的可靠性具有重要的作用,经常备份可以有效防止数据丢失。如果用户采取适当的备份策略,就能够在最短的时间内使数据库恢复到数据损失最少的状态。

10.1 备份与恢复

10.1.1 备份与恢复概述

备份和恢复数据库对于数据库管理员来说是保证数据库安全性的一项重要工作。Microsoft SQL Server 2014 提供了高性能的备份和恢复功能,它可以实现多种方式的数据库备份和恢复操作,避免了由于各种故障造成的损坏而丢失数据。

SQL Server 2014 提供了 4 种备份类型,完整备份、差异备份、事务日志备份、文件或文件组备份。

(1) 完整备份

定期备份整个数据库,包括事务日志。当系统出现故障时,可以恢复到最近一次数据库备份时的状态,操作比较简单,在恢复时只需要一步就可以将数据库恢复到以前的状态,但时间较长,是大多数数据备份的常用方式。

(2) 差异备份,也叫增量备份

只备份自上次数据库备份后发生更改的部分数据库。比完整数据库备份更小、更快,但将增加复杂程度。对于一个经常修改的数据库,建议每天做一次差异备份。

(3) 事务日志备份

事务日志记录了两次数据库备份之间所有的数据库活动记录。当系统出现故障后,能够恢复所有备份的事务。在两次完全数据库备份期间,可以频繁使用,尽量减少数据丢失的可能。

(4) 文件或文件组备份

单独备份组成数据库的文件和文件组,在恢复数据库时可以只恢复遭到破坏的文件和文件组,而不是整个数据库,恢复的速度最快。

10.1.2　备份设备

数据库备份之前必须首先创建备份设备。备份设备是用来存储数据库、事务日志或文件和文件组备份的存储介质。备份设备可以是硬盘、磁带或命名管道(逻辑通道)。本地主机硬盘和远程主机的硬盘可作为备份设备,备份设备在硬盘中是以文件的方式存储的。

SQL Server 使用物理设备名称或逻辑设备名称来标识备份设备。

物理备份设备是操作系统用来标识备份设备的名称,这类备份设备称为临时备份设备,其名称没有记录在系统设备表中,只能使用一次。

逻辑设备备份是用来标识物理备份设备的别名或公用名称,以简化物理设备的名称。这类备份设备称为永久备份设备,其名称永久地存储在系统表中,可以多次使用。

10.1.2.1　创建备份设备

创建备份设备主要有两种方式,一是使用“对象资源管理器”方式,二是使用系统存储过程。

(1) 使用“对象资源管理器”创建备份设备

【例 10-1】 在 D:\JXK 文件夹下创建一个用来备份数据库 jxk 的备份设备 back_jxk。

创建步骤如下:

① 在“对象资源管理器”中展开“服务器对象”,然后右击“备份设备”。

② 从弹出菜单中选择“新建备份设备命令”,弹出“备份设备”对话框,在“设备名称”文本框中输入“back_jxk”,并在目标区域中设置好文件,如图 10-1 所示。本例中备份设备存储在“D:\JXK”文件夹下,这里必须保证 SQL Server 2014 所选择的硬盘驱动器上有足够的可用空间。

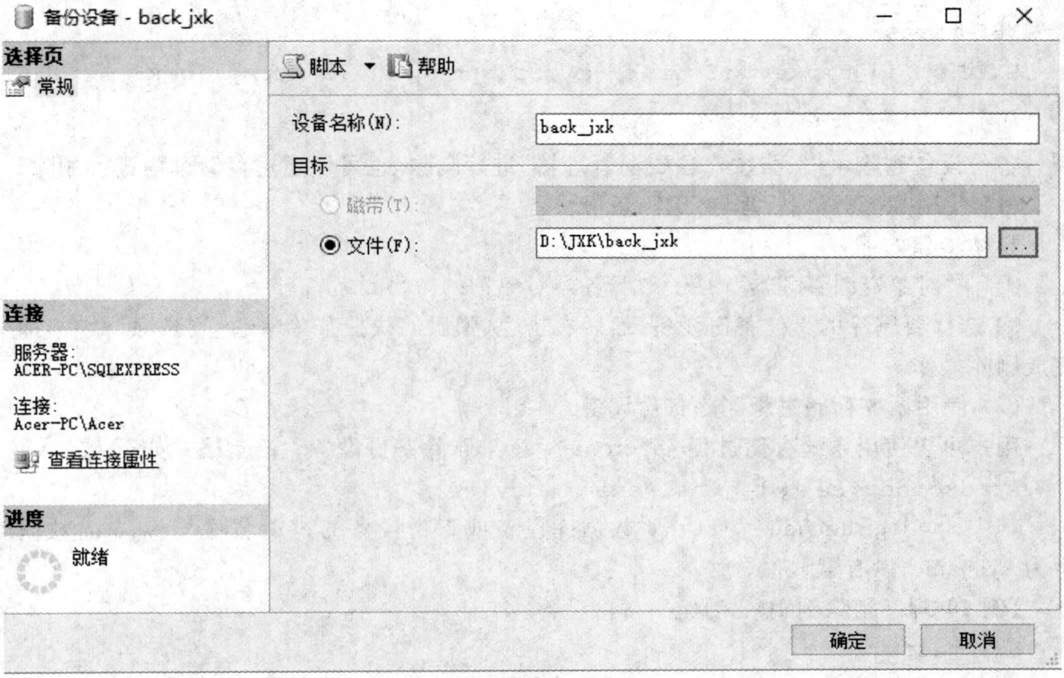

图 10-1　“备份设备”对话框

③ 单击“确定”按钮完成备份设备的创建。

创建完毕后,立即转到 Windows 资源管理器,查找一个名为“back_jxk.bak”的文件。有时用户可能找不到该文件,因为 SQL Server 还没有创建这个文件,SQL Server 只是在“master”数据库中的“sysdevices”表上简单地添加了一条记录,这条记录在首次备份到该设备时,会通知 SQL Server 将备份文件创建在什么地方。

(2) 使用系统存储过程创建备份设备

用户可以使用系统存储过程 sp_addumpdevice 来创建备份设备。语句格式如下:

```
EXEC sp_addumpdevice DISK|PIPE|TYPE, [@logicalname=] 'logical_name', [@physicalname=] 'physical_name'
```

[语法说明]:

① DISK|PIPE|TYPE:创建的设备类型,取值为 DISK 表示硬盘,取值为 PIPE 表示命名管道,取值为 TYPE 表示磁带设备。

② [@logicalname=] 'logical_name':备份设备的逻辑名称,该逻辑名称用于 BACKUP 和 RESTORE 语句中,数据类型为 sysname(用户定义名),没有默认值,并且不能为 NULL。

③ [@physicalname=] 'physical_name':备份设备的物理名称,物理名称必须遵循操作系统文件名称的规则或者网络设备的通用命名规则,并且必须包括完整的路径。没有默认值,并且不能为 NULL。

注意: 不能在事务内执行 sp_addumpdevice,只有 sysadmin 和 diskadmin 固定服务器角色的成员才能执行该系统存储过程。

【例 10-2】 创建一个名为 mydiskdump 的备份设备,其物理名称为 D:\jxk\dump1.bak。

```
USE master
EXEC sp_addumpdevice 'disk','mydiskdump','D:\JXK\dump1.bak'
```

10.1.2.2 删除备份设备

备份设备删除可以通过“对象资源管理器”进行删除,也可以通过存储过程进行删除。

(1) 使用“对象资源管理器”删除备份设备

具体步骤如下:

① 在“对象资源管理器”中展开“服务器对象”→“备份设备”。

② 选择要删除的具体备份设备,然后右击,从弹出的快捷菜单中选择“删除”命令,即可完成删除操作。

(2) 使用系统存储过程删除备份设备

用户可以使用系统存储过程 sp_dropdevice 来删除备份设备。语句格式如下:

```
sp_dropdevice [@logicalname=] 'device'
```

其中,[@logicalname=]'device'数据库设备或备份设备的逻辑名称,device 的数据类型为 sysname,没有默认值。

【例 10-3】 删除例 10-2 创建的备份设备。

```
USE master
EXEC sp_dropdevice 'mydiskdump'
```

10.1.3　备份数据库

在 SQL Server 2014 中创建 4 种数据库备份的方式主要有两种，一是使用“对象资源管理器”，二是使用 T-SQL 语句方式。

10.1.3.1　使用“对象资源管理器”备份数据库

完整备份是数据库最基础的备份方式，差异备份、事务日志备份都依赖于完整备份。

(1) 完整备份

【例 10-4】　对教学管理数据库 jxk 进行一次完整备份，操作步骤如下：

① 在“对象资源管理器”中展开“数据库”，右击 jxk，在弹出的快捷菜单中选择“属性”命令，弹出“数据库属性－jxk”对话框。

② 切换到“选项”页，从“恢复模式”下拉列表框中选择“完整”选项，单击“确定”按钮，即可应用所修改的结果。

③ 右击数据库 jxk，从快捷菜单中选择“任务”→“备份”命令，弹出“备份数据库－jxk”对话框，从“数据库”下拉列表框中选择 jxk 数据库，在“备份类型”下拉列表框中选择“完整”选项。

④ 在“选项页”中的“备份选项”里保留“名称”文本框的内容不变。在“说明”文本框中可以输入“complete backup of jxk”。

⑤ 设置备份到磁盘的目标位置，通过单击“删除”按钮删除已存在的目标，如图 10-2 所示。

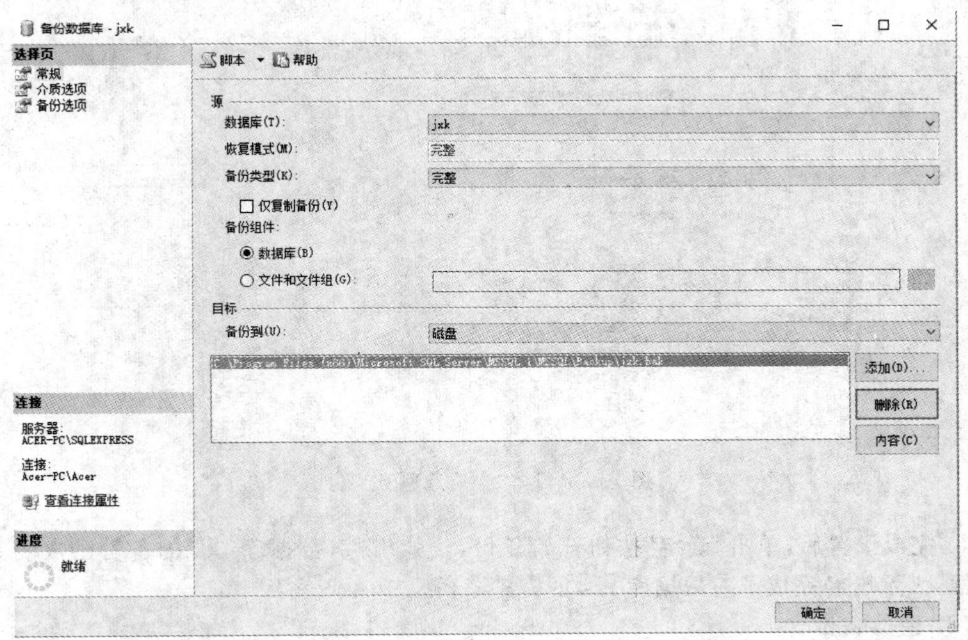

图 10-2　设置“常规”选项页

⑥ 单击“添加”按钮，弹出“选择备份目标”对话框，选中“备份设备”单选按钮，然后从下拉列表框中选择“back_jxk”选项，如图 10-3 所示。单击“确定”按钮返回“备份数据库－jxk”

对话框,这时就可以看到"目标"下面的文本框中增加了一个备份设备"back_jxk"。

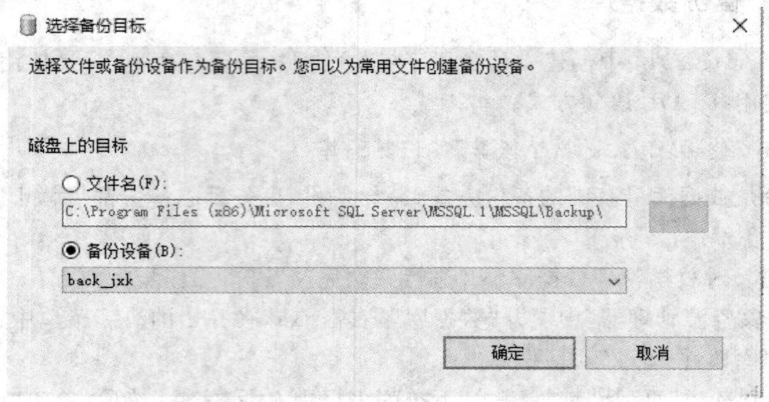

图 10-3 "选择备份目标"对话框

⑦ 切换到"选项页"中的"介质选项"里,选中"覆盖所有现有备份集"复选框,该复选框用于初始化新的设备或覆盖现有的设备;选中"完成后验证备份"复选框,该复选框用于核对实际数据库与备份副本,并确保它们在备份完成之后是一致的。具体设置如图10-4 所示。

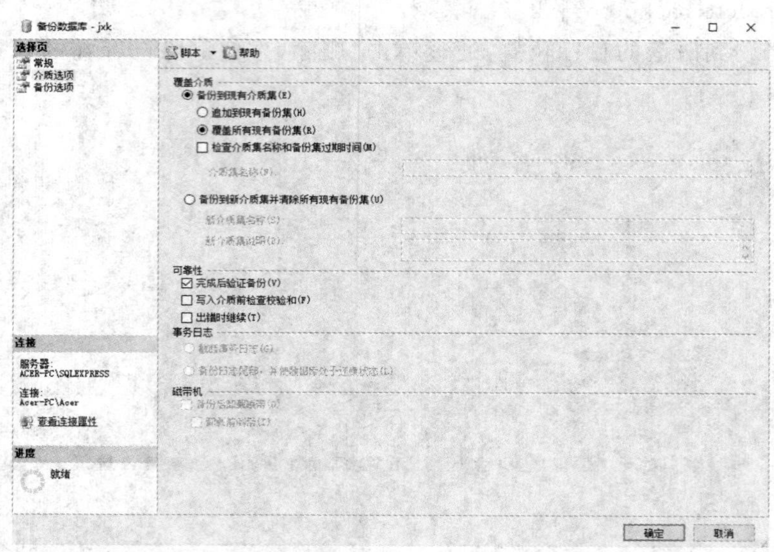

图 10-4 设置"介质选项"选项页

⑧ 完成设置后,单击"确定"按钮开始备份,若弹出"对数据库 jxk 的备份已成功完成"对话框,表示已经完成了对数据库 jxk 的完整备份。

(2) 差异备份

创建差异备份的过程与创建完整备份的过程几乎相同。现在以创建教学管理数据库 jxk 的差异备份,操作步骤如下:

① 在"对象资源管理器"中展开"数据库",右击"jxk",从快捷菜单中选择"任务"→"备份"命令,弹出"备份数据库－jxk"对话框,如图 10-2 所示。

② 在“备份数据库－jxk”对话框中选择要备份的数据库“jxk”，并选择“备份类型”为“差异”。

③ 在“选项页”中的“备份选项”里保留“名称”文本框的内容不变。在“说明”文本框中可以输入“differential backup of jxk”。

④ 切换到“选项页”中的“介质选项”里，选中“追加到现有备份集”复选框，以免覆盖现有的完整备份，并且选中“完成后验证备份”复选框，以确保它们在备份完成之后是一致的。

⑤ 完成设置后，单击“确定”按钮开始备份，若弹出“对数据库 jxk 的备份已成功完成”对话框，表示已经完成了对数据库 jxk 的差异备份。

(3) 事务日志备份

事务日志备份依赖于完整备份，但它不备份数据库本身。这种类型的备份只记录事务日志的适当部分。

以教学管理数据库 jxk 进行事务日志备份为例，操作步骤和差异备份过程类似，只需将第 2 步骤中的选择“备份类型”为“事务日志”即可，其他过程不再赘述。

10.1.3.2　使用 T-SQL 语句方式备份数据库

(1) 完整备份

使用系统命令 BACKUP DATABASE 可以完成数据库的完整备份。其语句格式如下：

```
BACKUP DATABASE <database_name>
TO <backup_device> [,…n]
WITH
[[,]NAME=backup_filename]
[[,]DESCRIPTION='text']
[[,]INIT|NOINIT]
```

[语法说明]：

① database_name：备份数据库名称。

② backup_device：指定备份设备，采用“备份设备＝设备名”的形式。

③ NAME＝backup_filename：指定备份设备名称。

④ DESCRIPTION＝'text'：给出备份的描述

⑤ INIT|NOINIT 中的 INIT 表示新备份的数据覆盖当前备份设备上的每一项内容。NOINIT 表示新备份的数据添加到备份设备上已有的内容后面。

【例 10-5】 在例 10.1 创建的备份设备 back_jxk 上重新备份数据库 jxk，并覆盖以前的数据。

```
USE master
BACKUP DATABASE jxk
TO DISK='D:\JXK\tmpjxk.bak'  - - 物理名称
WITH INIT,  - - 覆盖当前备份设备上的每一项内容
NAME='D:\JXK\back_jxk'     - - 备份设备名
DESCRIPTION='This is then full backup jxk'
```

程序执行结果如图 10-5 所示。从结果可以看出，完整备份将数据库中的所有数据文件和日志文件进行了备份。

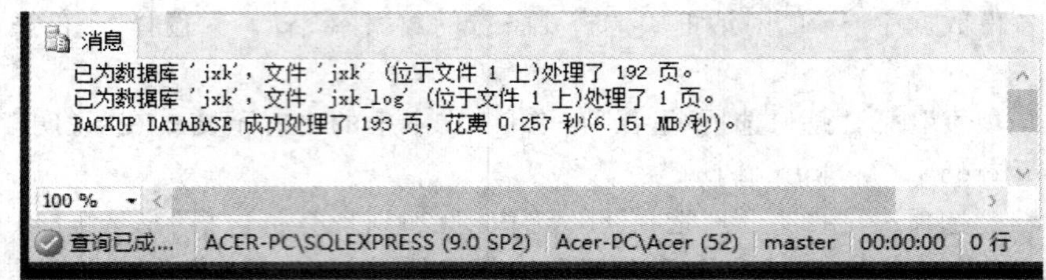

图 10-5　例 10-5 程序执行结果

(2) 差异备份

使用系统命令 BACKUP DATABASE 可以完成数据库的差异备份。其语句格式如下：

```
BACKUP DATABASE <database_name>
TO <backup_device> [,…n]
WITH DIFFERENTIAL
[[,]NAME=backup_filename]
[[,]DESCRIPTION='text']
[[,]INIT|NOINIT]
```

其中，WITH DIFFERENTIAL 子句指明了本次备份是差异备份，其他选项与完整备份类似，不再赘述。

【例 10-6】 在例 10-5 基础上创建 jxk 的差异备份，将此次备份追加到以前所有备份后面。

```
USE master
BACKUP DATABASE jxk
TO DISK='D:\JXK\firstbackup'
WITH DIFFERENTIAL ,NOINIT
```

程序执行结果如图 10-6 所示。从执行结果可以看出，jxk 数据库的差异备份与完整备份相比，数据量较少，时间较短。

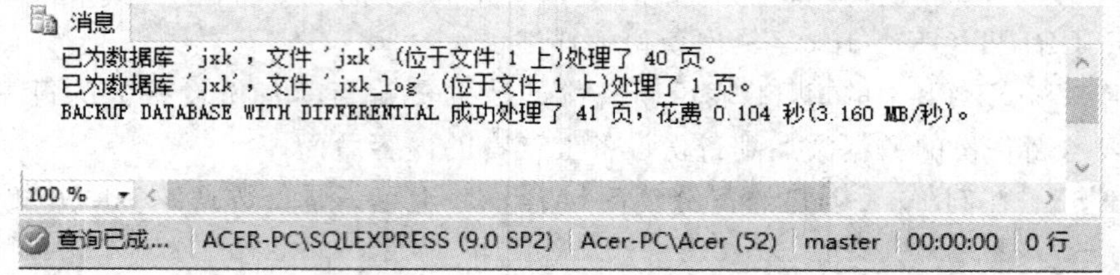

图 10-6　例 10-6 程序执行结果

(3) 事务日志备份

使用系统命令 BACKUP LOG 可以创建事务日志备份。其语句格式如下：

```
BACKUP LOG <database_name>
TO <backup_device> [,…n]
WITH DIFFERENTIAL
[[,]NAME=backup_filename]
```

```
[[,]DESCRIPTION='text']
[[,]INIT|NOINIT]
[[,]NORECOVERY]
```

其中,BACKUP LOG 子句指明了创建的是事务日志备份,NORECOVERY 是指备份到日志尾部并使数据库处于正在恢复的状态,只能和 BACKUP LOG 一起使用。其他选项与上述备份类似,不再赘述。

【例 10-7】 对数据库 jxk 做事务日志备份,追加到现有备份集 fistbackup 的本地磁盘设备上。

```
USE master
BACKUP LOG jxk
TO DISK='D:\JXK\firstbackup'
WITH NOINIT
```

程序执行结果如图 10-7 所示。

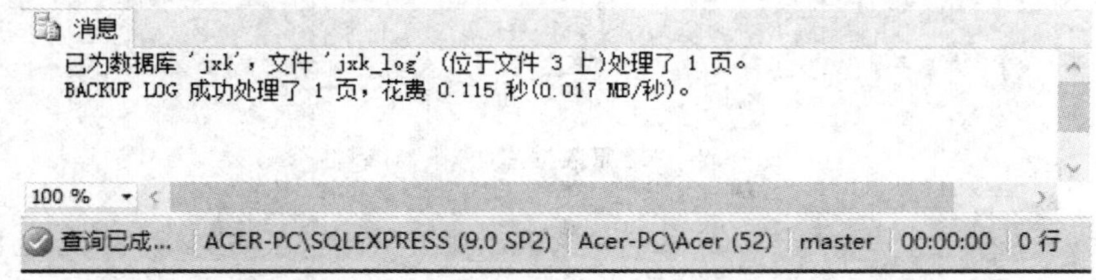

图 10-7 例 10-7 程序执行结果

10.1.4 恢复数据库

数据库恢复是指将数据库备份加载到数据库系统的过程,是与备份相对应的操作,备份是还原的基础,没有备份就无法还原。备份是在系统正常的情况下执行的操作,恢复是在系统非正常情况下执行的操作,恢复相对要比备份复杂。

在恢复数据库时,SQL Server 会自动将备份文件中的数据全部复制到数据库,并回滚任何未完成的事务,以保证数据库中数据的完整性。SQL Server 恢复数据库的方式主要有两种,一是使用“对象资源管理器”完成,二是使用 T-SQL 语句方式。

10.1.4.1 使用“对象资源管理器”恢复数据库

例如对数据库 jxk 进行恢复,操作步骤如下:

(1) 在“对象资源管理器”中展开“数据库”,右击数据库“jxk”,从快捷菜单中选择“任务”→“还原”→“数据库”命令,弹出“还原数据库－jxk”对话框,如图 10-8 所示。

(2) 选择恢复的“源数据库”为 jxk 或者选择恢复的源设备。在“还原计划”中的“要还原的备份集”中,对于要选择的备份集可以同时选择“完整”、“差异”和“事务日志”,也可以选择其中一种。

(3) 在“选项”选项页中配置恢复操作的选项,如图 10-9 所示。

① 覆盖现有数据库:允许恢复操作覆盖现有的任何数据库以及它们的相关文件。

② 保留复制设置:当正在恢复一个发布的数据库到一个服务器的时候,确保保留任何

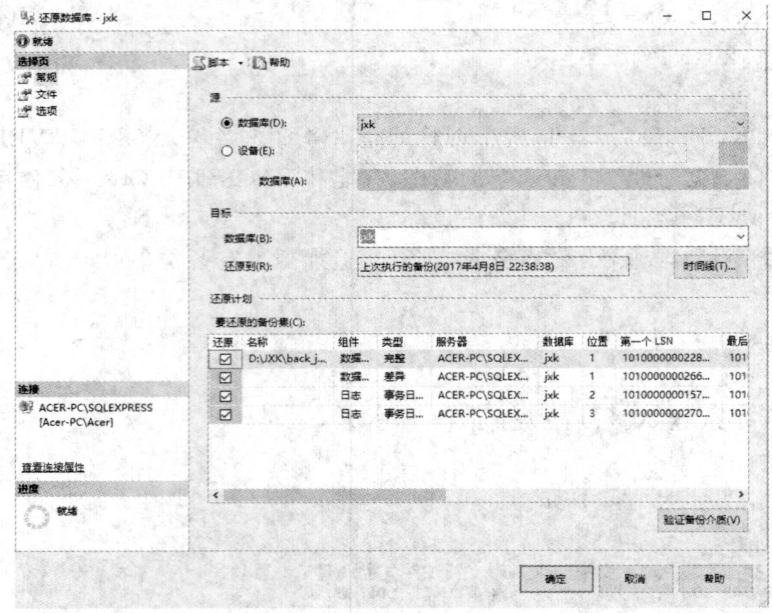

图 10-8 “还原数据库—jxk”对话框

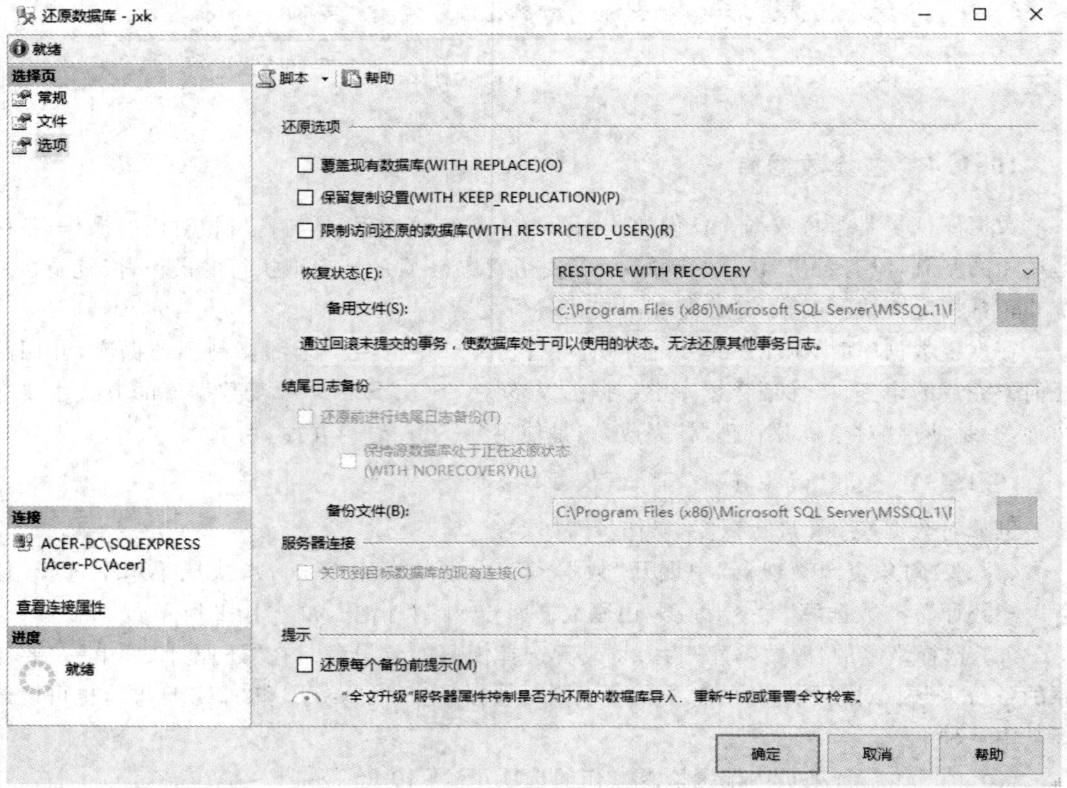

图 10-9 “选项”页

复制的设置，必须选中“恢复状态”中的“RESTORE WITH RECOVERY”，表示通过回滚未提交的事务，使数据库处于可以使用的状态。无法还原其他事务日志。

③ 限制访问还原的数据库：将数据库设置为只有 dbo、dbcreator 以及 sysadmin 能够访问的限制用户模式。

④ 恢复状态：下列列表框中的“RESTORE WITH RECOVERY”，表示通过回滚未提交的事务，使数据库处于可以使用的状态。无法还原其他事务日志。“RESTORE WITH NORECOVERY”选项表示不对数据库执行任何操作，不回滚未提交的事务。可以还原其他事务日志。“RESTORE WITH STANDBY” 选项表示使数据库处于只读模式。撤销未提交的事务，但将撤销操作保存在备用文件中，以便可使恢复效果逆转。

⑤ 提示：选择“还原每个备份之前提示”表示在成功完成一个恢复并且在下一个恢复之前自动提示。

⑥ 设置好上述选项后，单击“确定”按钮。系统开始执行数据库还原操作。

10.1.4.2　使用 T-SQL 语句方式恢复数据库

使用 T-SQL 语句 RESTORE 恢复整个数据库、恢复数据库日志，以及恢复数据库指定的某个文件或文件组。其语句格式如下：

```
RESTORE DATABASE|LOG <database_name>
[FROM <backup_device> [,…n]]
[WITH
[FILE=file_number]
[[,]MOVE=<logical_file_name> TO <operating_system_file_name>]
[[,]NORECOVERY|RECOVERY]
[[,]REPLACE]
[RESTART]
```

[语法说明]：

① DATABASE：指定从备份恢复整个数据库。如果指定了文件和文件组列表，则只恢复文件和文件组。

② database_name：指定将日志或整个数据库恢复到的数据库。

③ FROM：指定从中恢复备份的备份设备。如果没有指定 FROM 子句，则不会发生备份设备恢复，而只是恢复数据库。

④ backup_device：指定恢复操作要使用的逻辑或物理备份设备。

⑤ FILE＝file_number：标识要恢复的备份集。

⑥ MOVE＝＜logical_file_name＞ TO ＜operating_system_file_name＞：指定给定的逻辑文件名移到物理文件名，可以在不同的 MOVE 语句中指定数据库中的每个逻辑文件。

⑦ NORECOVERY|RECOVERY：其中 NORECOVERY 指定恢复操作，不回滚任何未提交的事务，以保持数据库的一致性。RECOVERY 用于最后一个备份的恢复，它是默认值。

⑧ REPLACE：指定即使存在另一个相同名称的数据库，SQL Server 也能够创建指定的数据库及其相关文件，在这种情况下将删除现有的数据库。

⑨ RESTART：在上一次还原操作意外中断时使用，指定此次恢复从上次中断的地方

开始。

【例 10-8】 完成创建备份设备，备份数据库 jxk 和恢复数据库 jxk 的全过程。

① 添加一个名为 temp_disk 的备份设备，其物理名称为 D:\JXK\tempback.bak。

```
USE master
EXEC sp_addumpdevice 'disk','temp_disk','D:\JXK\tempback.bak'
```

② 将数据库 jxk 的数据文件和日志文件都备份到磁盘文件 D:\JXK\tempback.bak 中。

```
USE master
BACKUP DATABASE jxk
TO DISK='D:\JXK\tempback.bak'
BACKUP LOG jxk TO DISK='D:\JXK\tempback.bak' WITH NORECOVERY
```

③ 从 temp_disk 备份设备中恢复 jxk 数据库

```
USE master
RESTORE DATABASE jxk
FROM DISK='D:\JXK\tempback.bak'
```

执行最后一个程序段，结果如图 10-10 所示。

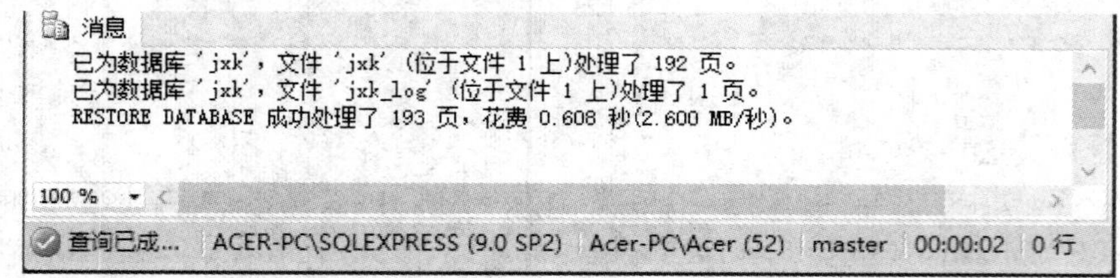

图 10-10 例 10-8(3)的执行结果

10.2 数据的导入与导出

SQL Server 2014 提供了强大的数据导入导出功能，它可以在多种常用数据格式(数据库、电子表格和文本文件)之间导入和导出数据，为不同的数据源之间的数据转换提供了方便。

10.2.1 数据的导入

导入数据是从 SQL Server 的外部数据源中检索数据，然后将数据插入到 SQL Server 数据库指定表的过程。

下面通过导入导出向导将名为"jxk.xls"文件中的数据导入到 SQL Server 数据库"jxk"中，具体操作步骤如下：

① 启动"SQL Server Management Studio"，并连接到 SQL Server 2014 中的数据库，在"对象资源管理器"中展开"数据库"结点。

② 右击数据库"jxk"，在弹出的快捷菜单中选择"任务"→"导入数据"命令，如图 10-11 所示，随后弹出"选择数据源"界面，在该界面中选择要从中复制数据的源，如图 10-12 所示。

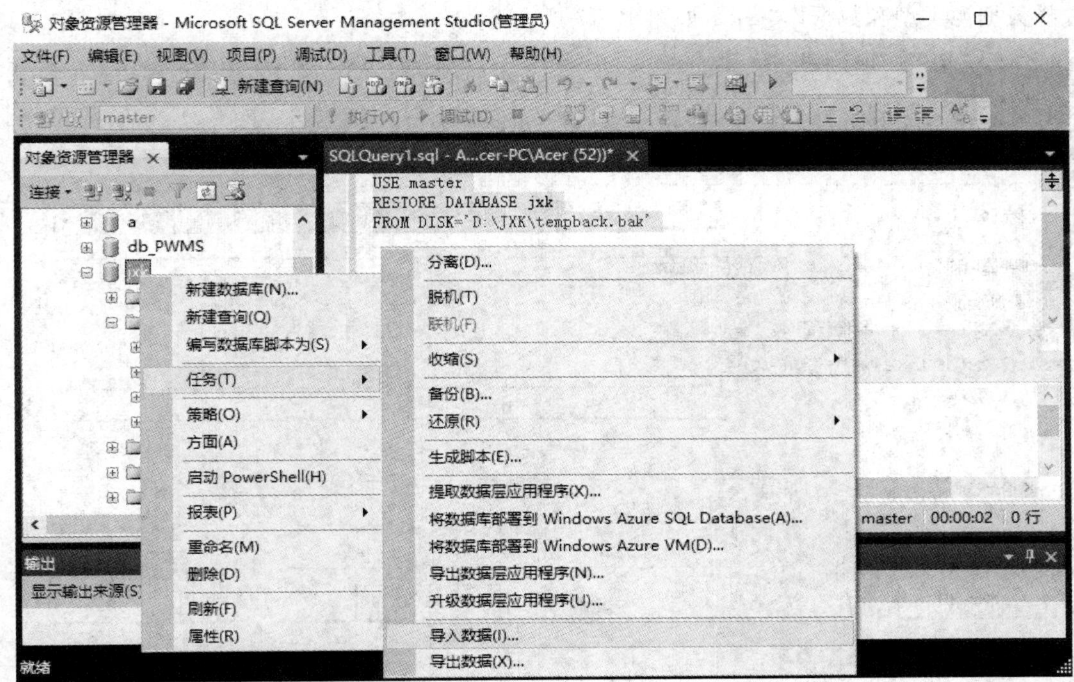

图 10-11　选择“导入数据”命令

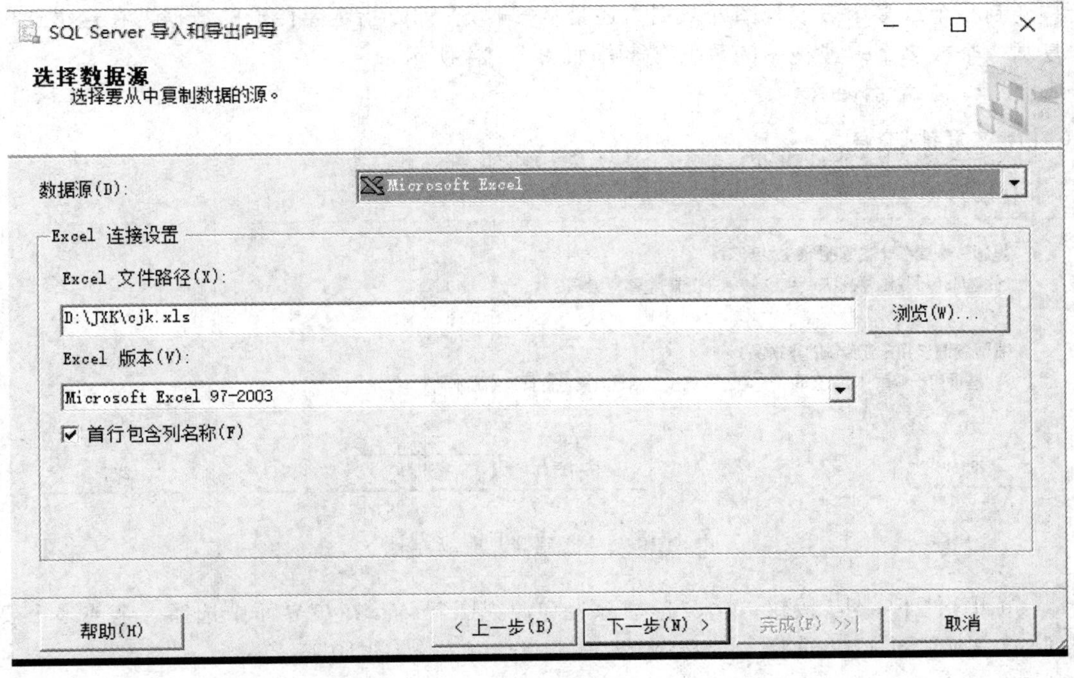

图 10-12　选择数据源

③ 单击“下一步”按钮，在弹出的界面中选择要将数据库复制到何处，在该界面中分别

选择数据源类型和数据库“jxk”,如图 10-13 所示。

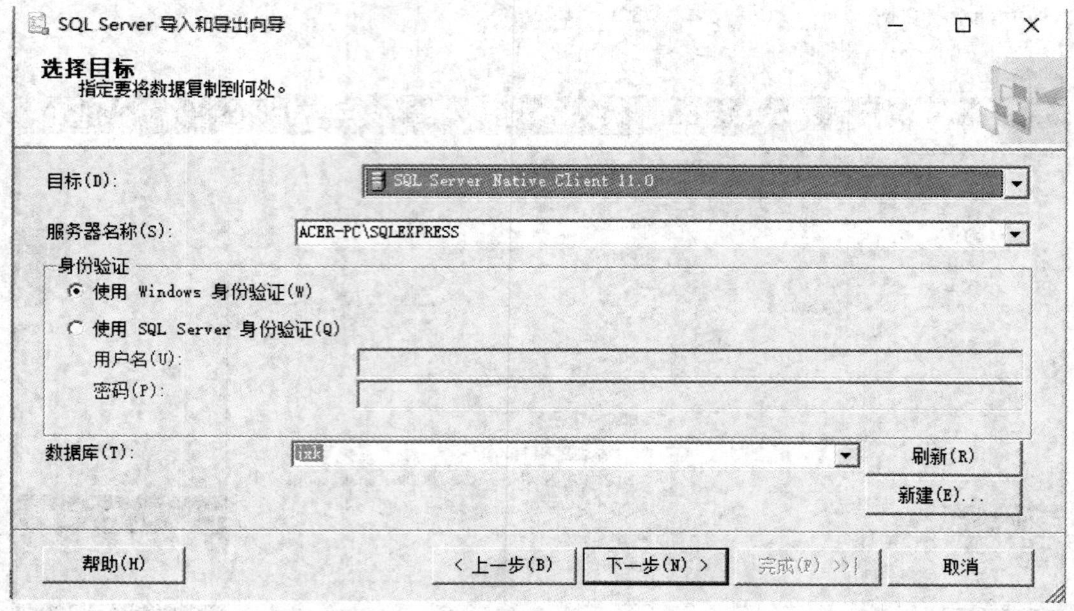

图 10-13　选择目标

④ 单击“下一步”按钮,进入“指定表复制或查询”界面,在该界面中选择是从指定数据源“复制一个或多个表或视图的数据”,还是从“编写查询以指定要传输的数据”,在这里选中“复制一个或多个表或视图的数据”选项,如图 10-14 所示。

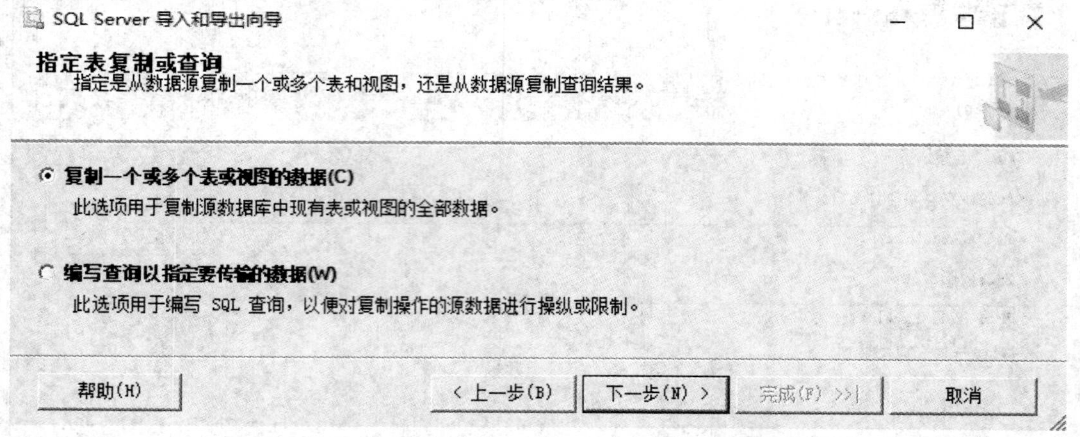

图 10-14　指定表复制或查询

⑤ 单击“下一步”按钮,进入“选择源表和源视图”界面,在该界面中选择一个或多个要复制的表或视图,这里选择 course、student 和 grade 表,如图 10-15 所示。

⑥ 单击“下一步”按钮,进入“查看数据类型映射”,选择一个表以查看数据类型映射到目标中的数据类型的方式及其处理转换问题的方式,如图 10-16 所示。

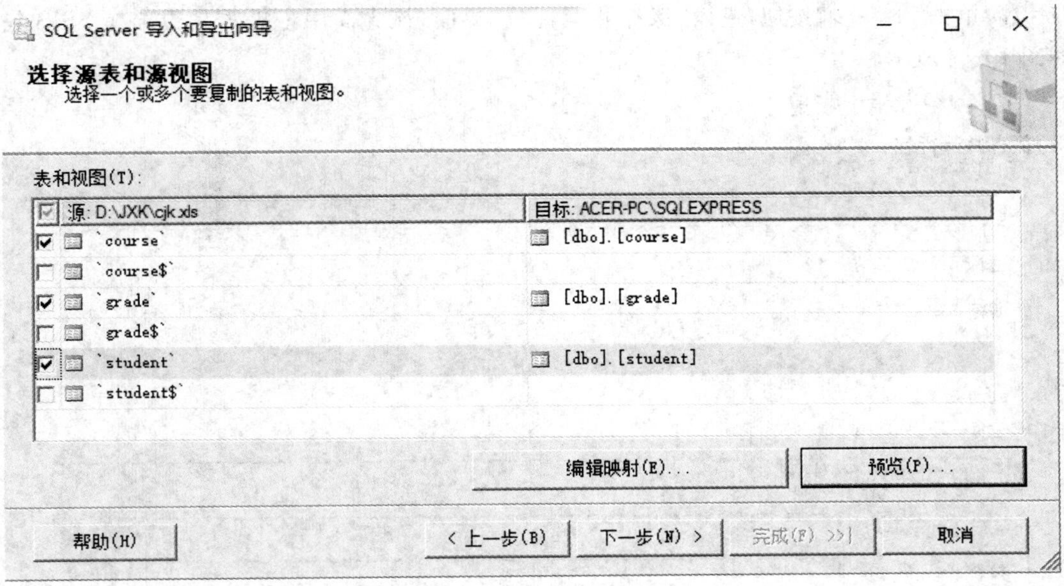

SQL Server 导入和导出向导

选择源表和源视图

选择一个或多个要复制的表和视图。

表和视图(T):

源: D:\JXK\cjk.xls	目标: ACER-PC\SQLEXPRESS
☑ \`course\`	[dbo].[course]
☐ \`course$\`	
☑ \`grade\`	[dbo].[grade]
☐ \`grade$\`	
☑ \`student\`	[dbo].[student]
☐ \`student$\`	

编辑映射(E)...　预览(P)...

帮助(H)　< 上一步(B)　下一步(N) >　完成(F) >>|　取消

图 10-15　选择源表和源视图

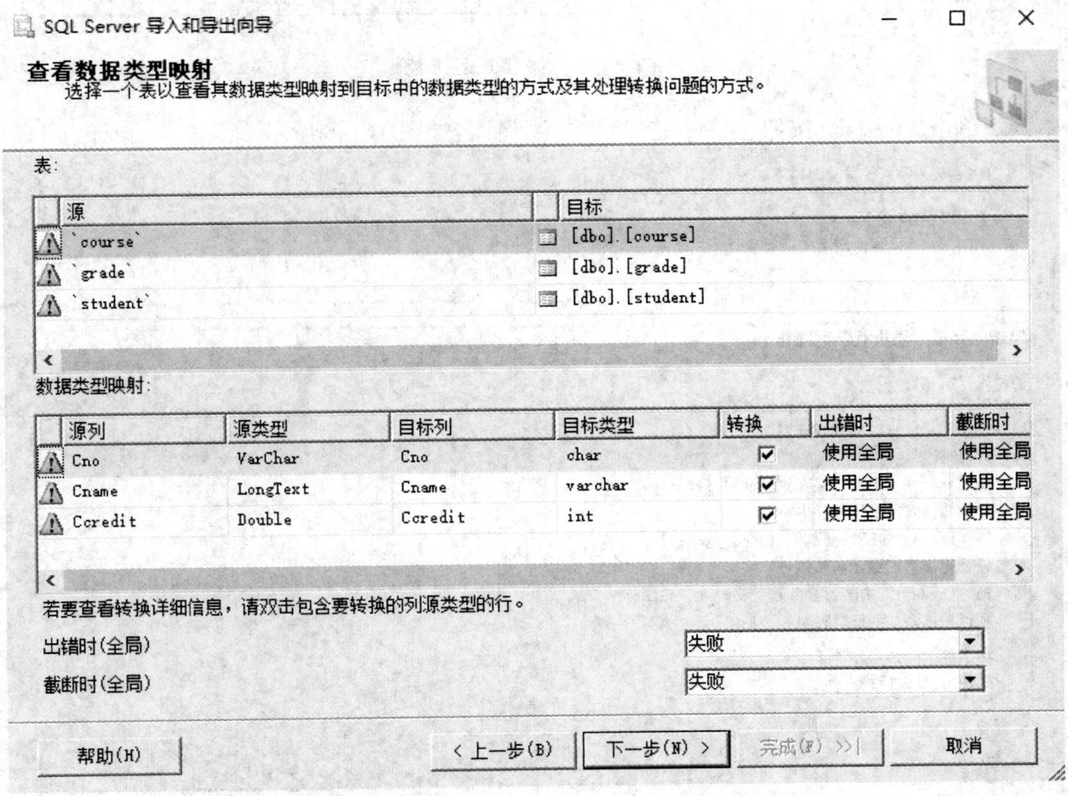

SQL Server 导入和导出向导

查看数据类型映射

选择一个表以查看其数据类型映射到目标中的数据类型的方式及其处理转换问题的方式。

表:

源	目标
\`course\`	[dbo].[course]
\`grade\`	[dbo].[grade]
\`student\`	[dbo].[student]

数据类型映射:

源列	源类型	目标列	目标类型	转换	出错时	截断时
Cno	VarChar	Cno	char	☑	使用全局	使用全局
Cname	LongText	Cname	varchar	☑	使用全局	使用全局
Ccredit	Double	Ccredit	int	☑	使用全局	使用全局

若要查看转换详细信息，请双击包含要转换的列源类型的行。

出错时(全局)　失败

截断时(全局)　失败

帮助(H)　< 上一步(B)　下一步(N) >　完成(F) >>|　取消

图 10-16　查看数据类型映射

⑦ 单击“下一步”按钮,进入“保存并运行包”界面,该界面用于提示是否选择 SSIS 包,如图 10-17 所示。

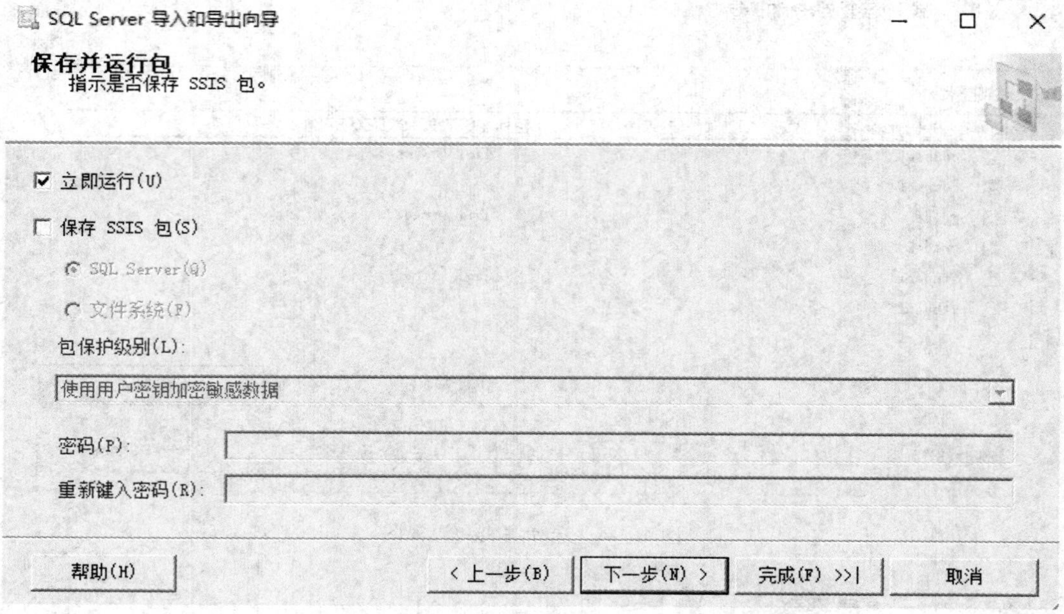

图 10-17 保存并运行包

⑧ 单击“下一步”按钮,进入“完成该向导”界面,如图 10-18 所示。

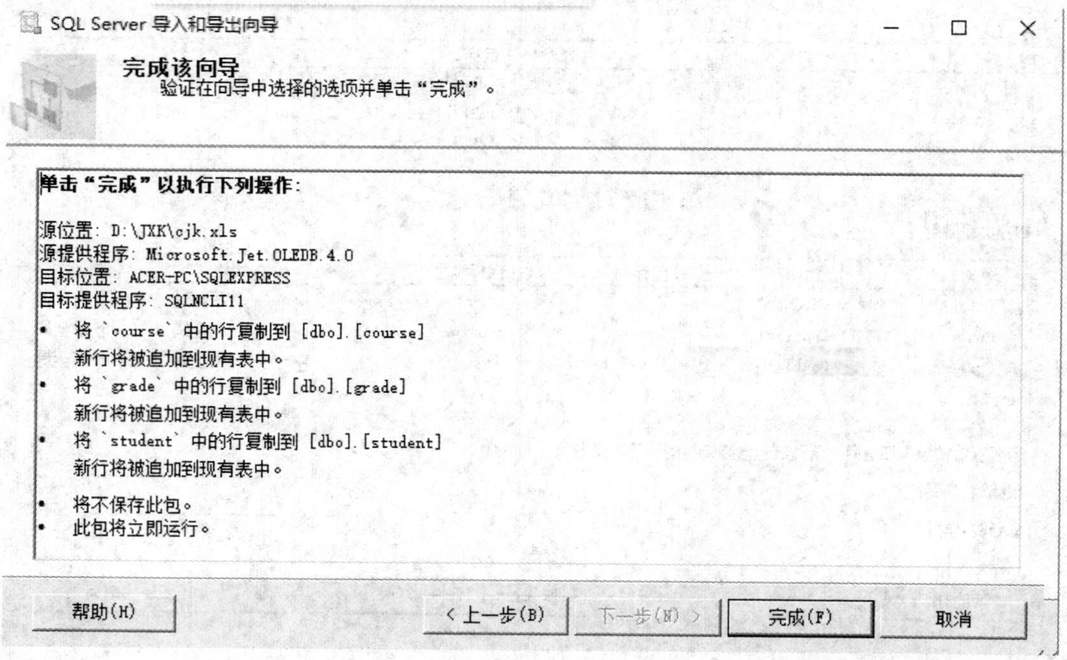

图 10-18 完成向导

⑨ 最后单击“完成”按钮，完成数据的导入操作。

10.2.2　数据的导出

导出数据是将 SQL Server 实例中的数据导出为某些用户指定格式的过程，如将 SQL Server 表的内容复制到 Excel 表格中。

下面通过导入导出向导将 SQL Server 数据库 jxk 中的部分数据表导出到 Excel 表格中，具体操作步骤如下：

① 启动“SQL Server Management Studio”，并连接到 SQL Server 2014 中的数据库，在“对象资源管理器”中展开“数据库”结点。

② 右击数据库“jxk”，在弹出的快捷菜单中选择“任务”→“导出数据”命令，如图10-19所示，随后弹出“选择数据源”界面，在该界面中选择要从中复制数据的源，如图 10-20 所示。

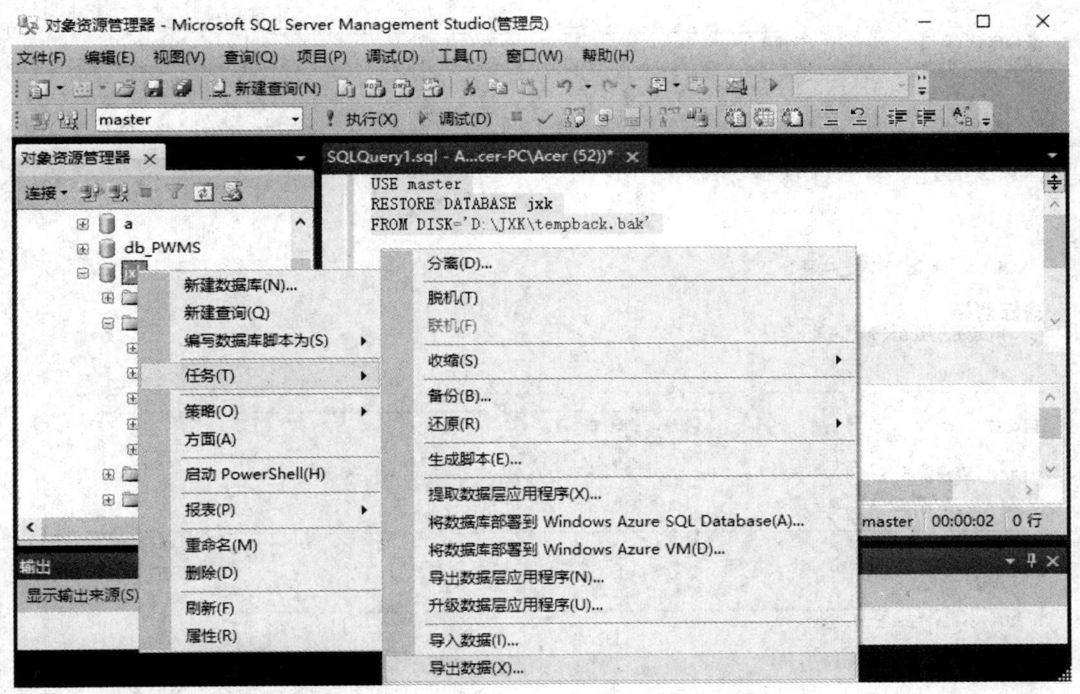

图 10-19　选择“导出数据”命令

③ 单击“下一步”按钮，在弹出的界面中选择要将数据库复制到何处，在该界面中分别选择数据源类型和 Excel 文件的位置，如图 10-21 所示。

④ 单击“下一步”按钮，进入“指定表复制或查询”界面，在该界面中选择是从指定数据源“复制一个或多个表或视图的数据”，还是从“编写查询以指定要传输的数据”，在这里选中“复制一个或多个表或视图的数据”选项，如图 10-22 所示。

⑤ 单击“下一步”按钮，进入“选择源表和源视图”界面，在该界面中选择一个或多个要复制的表或视图，这里选择“course”、“student”和“grade”表，如图 10-23 所示。

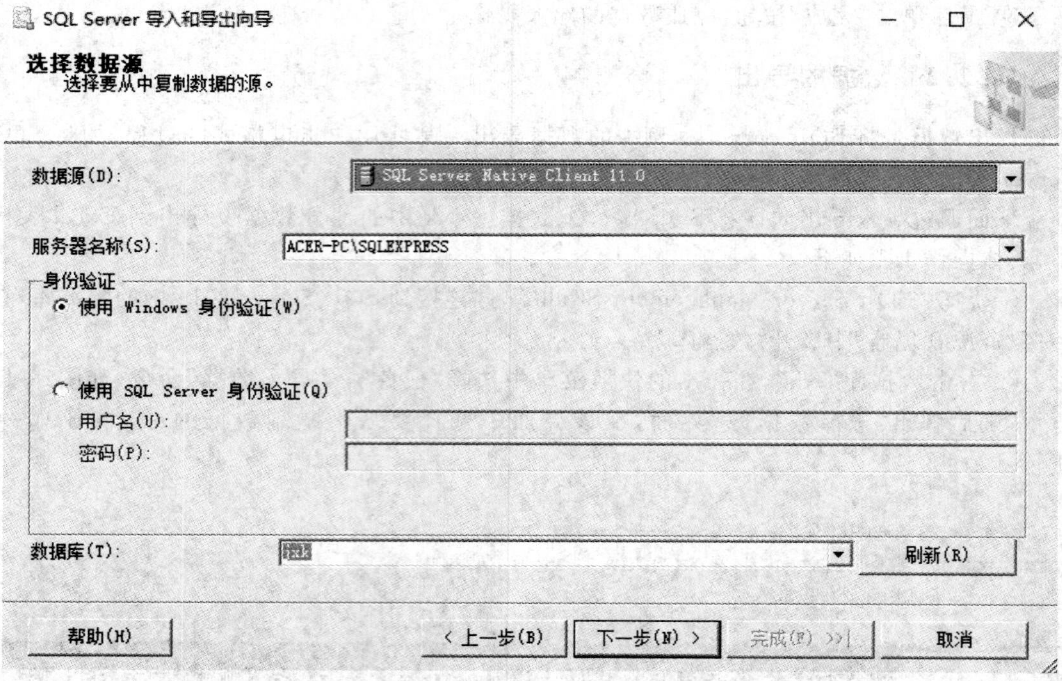

SQL Server 导入和导出向导

选择数据源

选择要从中复制数据的源。

数据源(D): SQL Server Native Client 11.0

服务器名称(S): ACER-PC\SQLEXPRESS

身份验证

使用 Windows 身份验证(W)

使用 SQL Server 身份验证(Q)

用户名(U):

密码(P):

数据库(T): jxk 刷新(R)

帮助(H) < 上一步(B) 下一步(N) > 完成(F) >>| 取消

图 10-20 选择数据源

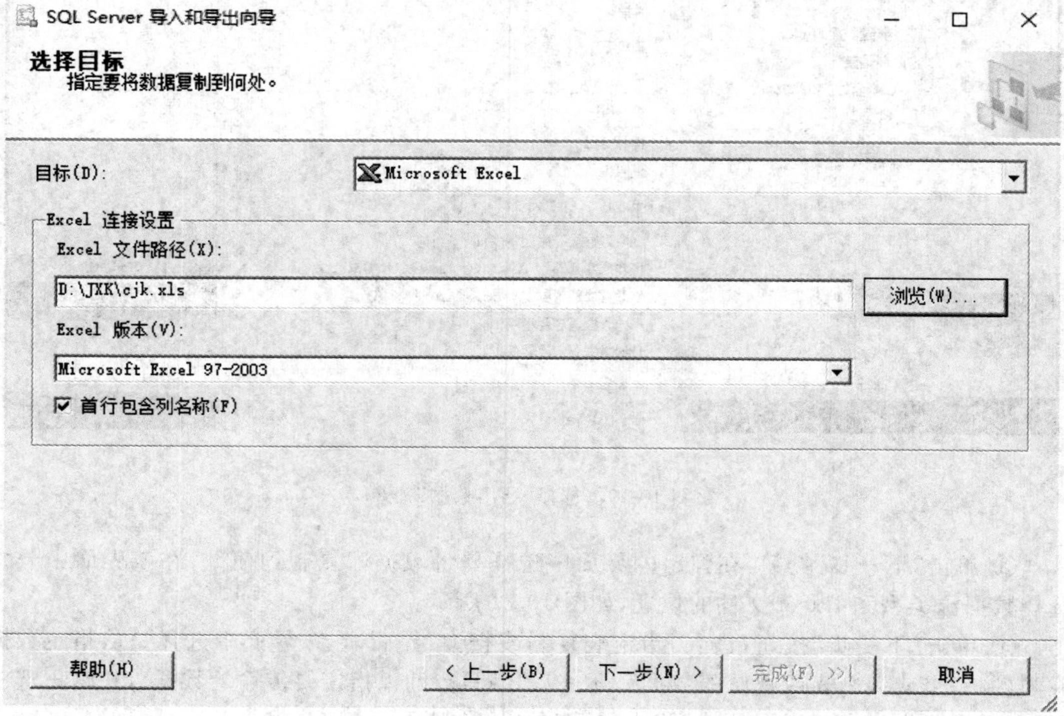

SQL Server 导入和导出向导

选择目标

指定要将数据复制到何处。

目标(D): Microsoft Excel

Excel 连接设置

Excel 文件路径(X):

D:\JXK\cjk.xls 浏览(W)...

Excel 版本(V):

Microsoft Excel 97-2003

首行包含列名称(F)

帮助(H) < 上一步(B) 下一步(N) > 完成(F) >>| 取消

图 10-21 选择目标

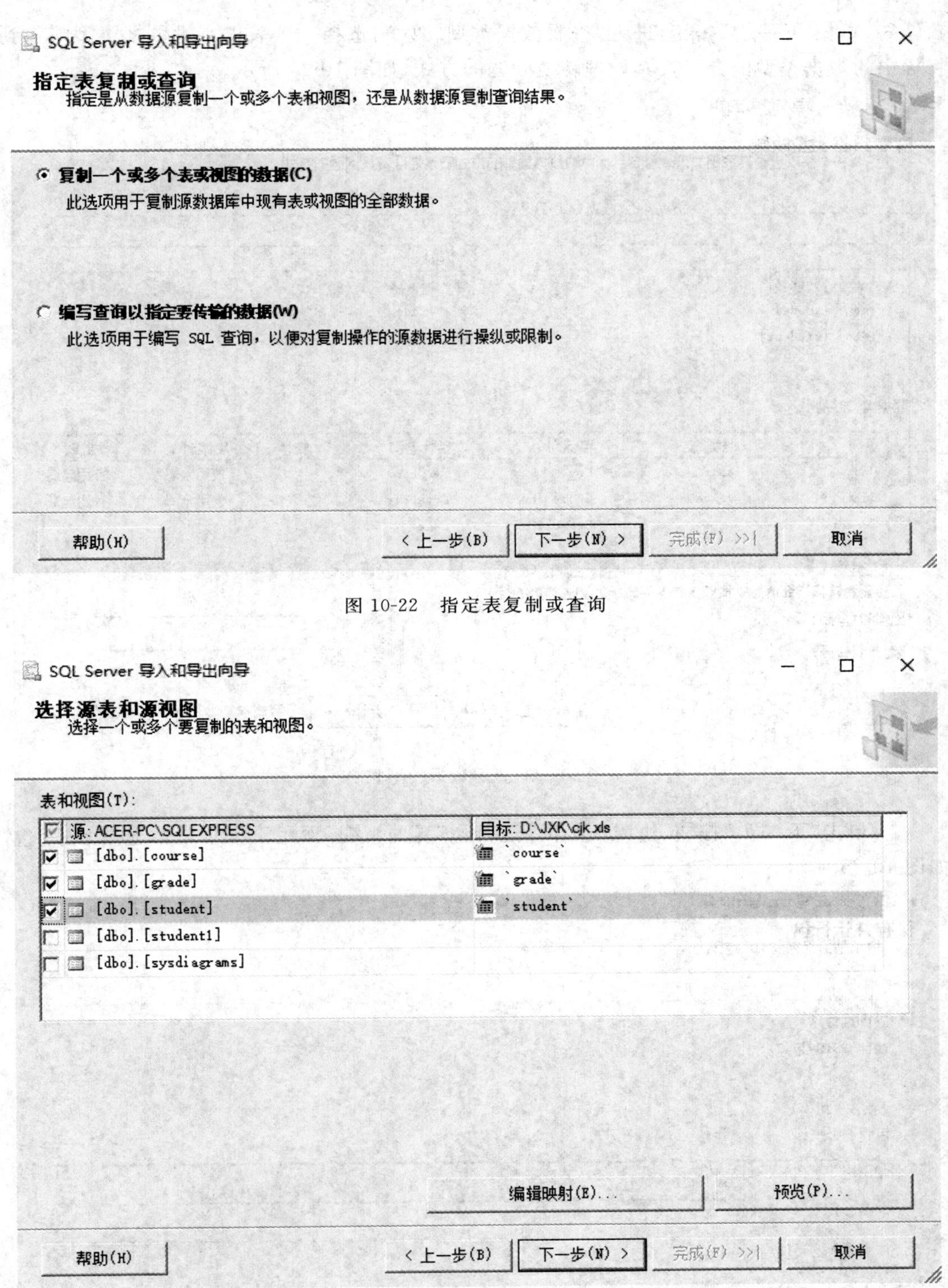

图 10-22　指定表复制或查询

图 10-23　选择源表和源视图

⑥ 单击“下一步”按钮，进入“查看数据类型映射”，选择一个表以查看数据类型映射到目标中的数据类型的方式及其处理转换问题的方式，如图 10-24 所示。

图 10-24　查看数据类型映射

⑦ 单击“下一步”按钮，进入“保存并运行包”界面，该界面用于提示是否选择 SSIS 包，如图 10-25 所示。

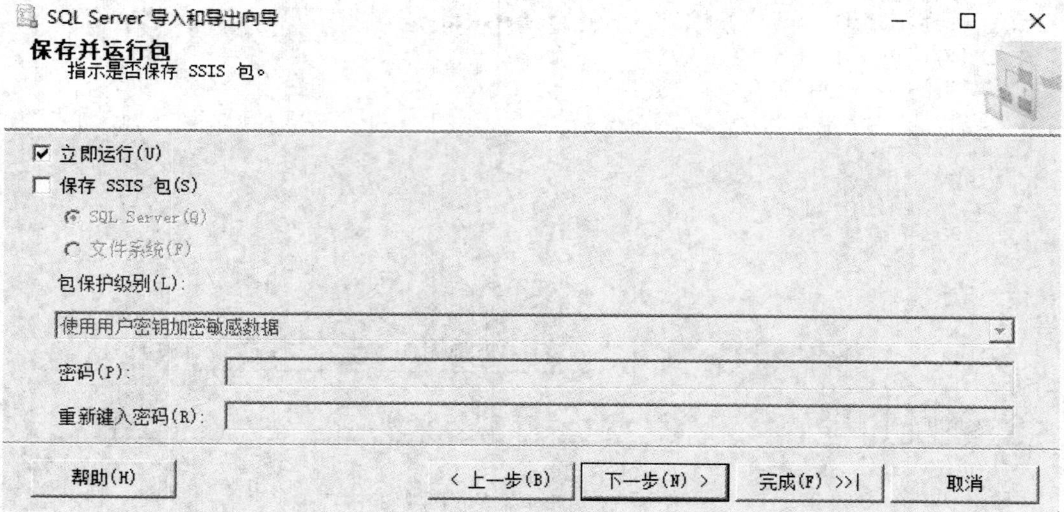

SQL Server 导入和导出向导
保存并运行包
指示是否保存 SSIS 包。
立即运行(U)
保存 SSIS 包(S)
SQL Server(Q)
文件系统(F)
包保护级别(L):
使用用户密钥加密敏感数据
密码(P):
重新键入密码(R):
帮助(H)
< 上一步(B)
下一步(N) >
完成(F) >>|
取消

图 10-25　保存并运行包

⑧ 单击“下一步”按钮，进入“完成该向导”界面，如图 10-26 所示。

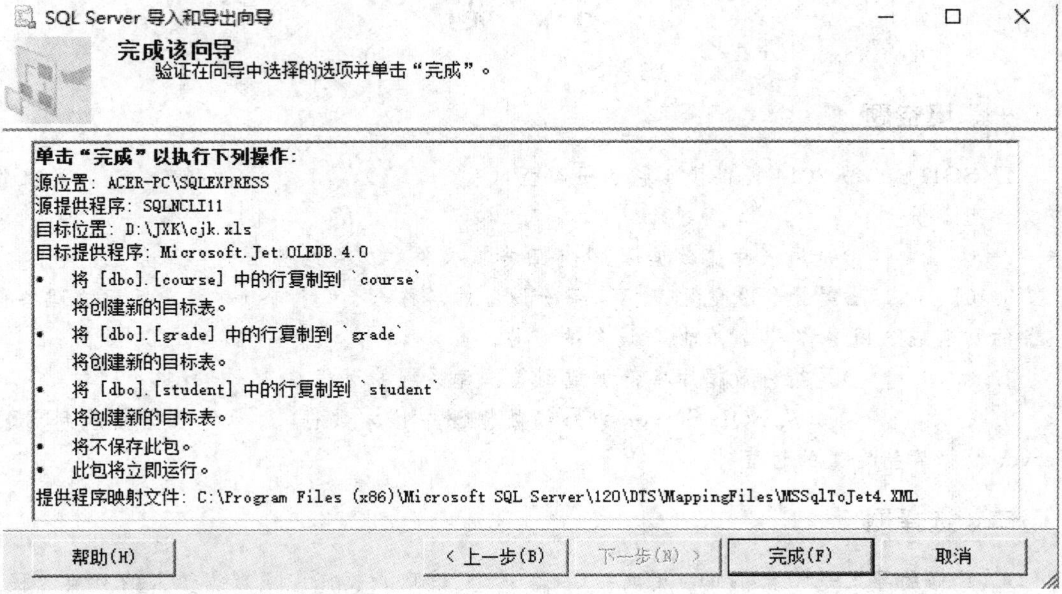

SQL Server 导入和导出向导

完成该向导

验证在向导中选择的选项并单击“完成”。

单击“完成”以执行下列操作：

源位置：ACER-PC\SQLEXPRESS
源提供程序：SQLNCLI11
目标位置：D:\JXK\cjk.xls
目标提供程序：Microsoft.Jet.OLEDB.4.0

- 将 [dbo].[course] 中的行复制到 \`course\`
  将创建新的目标表。
- 将 [dbo].[grade] 中的行复制到 \`grade\`
  将创建新的目标表。
- 将 [dbo].[student] 中的行复制到 \`student\`
  将创建新的目标表。
- 将不保存此包。
- 此包将立即运行。

提供程序映射文件：C:\Program Files (x86)\Microsoft SQL Server\120\DTS\MappingFiles\MSSqlToJet4.XML

帮助(H)　< 上一步(B)　下一步(N) >　完成(F)　取消

图 10-26　完成该向导

⑨ 最后单击“完成”按钮，完成数据的导出操作。

⑩ 打开“cjk.xls”文件查看导出数据，如图 10-27 所示。

Microsoft Excel - cjk.xls

文件(F)　编辑(E)　视图(V)　插入(I)　格式(O)　工具(T)　数据(D)　窗口(W)　帮助(H)

A1　'Sno

	A	B	C	D	E	F	G	H
1	Sno	Sname	Ssex	Sclass	Sbirthday	Snation	Sregions	Sentergrade
2	090110010	赵春	男	营销091	1993/6/15	汉族	辽宁	582
3	090110010	赵刚	男	营销091	1993/6/16	土家族	辽宁	501
4	090110010	杨雨	男	营销091	1993/6/17	汉族	辽宁	574
5	090110010	杨旭枫	男	营销091	1993/6/18	维吾尔族	黑龙江	539
6	090110010	李亚军	男	营销091	1993/6/19	汉族	内蒙古	579
7	090110010	宋丽新	男	营销091	1993/6/20	汉族	辽宁	584
8	090110011	张禹	男	营销091	1993/6/21	汉族	辽宁	549
9	090110011	王宇畅	男	营销091	1993/6/22	汉族	辽宁	554
10	090110011	马大文	男	营销091	1993/6/23	汉族	辽宁	598
11	090110011	王明星	男	营销091	1993/6/24	汉族	辽宁	583
12	090110012	张海蛟	男	营销091	1993/6/25	汉族	内蒙古	595
13	090110012	李孝松	男	营销091	1993/6/26	汉族	辽宁	560
14	090110012	张志影	男	营销091	1993/6/27	满族	辽宁	569
15	090110020	王振煊	男	营销092	1993/6/28	维吾尔族	吉林	551
16	090110020	赵朋	男	营销092	1993/6/29	汉族	北京	538
17	090110020	吴佳	男	营销092	1993/6/30	汉族	河北	529
18	090110020	赵国平	男	营销092	1993/7/1	汉族	辽宁	515
19	090110020	白翰博	男	营销092	1993/7/2	汉族	辽宁	561
20	090110020	张楠	女	营销092	1993/7/3	维吾尔族	辽宁	544
21	090110021	赵召东	男	营销092	1993/7/4	汉族	河北	578
22	090110021	赵兴美	女	营销092	1993/7/5	汉族	辽宁	504
23	090110021	李伟标	男	营销092	1993/7/6	回族	辽宁	546
24	090110021	白天宇	男	营销092	1993/7/7	土家族	辽宁	563
25	090110021	张文强	男	营销092	1993/7/8	汉族	黑龙江	515

course / grade / student

图 10-27　cjk.xls 文件内容

习　题

一、填空题

1. SQL Server 2014 提供了 4 种备份类型,(　　　　)、(　　　　)、(　　　　)、文件或文件组备份。

2. (　　　　)是用来存储数据库、事务日志或文件和文件组备份的存储介质。

3. (　　　　)是操作系统用来标识备份设备的名称,(　　　　)是用来标识物理备份设备的别名或公用名称,以简化物理设备的名称。

4. (　　　　)是指将数据库备份加载到数据库系统的过程。

5. (　　　　)是从 SQL Server 的外部数据源中检索数据,然后将数据插入到 SQL Server 数据库指定表的过程。

二、选择题

1. 数据的导入是指在不同应用间按(　　　　)读取数据而完成数据输入的交换过程。

A. 特殊效果　　B. 特殊格式

C. 普通文件　　D. 普通格式

2. SQL Server 中有(　　　　)数据库备份和事务日志备份 3 种备份方法。

A. 一组与差异　　B. 通用与部分

C. 完整与差异　　D. 相同与差异

3. 备份设备是用来存储数据库事务日志等备份的(　　　　)。

A. 存储介质　　B. 通用磁盘

C. 存储纸带　　D. 外围设备

4. sp_addumpdevice 是用来创建(　　　　)的存储过程语句。

A. 外围设备　　B. 通用设备

C. 复制设备　　D. 备份设备

5. 关于几种备份类型,下列说法错误的是(　　　　)。

A. 如果没有执行完整数据库备份,就无法执行差异数据库备份和事务日志备份

B. 差异备份是指将从最近一次完整数据库备份以后发生改变的数据进行备份

C. 利用事务日志进行恢复时,不可以指定恢复到某一事务

D. 当一个数据库很大时,对整个数据库进行备份可能花很多时间,这时可以采用文件和文件组备份

第 11 章　SQL Server 2014 综合应用实例

本章以教学管理系统作为综合应用实例，按照数据库设计步骤，进行了系统的需求分析，完成了数据库概念结构设计、数据库逻辑结构设计、数据库物理结构设计、数据库实现以及在此基础上进行的数据库应用。

11.1　教学管理系统的需求分析

11.1.1　问题的提出

随着关系数据模型的不断完善和各种类型关系数据库管理系统的出现，数据库技术逐渐被应用于多个不同的领域。学校是国家培养人才的摇篮，在科技兴国战略的指导下，实现教育的现代化、科技化是必然趋势，而要实现这一点，首先要实现教育管理方法和管理手段的现代化和科技化。高校教学管理系统可用来管理学生信息，完成学生信息的规范管理、科学统计和快速查询，减少教学管理的工作量，提高系统管理工作的效率。

11.1.2　需求分析及主要任务

系统开发的总体任务是实现学生信息关系的系统化、规范化和自动化。

需求分析是在系统开发总体任务的基础上完成的，设计数据库系统时应该充分了解用户各方面的要求，包括目前的需求及将来可能的扩展。因而数据库结构势必要充分满足各种信息的输入和输出。据此可归结出教学管理系统所需完成的主体任务如下：

① 基本信息输入。包括学生信息、课程信息和成绩等信息的输入。

② 基本信息修改。包括学生信息、课程信息和成绩等信息的修改。

③ 基本信息查询。包括学生信息、课程信息和成绩等信息的查询。

④ 学生、成绩等信息的统计打印。

⑤ 软件系统的管理。包括教学管理系统的初始化、密码设置、用户管理等。

11.1.3　系统功能设计

根据教学管理系统的实际需要，该系统应具备以下几方面的功能：

(1) 灵活、简便、准确的数据录入功能

能方便地录入学生、课程、课程设置等基础数据，使数据的输入量尽可能小，对于成绩的录入要求提供按班级录入和按个人录入两种方式，因此在数据库和模块功能的设计上，应做到使基础数据一次输入多次使用，这不但减少了用户的工作量，提高了系统工作的效率，而且避免了由于同一数据的多次输入造成数据的不一致性。另外,应对不同级别的操作人员设定用户口令和管理员口令,赋予用户不同的使用权限,以保证数据的安全性和保密性。

(2) 班级单科成绩录入

按班级录入每学期、每一课程的学生成绩,对于考试课按百分制录入成绩,对于考查课教师按优、良、中、及格、不及格录入成绩,但由于成绩字段设为数字型,故不能直接输入字符型数据,用 100 分以外很少用到的数字来表示这些字符型数据,例如:901——表示未选修这门课,902——表示缓考,903——优秀,904——良好,905——中等,906——及格,907——不及格,908——旷考。在进行成绩查询、成绩计算、报表打印时都要将这些数字转换成相应的成绩等级,使得系统的适用性和实用性大大加强。当学生的成绩为小于 60 分或不及格或旷考时,系统自动把此学生的学号、姓名、课程、学期、任课教师等信息放入到重修成绩表中,便于以后查询打印重修名单,这样就使成绩录入人员专心注意成绩是否正确录入,而不必关心其他事情。

(3) 重修成绩录入

按学号或姓名在重修成绩表中输入每个不及格学生的重修成绩,如果还不及格,系统自动把此学生的学号、姓名、课程、学期、任课教师等信息放入到毕业前重修成绩表中。

(4) 成绩统计功能

要求快速地对学生成绩进行统计分析。能统计学生的每门课程的考试/考查成绩、总成绩、平均成绩、加权平均成绩,每门课程的学分、绩点、总学分。班级单科成绩表等,并能自动生成重修及毕业前重修学生名单,及时对成绩未达要求的学生提出学警诫。

(5) 报表输出功能

要求系统能生成各种学生成绩报表,包括每个学生的某一个学期课程成绩表,每学期每个班级的考试、考查课成绩表,每学期所有课程的总成绩排名表等。

按学号打印各班的重修名单,可以了解某个学生需要重修几门课程,按课程打印各班级重修名单,可以了解此门课程有多少个学生需要重修,出卷教师是谁,以便确定印刷试卷的份数。打印毕业前重修名单也是了解某个学生毕业前还需要重修哪几门课程,出卷教师是谁,以便安排毕业前重修。

(6) 成绩查询功能

查询功能包括学生基本情况的查询以及教师、课程、系部、班级、课程设置等基础数据的查询,学生每学期的成绩查询,学生入学以来所有成绩查询,班级单科成绩查询,班级入学以来全部成绩查询,班级重修名单查询,毕业前重修名单查询等。

(7) 系统维护功能

数据维护(包括数据备份、数据恢复、数据追加)以及系部、班级、学生情况、学生学号代码、课程代码等维护。数据修改包括因学生休学、退学、专业分流、转班级造成的数据变动,因输入错误造成的数据修改等。

本系统采用模块化设计方法,按功能要求划分为若干个功能模块,各模块之间既是一个有机的整体,相互协调、共同配合完成任务,又相互独立,便于系统的扩充和维护,分析该系统得出的系统功能模块图如图 11-1 所示。

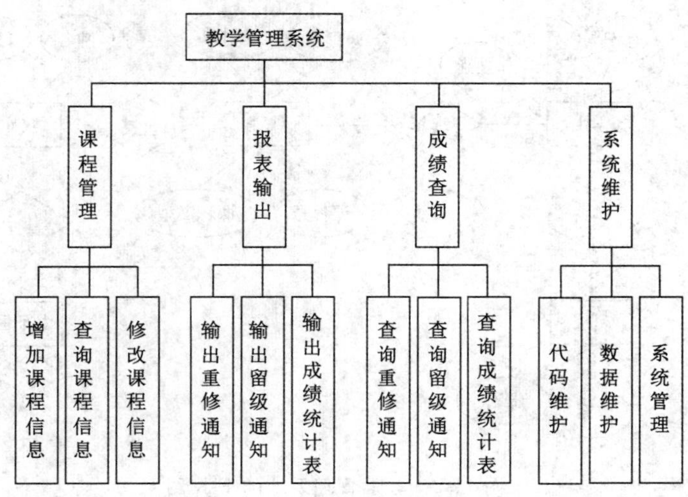

图 11-1　系统功能模块图

11.2　教学管理系统数据库设计

11.2.1　数据库概念结构设计

概念模型设计所要完成的工作是界定系统边界和确定主要的主题域以及其内容。在概念模型中的主要任务是需求分析。通过与在职教师的沟通，了解到目前在学生成绩数据库中所存储的是单一的学生成绩，并不能满足教师了解本门课程所需要的信息，教师更希望从学生的成绩中了解到相同的课程在什么情况下教学效果比较好，各门课程之间有没有一些联系，它们的联系是怎样的等等。

在学生成绩管理中，包含着各种类型既独立又相互联系的数据。运用数据库的理论和方法，对这些数据进行综合、提取，可产生支持教学决策所需要的信息。从整体学生成绩数据库中抽取了几门计算机专业的课程作为课程的研究对象，总结出各门课程的知识点，利用不同专业学生在不同年份的考试成绩，分析出学生对各门课程知识点的掌握情况，并将所获得的信息进行有效的数据挖掘，以达到优化教学、指导教学的目的。

概念结构设计是整个数据库设计的关键，描述概念模型的有力工具是 E-R 图。本软件设计采用的是自底向上的设计方法，先设计分 E-R 图，再合并分 E-R 图生成教学管理系统的基本 E-R 图，如图 11-2 所示。

11.2.2　数据库逻辑结构设计及优化

数据库设计包括数据库的结构设计和数据库的行为设计，数据库的结构设计是根据给定的应用环境，进行数据库的模式或子模式的设计。数据库的行为设计是确定数据库用户的行为和动作，即应用程序的设计。本系统的数据库设计采用基于 E-R 模型的数据库设计方法。首先，根据调研结果分析系统中存在哪些实体，并确定各实体的属性，再找出各实体

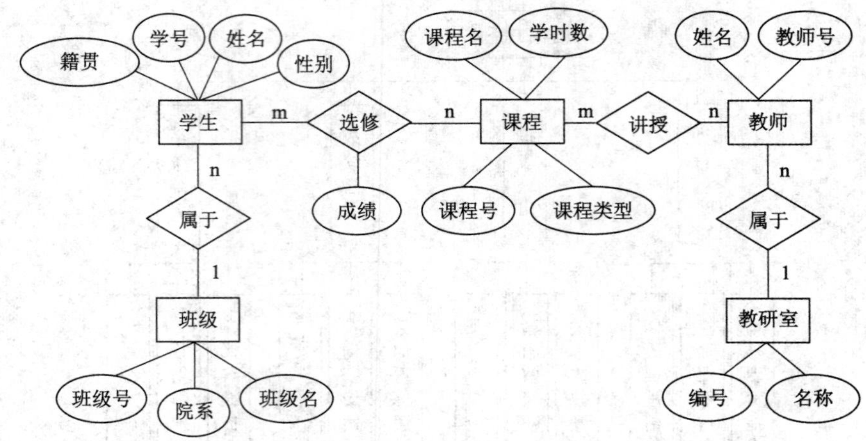

图 11-2 教学管理系统的 E-R 图

间的联系，确定各联系的派生属性，最后按照数据库设计原则产生本系统的所有数据库结构并优化。

逻辑结构设计的任务是把基本 E-R 图转换为与选用 DBMS 产品(SQL SERVER)所支持的数据模型相符合的逻辑结构，即根据 E-R 图关系模型的转换规则将上述的 E-R 图转换为关系模型如下(主键用下划线标出)：

学生(<u>学号</u>，姓名，性别，籍贯，班级编号)

班级(<u>班级编号</u>，班级名，院系)

教师(<u>教师编号</u>，教师姓名，教研室)

课程(<u>课程号</u>，课程名，课程类型，学时数，教师编号)

选修课程(<u>学号，课程号</u>，成绩)

在数据建模阶段，我们可使用规范化技术来消除实体间的某种类型的不必要的依赖性。通过规范化数据库，来防止由于插入异常、删除异常、修改异常所带来的数据库的不一致性，以减少存储的冗余数据量，减轻数据维护工作，减少存储的要求，大大提高数据库完整性。在学生成绩管理系统设计中，数据库规范化的一些关键步骤如下：

① 首先定义了每个表的主键，如学生基本信息表的主键为 sno(学号)，学生课程表的主键为 cno(课程号)，学生成绩表的主键为(sno，cno)。

② 数据库中每个表并无重复组，因此自动满足 1NF。

③ 查数据库中每个表，不存在非主属性对主键的部分依赖，即它们符合 2NF。

④ 因为库中的每个表，都只有唯一的主键，所以它们符合增强型的 3NF，即 BCNF。

11.2.3 数据库物理结构设计

基于上述的数据库概念结构与数据库逻辑结构的设计结果，现在可以将其转化为 SQL Server 2014 数据库系统所支持的实际数据类型数据表对象，并形成数据库中各个表之间的关系。

(1)“教学管理系统”数据库中各个表的设计结果如表 11-1 至表 11-5 所列。

表 11-1　　学生基本信息表(student)

字段名	含　义	数据类型	是否可空	备　注
sno	学号	char(10)	NO	主键
sname	姓名	varchar(12)	YES	
ssex	性别	char(2)	YES	默认值:男
Sregions	籍贯	varchar(20)	YES	
clno	班级编号	varchar(4)	YES	外键

表 11-2　　班级信息表(class)

字段名	含　义	数据类型	是否可空	备　注
clno	班级编号	varchar(4)	NO	主键
clname	班级名称	varchar(20)	YES	
department	院系	varchar(50)	YES	

表 11-3　　教师表(teacher)

字段名	含　义	数据类型	是否可空	备　注
tno	教师编号	char(6)	NO	主键
tname	姓名	varchar(12)	YES	
tsection	教研室	varchar(40)	YES	

表 11-4　　课程表(course)

字段名	含　义	数据类型	是否可空	备　注
cno	课程号	char(6)	NO	主键
cname	课程名	varchar(60)	YES	
csort	课程性质	char(10)	YES	
ccredit	学分	decimal	YES	
tno	任课教师	char(6)	YES	外键

表 11-5　　选修课程成绩表(scgrade)

字段名	含　义	数据类型	是否可空	备　注
sno	学号	char(10)	NO	联合主键
cno	课程号	char(6)	NO	联合主键
grade	成绩	int	YES	

(2) 建立表间关系,实施参照完整性,如图 11-3 所示。

(3) 多表查询程序的设计

多表操作是数据库中比较难的开发专题,它涉及数据库中的关系操作的基本方法问题。

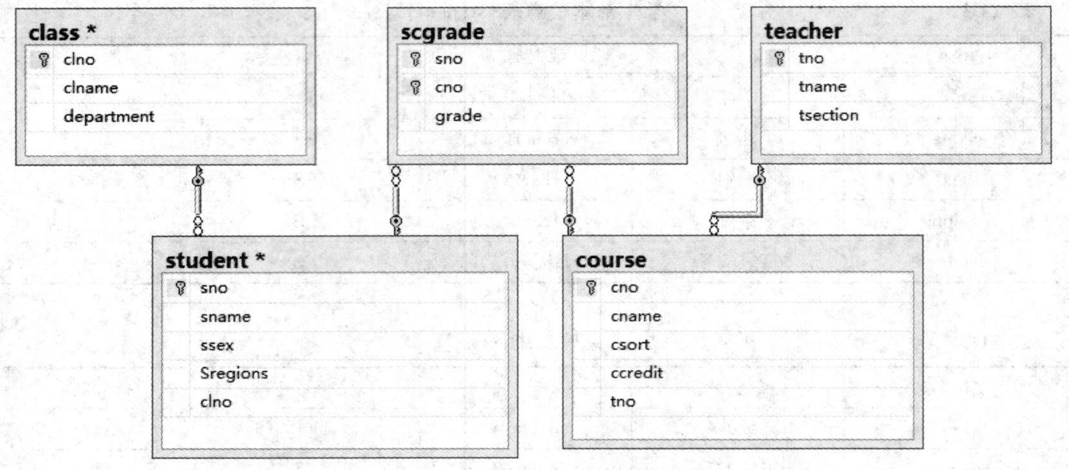

图 11-3　表间关系

从多个数据表文件中，按任意的关系表达式检索出所需要的信息，然后形成所谓的多用户视图。例如本系统中要从建立的三个基本数据表 student、course 和 scgrade 中，打印学生成绩总表。解决这个问题有好几种方案，我们采用的方案是用 WHILE 循环命令编写一个三重循环程序来求解，它实际上是逻辑连接。

多库查询算法需要解决两个技术关键：

① 查找的顺序。研究表明，查询必须按最长路径的结点顺序进行，例如本系统的三个基本数据表的连接，必须按“学生表”到“成绩表”再到“课程表”的顺序进行。

② 必须保证本结点记录已经普遍列完才能退回上一个结点文件。例如在 student 表中查到一个记录，然后到 grade 表中根据条件查到满足条件的第一个记录，再到 course 表中根据条件查到第一个满足条件的记录，输出一次查询结果，在 course 表中，如果还有满足条件的记录，则再次输出查询结果，直到 course 表结束为止。上述查找过程是一个递归过程。

(4) 数据库的冗余设计问题

按关系数据库的设计规范，冗余度低是关系数据库的优点，数据库的规范化虽说可提高系统性能，但不能单纯为了规范化而规范化，一个完全规范化的设计并不总能生成最优的性能，特别高范式等级的数据库在网络中不一定有高性能，因为使数据库规范化的方法是把表拆分成列最少的表，而这种高范式等级的数据库在进行数据查询时，通常需要更多的复杂的连接操作，这样需要用占用较多的 CPU 资源和 I/O 操作才能查询客户端所需的数据，反而会导致复杂度的增加和性能的下降，又可能增加数据存取时间和次数，从而影响查询的速度。因此，有时为了提高某些查询或应用的性能而破坏规范规则，特别在网络环境中，有必要对规范化进行必要的平衡，才能使系统性能最优，提高数据库的网络性能。

比如对于学生成绩表，如果存储时只写入学号，则冗余度低、节省存储空间，但输出成绩时还须从学生基本信息表中取得对应的学生姓名；反之，若在学生成绩表中同时存放学号和姓名，虽然具有更多的冗余，但打印报表时只需从此表中获取数据即可，不需要进行两个表之间的条件连接，则查询、打印报表更简单省时。本系统采用后一种方式定义数据表，加快了查询、打印的速度，但难以保持数据的更新一致性和数据完整性，可以采用触发器或在应用程序中加入数据完整性约束的方法来保证数据的一致性，例如在修改学生基本情况表中的学生“姓名”时，利用触发器可以同时修改学生成绩表中学生的“姓名”，这样就保证了数据库中数据的一致性和完整性。

基于上述分析，为了便于数据的统计和快速查询，本系统对前面所生成的数据库表进行了优化得到新的数据表如表 11-6、表 11-7 所列。

表 11-6　　选修课程成绩表(newgrade)

字段名	含　义	数据类型	是否可空	备　注
sno	学号	char(10)	NO	联合主键
sname	姓名	varchar(12)	YES	
cno	课程号	char(6)	NO	联合主键
cname	课程名	varchar(20)	YES	
grade	成绩	int	YES	
ccredit	学分	decimal	YES	

表 11-7　　重修名单(restudy)

字段名	含　义	数据类型	是否可空	备　注
sno	学号	char(10)	NO	联合主键
sname	姓名	varchar(12)	YES	
cno	课程号	char(9)	NO	联合主键
cname	课程名	varchar(20)	YES	
grade	成绩	int	YES	
final_grade	重修成绩	int	YES	

11.3　数据库的实现

经过需求分析和概念结构设计以后，得到数据库的逻辑结构。现在在 SQL Server 2014 数据库的系统中实现该逻辑结构，利用数据库系统的“对象资源管理器”实现。

11.3.1　创建数据库及表结构

(1) 创建教学管理系统数据库的语句如下：

```
CREATE DATABASE jxgl
ON PRIMARY
(NAME=jxgl,
FILENAME='D:\JXK\jxgl.mdf' ,
SIZE=3072KB ,
MAXSIZE=UNLIMITED,
FILEGROWTH=1024KB)
```

```
LOG ON
(NAME=jxgl_log,
FILENAME='D:\JXK\jxgl_log.ldf',
SIZE=1024KB ,
MAXSIZE=20,
FILEGROWTH=10%)
```

(2) 创建学生基本信息表(student)的语句如下：

```
CREATE TABLE student
(sno char(10)PRIMARY KEY,
sname varchar(12)NULL,
ssex char(2)NULL,
Sregions varchar(20)NULL,
clno varchar(4)NULL,
)
```

(3) 创建班级信息表(class)的语句如下：

```
CREATE TABLE class
(clno varchar(4)PRIMARY KEY,
clname varchar(20)NULL,
department varchar(50)NULL,
)
```

(4) 创建教师表(teacher)的语句如下：

```
CREATE TABLE teacher
(tno char(6)PRIMARY KEY,
tname varchar(12)NULL,
tsection varchar(40)NULL,
)
```

(5) 创建课程表(course)的语句如下：

```
CREATE TABLE course
(cno char(6)PRIMARY KEY,
cname varchar(60)NULL,
csort char(10)NULL,
cgredit float NULL,
tno char(6)NULL,
FOREIGN KEY(tno)REFERENCES teacher (tno)
)
```

(6) 创建选修课程成绩表(scgrade)的语句如下：

```
CREATE TABLE scgrade
(sno char(10)NOT NULL,
cno char(6)NOT NULL,
```

```
grade int  NULL,
    PRIMARY KEY(sno,cno),
    FOREIGN KEY(sno)REFERENCES student (sno),
    FOREIGN KEY(cno)REFERENCES course (cno),
)
```

(7) 创建优化后选修课程成绩表(newgrade)的语句如下：

```
SELECT student.sno,sname,course.cno,cname,ccredit,grade into ne-
wgrade
FROM student JOIN scgrade
ON student.sno=scgrade.sno
JOIN course
ON course.cno=scgrade.cno
```

11.3.2　导入数据

使用数据库的导入数据功能，将保存教学管理相关数据的 jxgl.xls 文件内容导入到数据库对应的表。具体步骤参看第 10 章关于数据的导入部分内容。

(1) 学生基本信息表(student)部分数据(见表 11-8)

表 11-8　　student 表数据

sno	sname	ssex	sregions	clno
0901100101	赵春	男	辽宁	rj01
0901100103	赵刚	男	辽宁	rj01
0901100104	杨雨	男	辽宁	rj01
0901100106	杨旭枫	男	黑龙江	rj01
0901100107	李亚军	男	内蒙古	rj01
0901100109	宋丽新	男	辽宁	rj01
0901100110	张禹	男	辽宁	rj01
0901100114	王宇畅	男	辽宁	rj01
0901100115	马大文	男	辽宁	rj01
0901100118	王明星	男	辽宁	rj01
0901100124	张海蛟	男	内蒙古	rj01
0901100126	李孝松	男	辽宁	rj01
0901100128	张志影	男	辽宁	rj01
0901100201	王振煊	男	吉林	rj02
0901100204	赵朋	男	北京	rj02
0901100206	吴佳	男	河北	rj02
0901100207	赵国平	男	辽宁	rj02
0901100208	白瀚博	男	辽宁	rj02
0901100209	张楠	女	辽宁	rj02

续表 11-8

sno	sname	ssex	sregions	clno
0901100210	赵召东	男	河北	rj02
0901100212	赵兴美	女	辽宁	rj02
0901100214	李伟标	男	辽宁	rj02
0901100216	白天宇	男	辽宁	rj02
0901100217	张文强	男	黑龙江	rj02
0901100218	赵立春	男	黑龙江	rj02

(2) 班级信息表(class)数据(见表 11-9)

表 11-9　　class 表数据

clno	clname	department
rj01	软件 091	软件学院
rj02	软件 092	软件学院
dx01	计软 091	电信学院
dx02	计软 092	电信学院

(3) 教师表(teacher)数据(见表 11-10)

表 11-10　　teacher 表数据

tno	tname	tsection
202001	黎明	基础部
202002	李东	计算机系
202003	张强	软件工程系

(4) 课程表(course)数据(见表 11-11)

表 11-11　　course 表数据

cno	cname	ccredit	csort	tno
140101	高等数学	5	基础课	202001
140102	大学物理	5	基础课	202001
140103	大学英语	3	基础课	202001
150101	信息检索与应用	3	基础课	202001
150102	计算机网络技术	2	专业课	202002
150104	计算机信息技术应用基础	2	专业课	202002
150106	Visual Basic 语言程序设计	2	专业课	202002
150108	C 语言程序设计基础	5	专业课	202002
150109	多媒体技术	2	专业课	202003
150204	计算机硬件	2	专业课	202003
150205	数据库与程序设计	3	专业课	202003

(5) 选修课程成绩表(scgrade)数据(见表 11-12)

表 11-12　scgrade 表部分数据

sno	cno	scgrade
0901100103	150104	89
0901100103	150205	89
0901100103	150204	89
0901100103	150108	89
0901100104	150205	74
0901100104	140102	77
0901100104	150109	77
0901100104	150204	74
0901100104	140101	92
0901100106	150205	85
0901100106	140101	78
0901100107	140101	66

11.3.3　教学管理数据库应用

教学管理系统主要以 SQL Server 2014 后台数据库应用为主,不以某一语言或平台进行前台实现。教学管理系统后台应用主要以数据库创建的表为基础,进行视图创建、游标实现、存储过程以及自定义函数,加强数据库相关内容应用能力。

11.3.3.1　视图应用

(1) 创建视图 V_1,查询"基础部"教师所授的课程编号,课程名称,学分。

```
CREATE VIEW V_1
AS
SELECT cno,cname,ccredit,tsection
FROM course JOIN teacher
ON course.tno=teacher.tno
WHERE tsection='基础部'
```

(2) 创建视图 V_2,查询"黎明"教师所授课程的课程名称及平均分。

```
CREATE VIEW V_2
AS
SELECT cname,avg(grade)as '平均分'
FROM course JOIN teacher ON course.tno=teacher.tno
JOIN scgrade ON course.cno=scgrade.cno
WHERE tname='黎明' group by cname
```

(3) 创建视图 V_3,查询班级为"软件 091"班学生所修课程的课程编号,课程名称及每门课程的平均分。

```
CREATE VIEW V_3
AS
SELECT course.cno,cname,avg(grade)as '平均分'
FROM student JOIN class ON class.clno=student.clno
JOIN scgrade ON scgrade.sno=student.sno
JOIN course ON course.cno=scgrade.cno
WHERE clname='软件 091'
GROUP BY cname,course.cno
```

(4) 创建视图 V_4,查询每门课程成绩最高的学生学号,姓名,课程名称及成绩。

```
CREATE VIEW V_4
AS
SELECT cname,sname,scgrade.sno,grade
FROM student JOIN scgrade ON student.sno=scgrade.sno
JOIN course ON scgrade.cno=course.cno
WHERE grade= (SELECT MAX(grade)
FROM scgrade
WHERE scgrade.cno=course.cno)
```

(5) 创建视图 V_5,统计每门课程的选修人数大于 10 人的课程信息,要求输出课程号、课程名称和选修人数。

```
CREATE VIEW V_5
AS
SELECT course.cno,cname,count(sno)as '人数'
FROM scgrade JOIN course ON scgrade.cno=course.cno
GROUP BY course.cno,cname
HAVING count(*)> 10
```

11.3.3.2 游标应用

① 在 student、scgrade 表中定义一个包含学号、姓名和成绩的游标,游标名称为 cs_s_scgrade,使用游标遍历整个数据表。

```
USE jxgl
GO
DECLARE cs_s_scgrade scroll CURSOR
FOR
SELECT student.sno,sname,grade
FROM student JOIN scgrade
ON student.sno=scgrade.sno
OPEN cs_s_scgrade
DECLARE @no char(10), @name char(12)
DECLARE @grade int
FETCH NEXT FROM cs_s_scgrade INTO @no,@name,@grade
```

```
WHILE @@fetch_status=0
BEGIN
  PRINT '学号:'+ @no + '姓名:'+ @name+ '成绩:'+ str(@grade)
  FETCH NEXT FROM cs_s_scgrade INTO @no,@name,@grade
END
CLOSE cs_s_scgrade
DEALLOCATE cs_s_scgrade
```

② 在 student 表中定义一个籍贯为辽宁,包含学号、姓名、性别的游标,游标的名称为 cs_cursor,并将游标中的绝对位置为 2 的学生的姓名改为王南、性别改为女。

```
USE jxgl
GO
DECLARE cs_cursor scroll CURSOR
FOR
SELECT sno,sname,ssex
FROM student WHERE sregions='辽宁'
FOR UPDATE OF sname,ssex
OPEN cs_cursor
FETCH absolute 2 FROM cs_cursor
UPDATE student
SET sname='王南',ssex='女'
WHERE CURRENT OF cs_cursor
FETCH absolute 2 from cs_cursor
CLOSE cs_cursor
DEALLOCATE cs_cursor
```

③ 定义游标 cs_teacher,将 teacher 表中名为"黎明"的教师数据删除。

```
USE jxgl
GO
DECLARE cs_teacher SCROLL CURSOR
FOR
SELECT *  FROM teacher WHERE tname='黎明'
OPEN cs_teacher
FETCH NEXT FROM cs_teacher
DELETE FROM teacher WHERE CURRENT OF cs_teacher
CLOSE cs_teacher
DEALLOCATE cs_teacher
```

11.3.3.3　存储过程应用

① 利用教学管理数据库的基本表,创建一个存储过程 ps_grade,输出指定学号的学生姓名及选修课程名称、成绩。

```
CREATE PROCEDURE ps_grade
```

```
@s_no CHAR(10)
AS
     SELECT sname,cname,grade
     FROM student JOIN scgrade  ON student.sno=scgrade.sno AND
  student.sno=@s_no JOIN course ON scgrade.cno=course.cno
```

② 利用教学管理数据库的基本表,创建带有输入参数和输出参数的存储过程 ps_score,用于计算指定学号的学生总成绩和平均成绩。

```
CREATE PROCEDURE ps_ score
@s_no CHAR(10),@sum int output,@avg decimal output
AS
     SELECT sum(grade),avg(grade)
     FROM student JOIN scgrade  ON student.sno=scgrade.sno AND
  student.sno=@s_no JOIN course ON scgrade.cno=course.cno
```

11.3.3.4 触发器应用

① 在教学管理数据库中,创建一个 AFTER 触发器,要求实现以下功能:在 newgrade 表上创建一个插入类型的触发器 tr_in_restudy,当在 grade 字段中插入成绩后,触发该触发器,如果成绩小于 60,将插入数据同时插入到 restudy 表。

```
CREATE TRIGGER tr_in_restudy
ON newgrade
FOR INSERT
AS
  DECLARE @sc_grade int
SELECT @sc_grade=grade
FROM inserted
IF (@sc_grade<60)
    INSERT INTO restudy(sno,sname,cno,cname,grade)
SELECT sno,sname,cno,cname,grade FROM inserted
```

② 在教学管理数据库中,创建一个 AFTER 触发器,要求实现以下功能:在 student 表上创建一个更新类型的触发器 tr_student,当 sno 字段更新数据后,触发该触发器,同时修改 scgrade 表的 sno 值。

```
CREATE TRIGGER tr_student
On student
FOR UPDATE
AS IF UPDATE(sno)
BEGIN
     UPDATE scgrade  Set sno=i.sno
FROM scgrade br,DELETED d,INSERTED i
WHERE br.sno=d.sno
END
```

③ 在教学管理数据库中，创建一个 AFTER 触发器，要求实现以下功能：在 scgrade 表上创建一个插入、更新类型的触发器 tr_grade_check，当在 grade 字段中插入或修改成绩后，触发该触发器，检查分数是否在 0～100 之间。

```
CREATE TRIGGER tr_grade_check
ON scgrade
   FOR  INSERT,UPDATE
AS
DECLARE @scgrade int
SELECT @scgrade=grade
FROM inserted
IF (@scgrade NOT BETWEEN 0 AND 100)
   PRINT '你插入的成绩不在 0～100 之间!'
```

11.3.3.5　自定义函数应用

① 在教学管理数据库中，创建用户定义函数 c_max，根据输入的课程名称，输出该门课程最高分数的同学学号。

```
CREATE FUNCTION c_max1
(@c_name CHAR(8))
     RETURNS REAL
    AS
BEGIN
         DECLARE @s_max REAL
         SELECT @s_max=MAX(grade)
          FROM scgrade JOIN course ON scgrade.cno=course.cno AND
course.cname=@c_name
         RETURN @s_max
END
```

② 在教学管理数据库中，创建用户定义函数 sno_info，根据输入的课程名称，输出选修该门课程的学生学号、姓名、性别、系部、成绩。

```
CREATE FUNCTION sno_info
(@c_name CHAR(8))
RETURNS TABLE
    AS
    RETURN(SELECT student.sno,sname,ssex, sregions,grade
         FROM student JOIN scgrade ON student.sno=scgrade.sno
JOIN course ON scgrade.cno=course.cno
WHERE course.cname=@c_name)
```

参考文献

[1] 郑阿奇. SQL Server 2008 应用实践教程[M]. 北京:电子工业出版社,2010.
[2] 郑阿奇. SQL Server 2008 实用教程[M]. 3 版. 北京:电子工业出版社,2013.
[3] 刘志丽,张媛媛. 数据库技术应用教程[M]. 北京:清华大学出版社,2015.
[4] 顾兵. 数据库技术与应用(SQL Server)[M]. 北京:清华大学出版社,2010.
[5] 明日科技. SQL Server 从入门到精通[M]. 北京:清华大学出版社,2012.
[6] 西尔伯沙茨(美). 数据库系统概念[M]. 北京:机械工业出版社,2012.
[7] 康会光. SQL Server 2008 中文版标准教程[M]. 3 版. 北京:清华大学出版社,2009.
[8] 刘金岭. 数据库系统级应用教程:SQL Server 2008 [M]. 北京:清华大学出版社,2013.
[9] 陈会安. SQL Server 2012 数据库设计与开发实务[M]. 北京:清华大学出版社,2013.
[10] 陈承欢. SQL Server 2014 数据库应用、管理与设计[M]. 北京:电子工业出版社,2016.
[11] 贾铁军. 数据库原理应用与实践 SQL Server2014 [M]. 北京:科学出版社,2016.
[12] 蒋秀英等. 数据库技术实训教程[M]. 2 版. 北京:清华大学出版社,2016.
[13] 王立平等. SQL Server 2014 从入门到精通[M]. 北京:清华大学出版社,2017.
[14] 曾建华. SQL Server 2014 数据库设计开发及应用[M]. 北京:电子工业出版社,2016.
[15] 许健才. SQL Server 2014 数据库项目案例教程[M]. 北京:电子工业出版社,2017.
[16] (美)乔根森. SQL Server 2014 管理最佳实践[M]. 3 版. 北京:清华大学出版社,2015.
[17] 王小玲. 数据库技术与应用实践教程[M]. 北京:中国水利水电出版社,2012.
[18] 陈越. 数据库安全[M]. 北京:国防工业出版社,2011.
[19] 洪运国. SQL Server 2012 数据库管理教程[M]. 北京:航空工业出版社,2013.
[20] 虞益诚. SQL Server 2008 数据库应用技术[M]. 3 版. 北京:中国铁道出版社,2013.